U0195429

华航西迁

新中国航空教育的基石

主编：陈小筑　汪劲松

策划：赵瑞君　陈建有

统筹：闫育周　高大力　陆佩华

编委：黄迪民　王凡华　汪　东　宁生录

西北工业大学出版社

关于组建华东航空学院的通知

华东航空学院印模

华东航空学院校徽

西安航空学院校徽

1955年中央高教部任命寿松涛为华东航空学院院长的通知和江苏省宣传部批复华东航空学院党委委员的名单

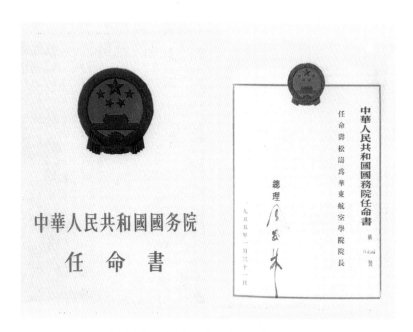

1955年国务院任命寿松涛为华东航空学院院长的任命
书,1956年华东航空学院西迁后更名为西安航空学院,
寿松涛仍为西安航空学院院长兼党委书记

1957年国务院任命季文美为
西安航空学院副院长的任命书

1953 年华东航空学院第一届毕业生
合影留念

1955 年华东航空学院第二届毕业生
合影留念

1957年西安航空学院五系毕业生合影留念

华东航空学院教学大楼（1956年）

西安航空学院校门（1956年）

西安航空学院鸟瞰图

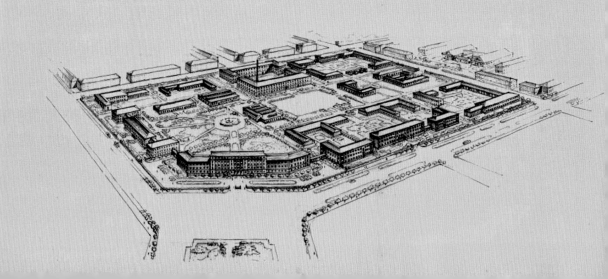

原华东航空学院教学大楼（2016年）

2009年4月，南京市人民政府将原华东航空学院主楼列为"南京重要近现代建筑"

2016年8月，西北工业大学勒碑纪念华东航空学院西迁60周年

在你們这一代里人們一定会开始作星際航行，这是航空技术的方向。但是我們國家现在还是一个文化落后工業不发达的國家，我們的家底是簿的。怎么样才航很快地，而又现实地赶上去呢？这是你們要帮助解决的问题。

钱学森
1957年6月19日

钱学森为西安航空学院题词

诚朴、谦和、勤勉、開放，以献身精神为祖國的航空事業貢献出一切。

西安航空学院
毕业同学留念

郭沫若
一九五七、六、廿八．

郭沫若为西安航空学院题词

青年團華東航空學院委員會各位委員：

我們敬爱的毛主席号召青年要做到「三好」。党在最近又提出在十二年内把祖國所急需的科學部門接近世界先進水平。现在工建一「五四」青年節。這三件事放在一起，是最美的。而因为航空技術是祖國國防所迫切需要的一項技術，在你院是有重大的意义的。「五四」青年節是有史重大的意义的。我謹向各位提出「三好」積極份子大會是有重大的意义的。

努力鑽研以结合實際；要做到理論和實践的统一，先進成就「但如果不能结合實際，非有明確的理論和技術的進展是一日千里，理論就落空」不要忘了追一點真理。

此 致
敬禮並祝
青年「三好」積極份子大會勝利成功

一九五六·五·一

钱学森

钱学森为华东航空学院团委题词

1956 年布达佩斯国际航模赛，华东航空学院运动员薛明献（右一）获 A2 级牵引模型滑翔机第三名

1956 年 8 月在北京举行的全国 13 城市航模比赛中，华东航空学院代表队获团体总分第一名，图为教练（青年教师）陶考德在赛场

华东航空学院建校设计纪念笔记本

1955年华东航空学院运动会组照

华东航空学院学生绘图

华东航空学院学生参加生产实习

华东航空学院学生参加生产实习

华东航空学院学生参加义务劳动

1954年华东航空学院学生参加长江防汛

华东航空学院新生名册

华东航空学院学生登记册

华东航空学院工资供给表册

1956 年华东航空学院院刊

1957 年西安航空学院毕业纪念册

1955年华东航空学院校报《航院生活》

1953年季文美编译的《应用力学》

1955年华东航空学院第一期学报

序　言

"华航西迁"书写蓝天大爱

华东航空学院（简称华航）于 1952 年，由原交通大学、南京大学、浙江大学三校的航空工程系合并而成，校址位于南京，是新中国成立后的首批航空高等学府。1955 年，国务院批准华东航空学院内迁西安。这是新中国调整经济建设和高等教育布局的一项重大决策，是新中国航空教育开创未来的一次伟大起航。

1956 年 8 月，以寿松涛院长为首的华航全体师生员工和家属，约 5 000 人，分批西行。他们放弃了南京相对优越舒适的生活，义无反顾地奔赴条件艰苦的大西北，以"热爱祖国、顾全大局、艰苦创业、献身航空"的华航西迁精神，扎根西部、无私奉献，成为西部大开发的先行者和开路人。

华航西迁后更名为西安航空学院，1957 年与西北工学院合并成为西北工业大学（简称西工大）。1970 年，原"哈军工"空军工程系整体并入西工大。

穿过历史的天空，我们无比骄傲和自豪：华航西迁后 60 年的自强不息、立德树人，为党和国家献上了一份满意的答卷。

2006年，在华航西迁50周年之际，西工大组织结集出版了纪念文集《难忘的岁月》。在此基础上，经过不断总结和凝练，这本《华航西迁：新中国航空教育的基石》又与广大师生、校友和读者朋友们见面了，为西工大故事增加了新的文本，为校园文化丰富了新的内容。

这本书，将目光聚焦在杰出的华航师生和校友身上，共遴选收录了29位知名学者教授和杰出校友的先进事迹。他们当中，既有在航空科技领域做出突出贡献的领军人物和潜心科研教学的学术大师，也有扎根基层、无私奉献的时代才俊。时光如梭，岁月当歌，他们的精神和故事在时间的磨砺中将历久弥新、愈加闪耀。

六十春秋沧桑巨变，西迁精神薪火相传。

华航西迁，是新中国从战略层面审时度势的重大抉择，是我国国防科技和高等教育事业战略布局调整的成功范例，意义十分重大，影响极为深远。

华航西迁，是肩负国家重任的家国情怀，是新中国航空教育的壮美篇章。华航人听党的话，到祖国最需要的地方，艰苦奋斗、建功立业。从此，这所屹立于紫金山下的航空高等学府，开启了三秦大地上崭新的发展历程。

华航西迁，是勇于开拓的责任担当，是激励我国航空教育勇往直前的永恒丰碑。华航西迁精神，已深深植入中国航空教育的血脉，更是西工大人扎根西部、艰苦奋斗、求真务实、开拓创新、追求一流、献身国防的精神支撑和文化底蕴。

时光无语，传承前行。固本奠基，伟业永存。

华航西迁精神将成为我们"不忘初心、继续前进"的重要力量源泉。一代代西工大人固本纳新，赓续薪火，我们将紧紧围绕立德树人根本任务，以"双一流"建设为牵引，更加主动地服务于国家和国防重大战略需求，更加主动地服务于区域经济社会发展，脚踏实地，久久为功，努力为建设学科

特色鲜明的世界一流大学的西工大梦、为实现中华民族伟大复兴的中国梦，
做出新的更大贡献！

"钟山苍苍，渭水泱泱；华航西迁，伟业德昌。文脉延续，薪火承传；
西迁精神，光芒永放。"

西工大不会忘记！历史不会忘记！

是为序。

西北工业大学党委书记：

西北工业大学校长：

2016 年 8 月

目　录

第一部分：光辉历程

弘扬和传承华航西迁精神……………………………003

华航西迁谱写新中国航空壮歌…………………………020

第二部分：杰出英才

寿松涛……………………………………………031

范绪箕……………………………………………062

季文美……………………………………………072

王培生……………………………………………083

黄玉珊……………………………………………091

王宏基……………………………………………100

谢安祐……………………………………………107

胡沛泉……………………………………………114

许玉赞…………………………………122

姜长英…………………………………130

杨彭基…………………………………140

许侠农…………………………………150

万　一…………………………………156

戴昌晖…………………………………160

陈士橹…………………………………169

王适存…………………………………178

罗荣安…………………………………186

柏实义…………………………………190

陆元九…………………………………194

梁守槃…………………………………203

曹鹤荪…………………………………212

庄逢甘…………………………………221

谈镐生…………………………………230

杜庆华…………………………………238

陆孝彭…………………………………243

顾诵芬…………………………………252

屠基达…………………………………261

冯元桢···271

吴耀祖···279

第三部分：蓝天回响

钱学森的西工大情结···························289

小航模里飞出的"世界之巅"···········295

后　记···301

第一部分

光辉历程

弘扬和传承华航西迁精神

华东航空学院1956年从南京迁到西安，已经整整60年了。回忆往事，思绪万千，感慨万分！

1952年中国建立了华东航空学院和北京航空学院两所航空名校，1956年华航按中央布局西迁，落户在西安市边家村旁（现西工大友谊校区），改名为西安航空学院（简称西航）。西航弘扬西迁精神，教学科研很快走上正轨并迅速发展，与西安交通大学并立成为西安地区数一数二的名校。1957年高教部和二机部共同决定位于咸阳的西北工学院（简称西工）迁入西航原址（现西工大友谊校区），合并成立西北工业大学。1970年我国国防名校原"哈军工"空军工程系整建制迁入西工大，增强了学校航空航天等专业的实力。西工大传承了西迁精神，经过多年努力，先后进入了"国家重点高校""211工程"和"985工程"行列，基本建成三航（航空、航天、航海）学科特色的多科性开放型高水平研究型大学。展望前程，催人奋进，西工大正在为建立学科特色鲜明，在航空、航天、航海等领域具有重大影响的世界一流大学而努力奋斗。

一、华航——航空英才的摇篮

华航由国内三所著名大学：交通大学（简称交大）、南京大学（原"国立中央大学"，简称南大）、浙江大学（简称浙大）的航空工程系于1952年合并而成。

华航以其一流的师资和航空专业而闻名，为广大青年学生所向往。今天，西工大独特的校风、优良的办学传统，以及它在国内的地位和影响，都可以从华航及其前身的办学历史中找到渊源。

抗日战争时期，日本飞机长驱直入狂轰滥炸，亡国的危机笼罩着神州大地，"航空救国"催生着中国自己的航空工程教育。作为中国著名大学的交通大学、中央大学（今南京大学）和浙江大学，义不容辞地肩负起发展航空科技和培养航空工程技术人才的重任。

早在1929年，交大就着手筹建航空专业，1931年开始在机械工程学院的高年级开设"航空工程"课程。钱学森在交大机械工程学院就读时，对航空已产生浓厚兴趣，在四年级的两个学期里都选修了"航空工程"课，并先后发表6篇航空科学论文。在交大开设过"航空工程"课程的姜长英先生，1994年在西工大过90大寿时，钱学森曾致信祝贺："我以一后辈，在此恭祝您健康长寿！并对您一生对我国航空事业所做的重大贡献表示崇高的敬意。"钱学森从交大毕业后，考取了清华的庚子赔款留学名额，是交大赴美学习航空工程专业的第一人，1935年先在麻省理工学院攻读航空工程硕士学位，继而转往加州理工大学师从冯·卡门攻读航空工程博士学位。

钱学森先生历经艰难曲折回国以后，对西工大尤为关注，尤其不愿题词的钱先生，给华航、西航、西工大三个时期的三次题词是绝无仅有的。他亲临西工大参观、指导，与校领导和教师谈话，他的特别关注和帮助，对西工大建立无线电、控制等学科起了重大的推动作用，尤其与西工大建立和发展导弹专业直接相关。钱学森是交大首批学习航空科学的毕业生之一，对华航、西航、西工大有如此特别深厚的情结，是因为他在交大的学习经历与西工大是"同门同行"、血脉相连，自然形成了特殊的情结。他与西工大航空航天历史渊源最为深远，与西工大情结最为深厚，是对西工大学科建设、科学研究和发展方向最为关切的同门前辈、资深学长和校友。钱学森对西工大特别亲近关切，使西工大得益匪浅，也是西工大人的荣耀、骄傲和榜样！

1935年秋，交大在机械学院内开设"航空门"，实际就是正式的航空工程本科专业。1942年，在重庆九龙坡的交大设立航空工程系，首任系主任是曹鹤荪（1912年生，江苏江阴人）。航空工程系历届主任还有季文美（1912年生，浙江义乌人）和王宏基（1912年生，江苏吴江人）。他们三人同时进意大利都灵大学攻读航空工程，曹、季两人获博士学位，王因病未完成答辩，三人于1937年同年回国，他们是交大航空工程系建设的核心，著名的航空航天教育家。（赴意攻读的还有许玉赞、万一，后来也一直在华航、西航、西工大任教。）

先后在交大航空工程系任教的教授有曹鹤荪、季文美、许玉赞、岳劼毅、马明德、杨彭基、姜长英和王宏基。其中季文美、许玉赞、万一、杨彭基、王宏基、姜长英诸教授后来一直在华航、西航、西工大任教，岳劼毅被调入"哈军工"，又于1970年并入西工大任教。曹鹤荪到华航不久就被调入"哈军工"，最后任国防科技大学副校长，他主要从事高超音速空气动力学、稀薄空气动力学研究，是国际宇航科学院院士。王宏基教授在交大时组建了我国第一个活塞式航空发动机试车台，这套装置后来搬到华航、西航，在教学科研中发挥了不小的作用。

交大航空工程系从1945年到1952年共有9届毕业生，连同"航空门"的毕业生不少于260人，大部分留在国内航空部门工作。他们基础扎实、勤勉朴实，不少人后来成为我国航空航天事业的栋梁之材和领军人物，譬如：

庄逢甘，江苏常州人。1946年毕业于交大航空工程系并留校任教，1947年赴美留学，1950年获加州理工学院航空和数学博士，1950年回国，先后在交大航空工程系、"哈军工"空军工程系任教，1956年调国防部五院筹建空气动力研究所，历任北京空气动力研究所所长、国防科工委基地副司令员、航天部总工程师，为中国科学院院士。

黄志千，1914年生于江苏淮阴。1937年毕业于交大机械系航空门，曾在云南、四川的飞机厂工作。1943年赴美国、英国参加飞机型号设计，1949年回国，1958年为研制"歼教I"做出重要贡献，1961年任沈飞总工程师，为我国自行设计喷气式飞机做出了开创性贡献，被誉为中国高速歼击机之父。

顾诵芬，1930年生，江苏苏州人。1951年毕业于交大航空工程系，是我国"歼8-II"总设计师，被誉为"歼8之父"，曾任中国航空研究院飞机设计所总设计师、所长，为中国科学院和中国工程院院士。

屠基达，1927 年生，浙江绍兴人。1951 年毕业于交大航空工程系，曾主持设计"初教6""歼教-5"，1975 年任"成飞"设计所所长、总工程师，被誉为"歼7之父"，为中国工程院院士。

说到中央大学（以下简称中大）航空工程教育的起步、成长，离不开一个人，那就是爱国学者、中国航空工程教育的开拓者和先驱——罗荣安。罗荣安，1900 年生于上海，1918 年由清华保送进入美国麻省理工学院，1923 年获航空工程硕士学位，是我国赴美学习航空工程最早的学者之一。之后在美国多家航空公司任职，主要从事飞机结构设计与应力分析计算，有扎实的理论基础和丰富的实践经验。当时凡经他签名的应力分析计算书，均为美国商务部主管审核单位无条件通过。1935 年 7 月，中大与航空委员会合作，首先设立"机械特别研究班"，简称"机特班"。"机特班"一共办了 4 届，共毕业学生 33 人，这 33 人数目不大，但都不是等闲之辈，罗荣安为这个班一度倾注了全部心血。

1937 年夏，中大航空工程系正式成立，这是我国最早成立的航空工程系。中大航空工程系的专业课程主要参照美国麻省理工学院航空系的课程安排，拥有引擎、仪表、结构、风洞等几个实验室，实验室条件在国内领先。中大的风洞是意大利进口的直流式风洞，安装不久，抗战爆发，又转运到重庆。由于其壳体庞大笨重，只能掩埋在南京郊区，后被日本人挖去，抗战胜利后又搬回南京。1956 年这台风洞又搬迁落户西航，20 年间经历了两次西迁，确是中国航空教育史的重要见证。

罗荣安在中大航空工程系任职的 8 年，正值抗战艰难的岁月，可以说，航空工程系师生是在敌机轰炸的间隙中完成教学任务的。但艰难困苦挡不住英才的造就，他当年的学生中，后来成为中外院士的就有 7 人，他们是陆元九（陀螺及惯性导航专家，中国航天工业总公司总工程师，中国科学院院士、中国工程院院士、国际宇航科学院院士），陆孝彭（"强-5"飞机总设计师，中国工程院院士），林同骥（力学家，中国科学院院士），柏实义（台湾"中央研究院"院士），李耀滋（美国麻省理工学院教授、美国国家工程院院士），冯元桢（美国加州大学教授，美国国家科学院、工程院、医学院院士，中国科学院外籍院士），沈申甫（美国康奈尔大学教授，美国国家工程院院士、国际宇航科学院院士）。没有院士头衔但成就毫不逊色的专家有徐舜寿（1939年毕业于中大航空工程系，领导了我国第一架"歼教-1"的自行设计、研制，被誉为新中国飞机设计第一人），董绍庸（1940年毕业于中大航空系，航空部发动机实验基地总工程师，为建成高空模拟试验台做出重大贡献），虞光裕（1941年毕业于中大航空工程系，中国航空研究院发动机研究所总设计师，我国第一台喷气发动机的总设计师），张阿舟（1941年毕业于中大航空工程系，新中国制造的首架飞机"初教5"主工程师，获特等功，曾任南航副院长），沈永忠（美国航空航天中心主任）以及黄玉珊（1917年生，江苏南京人，中大土木系毕业后考入首届机特班，华航、西航、西工大飞机系主任，兼任航天部一院强度所所长，是我国航空航天界一流的结构强度专家和教育家）。

中大航空工程系的历届系主任是罗荣安、柏实义、黄玉珊、谢安祜。柏实义，1913年生，江苏句容人，1935年中大电机系毕业后考入第一届机特班，1938年获麻省理工学院航空工程硕士，1939年获加州理工大学空气动力学和数学博士，师从冯·卡门，与钱学森是同门师兄弟，1943年任中大航空工程系主任，后来任美国马里兰大学航空系主任。谢安祜，江苏常州人，1935年毕业于交大机械学院，1944年获加州理工大学航空工程博士学位，与钱伟长同在该校喷气推进实验室工作，1947年回国后在中大航空工程系任教授，1948年任航空工程系主任，他在国内首先开设了当时最先进的"喷气推进机"课程，后来担任华航教授、西航和西工大航空发动机系副主任，导弹发动机教研室主任。

中大航空工程系曾经名师荟萃，历任教授的有罗荣安、余仲奎、张述祖、李寿同、李登科、张创、柏实义、岳劼毅（兼）、黄玉珊、谢安祜、许侠农、王培生，副教授有陈百屏、周广城（后6人一直在华航、西航、西工大任教）。

中大航空工程系1949年后改名南大航空工程系。从1936年开始，毕业生共433人，其中机特班33人，研究生2名。

浙江大学在1933年就开始在机械系设置航空工程课程，1940年在机械系设航空组。1944 年夏，浙大航空工程系在贵州遵义正式成立，应聘就任系主任的是范绪箕。

范绪箕，1914 年生，江苏江宁人。1935 年毕业于哈尔滨工业大学机械系，1938 年获加州理工大学航空工程硕士学位，1940 年获航空工程博士学位，导师是冯·卡门。他与钱学森是同门师兄弟，两人同居一宅，关系密切。范绪箕主持浙大航空工程系期间，特别注重实验室建设，他的一个大手笔是设计建造了一个回流式风洞，这在当时是技术含量极高的试验设备，大大改善了浙大航空工程系的教学科研条件，同时也锻炼和培养了一批青年教师。在范绪箕、梁守槃两位教授指导下，由王培德负责设计风洞壳体，吕茂烈负责设计天平和螺旋桨，沈达宽设计用汽车发动机拖动的动力设备，这几位教师后来都是西工大的资深教授。

1949 年，梁守槃接任浙大航空工程系主任。梁守槃 1916 年生于福州市，1937 年毕业于清华大学，1940 年获麻省理工学院航空工程硕士学位，回国后曾在西南联大任教，1945 年任浙大航空工程系教授，1952 年由华航调往"哈军工"，1956 年又从"哈军工"调往国防部五院，负责发动机研究和导弹试验，是中国第一枚导弹的总设计师，被誉为中国"海防导弹之父"，他是中国科学院院士、国际宇航科学院院士。

先后在浙大航空工程系任教的有范绪箕、黄玉珊、万一、王宏基、戴昌晖、梁守槃、丁履德、陈维新、黄培楠、岳劼毅等。其中范绪箕曾任华航副院长，梁守槃曾在华航任教，黄玉珊、万一、王宏基、戴昌晖后来一直在华航、西航、西工大任教。浙大航空工程系（包括航空组）历年本科毕业生共约 50 名。

1952 年 10 月，根据航空工业发展的要求，中央决定，将交大、南大和浙大的航空工程系整建制合并，组建了独立的航空学院——华东航空学院，建立了飞机设计和工艺、航空发动机设计和工艺专业，及相关配套的基础教研室，集中了三校航空工程系的许多先进设备。建院初期，主持校务的负责人是范绪箕教授，教师队伍中拥有国家定级为一、二级教授的有 10 人，他们是范绪箕、季文美、王宏基、许玉赞、黄玉珊、谢安祜、王培生、胡沛泉、曹鹤荪、梁守槃，这在当时国内理工科高校中堪称是"豪华阵容"。

不久，曹鹤荪与梁守槃作为骨干被抽调支援"哈军工"，加上交大航空工程系已被调到"哈军工"的岳劼毅与马明德两位教授，可以说，华航及其前身对"哈军工"的支援是非常"慷慨"的。不过，18 年过后，1970 年"哈军工"的空军工程系又整建制并入西工大，给西工大雄厚的师资队伍增加了强大的力量，也带来了许多先进实验设备，使西工大航空航天学科实力大增。

1953 年 10 月，寿松涛（1900 年生，浙江诸暨人）被任命为华航院长兼党委书记。寿松涛是个有战略眼光和强烈事业心、作风民主、关心师生的好院长，他对华航、西航及后来西工大的发展功勋卓著，深受师生员工的爱戴。

寿松涛的一个重大决策就是说服华航师生员工西迁到西安，以服务中央在陕西重点发展航空工业的战略布局。1956 年 8 月，华航师生员工及家属 5 000 多人从富庶的南京搬到古都西安，这一壮举，对于全体华航人来说，实际是一次"航空报国"信念的洗礼！从此，这支汇聚长江三角洲航空教育精英的队伍扎根西北，成为构建我国西北西南航空航天产、学、研战略基地的重要支柱。国家对西航各方面都给予特别的扶持，从 1956 年到 1957 年夏，在原有专业的基础上增加了直升机专业，以及锻、铸、焊、热处理和表面保护 5 个新专业。

寿松涛深知，一所大学要办好，提高师资水平最重要。在西方国家对中国全面封锁的情况下，除了在国内、校内培养青年教师外，他特别积极争取向苏联外派留学生和进修教师。高教部对西航也特别照顾，仅 1956 年全国高校 100 名赴苏留学名额中，就给了西航 12 个名额。这次西航派遣的留苏人员中，仅空气动力学组内就占了一半，可见寿院长决心之大。这些留苏的教师不负重托，学成归来都成了西工大的骨干力量。可以说，这一有远见的决策，日后在西工大得到了回报。

在中国航空航天事业的崛起过程中，华航、西航及其前身确确实实是培养航空英才的摇篮，他们做出了不可磨灭的贡献，祖国将记住他们。今天，创造这段历史的前辈们已自然老迈，不少人已经离开我们，望着他们渐渐远去的背影，一种赞美和崇敬的心绪充溢心头，名师和英才们锲而不舍、努力奋斗、追求卓越，是我们后继者的榜样。

二、西迁精神是西工大的宝贵财富

铭记"热爱祖国、顾全大局、无私奉献、献身航空"的华航西迁精神

华航整体西迁，谈何容易！

首先，大多数人思想毫无准备。1952 年，才随三校的航空工程系弃家离亲从"天堂"杭州、上海迁到南京，先是"寄身"在南工，随后才迁入华航卫岗新址，四年两次搬迁，安定不久，又要西迁，大家心情不舒畅。当时大部分教职工（包括留学回国的名教授）都是中青年人，上有老、下有小，祖祖辈辈生活在山清水秀的鱼米之乡，事业有成、生活安定，突然要背井离乡举家迁徙到陌生的"缺米少鱼"的大西北去，思想上一时难以转弯。

其次，真要搬迁，具体问题也不少：年老的父母能否适应西北环境，家属的工作怎么安排，小孩上学怎么办，家具等坛坛罐罐怎么长途搬迁……总之，困难重重。经过大量艰苦细致的思想工作，尤其在寿松涛院长苦口婆心的说服下，大家都明白了顾全大局、献身航空的道理，应该搬迁的师生员工居然一个不缺。5 000 多人浩浩荡荡，在寿院长的带领下，经过一个暑假的搬迁，既不影响上一学期的教学，又能下一学期在西航按时开学，真是奇迹！其中故事多多。

故事一：1956 年夏季招收的新生录取通知书写着，祝贺你被华东航空学院录取，请到西安航空学院报到……当年招收的大多都是苏杭、沿海一带的新生，到西航 9 月 1 日开学，1 000 多名新生竟没有一个缺席迟到！

故事二：华航年轻教师顾松年，老母脑溢血卧床，得知独子即将远去千里外的大西北，总是辛酸泪落、抽泣着对儿子说"我再也见不到你了"。果然，1957 年 3 月，顾母再度脑溢血。当顾老师赶回南京时，顾母已神志不清，无法给独生儿子一句临终的嘱咐。假期短促，顾老师不能长留医院伺候。当顾老师返回西安途径蚌埠时，母亲撒手西去。顾老师生未能尽孝，未能送终，心如刀绞。

1956 年的西安，除新中国成立后发展的少数工业外，基本保持新中国成立前的原样，相当落后。市容和生活条件与南京、上海反差太大，大家心情不愉快。

当年的西安比现在的西安相差甚远，破旧的城墙，干枯肮脏的护城河，城墙与护城河间杂草丛生。城墙外基本是农村，西门外太白路是"雨天泥浆路""晴天扬灰路"。再看西航，建设时正值建筑业"反浪费"高潮，所以基建造价过低，校舍外观土气，质量又很差。例如学生宿舍房间的隔墙是芦苇泥巴结构；主要道路是泥浆浇灌的碎石路，大多还是泥路，刚到西航那年9月正值雨季，泥泞难走。因为只完成了第一期工程，许多地方还在人工探墓。饭厅是基建时的临时草棚，无凳子，餐桌拥挤；伙食少米缺鱼，部分人吃面食不适应；蔬果单调，绿色蔬菜很少；气候干燥，部分人不适应，嘴唇干裂，少数人流鼻血，女生皮肤变粗糙……校内没有洗澡间，洗澡要到太白路上的建筑公司。冬天教室里没有暖气，冻得脚趾失去知觉。

其实，这些也还算不得非常艰苦，就是西航与华航反差太大，生活上许多不习惯。华航位于紫金山麓、明孝陵和中山陵景区旁，绿树成荫、风景优美；教学主楼是著名设计师杨廷宝（建筑界常说北有梁思成、南有杨廷宝）设计的，为新民族形式风格、钢筋混凝土结构、青砖墙、绿色琉璃瓦顶，高高的顶杆上竖有一颗闪闪的红星，现在看起来都十分美丽动人。在紫金山麓闪闪红星下读书学习是多么惬意！学生宿舍是红漆地板，宽敞明亮的房间有书桌可以自习，每层楼都有考究的洗澡间，在大操场锻炼后随时可以洗澡。吃饭是八人一桌，四菜一汤，荤素搭配，大米饭管饱。

到西航后，气候的不适应，生活的不习惯，有些人思想产生了波动。

故事一：有人在厕所门上发现了打油诗，抄录下来交给了寿院长。寿院长在一次大会上当众朗读，"家住上海市中心，为了事业来西京"，读了两句，院长说，"写得很好啊，上海学生，聪明灵活，为了航空来到西安，有志气、有文采，还押韵。"接着读"天气寒冷过不惯"，院长说，"西安干冷，生活不习惯，需要有一个适应过程。学校在帮助同学克服困难上做得不够好，应该检讨。"又读"一心只想当逃兵！"院长说，"这一句就不要对后辈说了，我建议把'逃'字改成'尖'字，当发扬延安精神、继承革命传统、克服困难的尖兵！"全场热烈鼓掌，这是院领导管理育人的率先垂范，院长在幽默中进行着生动的思想教育。事实上，后来一直都没有发现有人做逃兵。

故事二：胡沛泉教授来到西航初时是单身，他是新中国成立初中央"钦定的"二级教授，愉快地来到西航，默默地过着艰苦单调的生活。胡先生一生扑在工作上，成家后，一直两地分居，妻子离世他都未赶得上告别。2016年胡先生已经96岁了，仍然坚持工作。时值华航西迁60周年之际，谈起西迁时，他一再说，"不后悔，华航西迁，就是为了占领航空航天制高点！"他说出了西迁师生的心声。

西迁的老一代教授大多已离世，当时的中青年教师现在也已是90岁左右的老人了，许多也已离世。他们热爱祖国，为了航空，扎根西安（包括父母和子孙后代），无私奉献，奋斗终生，许多人葬身西京，魂不归故里。就是当年华航、西航的留校学生，现在也已是耄耋之年，同样也毕生扎根西安，献身三航。在西迁后的数十年中，未及赶回家乡为父母送终的西迁师生太多了！

老一代教授的生平和贡献不是三言两语就可以表达的。令人欣慰的是，本书主要内容就是记述寿松涛校长和老一代华航（并继续在西航、西工大任教）教授们的教育思想和贡献，就是要铭记和传承"热爱祖国、顾全大局、无私奉献、献身航空"的华航西迁精神，让后辈不忘初心，续写新的辉煌！

弘扬西迁精神，艰苦创业，建设西航

西迁对家庭、个人多有难言之隐；家大业大的华航整体搬迁，更不容易。自文件下达到搬迁仅一年时间，从选址、建新校舍到搬迁、安装设备，学校和家庭举家迁移，家属的工作安排、孩子的上学……工作量何其巨大。基建方面，校址1 200亩原是一片坟地，要从人工探墓开始，边设计边施工。第一期工程先要完成教室、实验室、办公楼、宿舍、操场、中小学幼儿园、辅助生活设施……设备方面，有2台先进的精密风洞，庞大的航空发动机试验台，符合航空要求的冷热加工工艺实验室，基础课实验室，教学实习的机工厂，教学办公和生活用的桌椅板凳床、锅碗瓢盆炊事用具……人员方面，教师干部、工厂实验室的技术人员、医务人员、保卫人员、绿化技工、炊事员、理发师、后勤工人、家属孩子；此外，还有银行、邮局、商店等职工。总之，正如寿院长所说，除了监狱以外，一切具备。这一切工作，除了中央安排、全校教职工特别是后勤部门干部、工人的努力以外，与陕西省和西安市政府及陕西人民的支持配合是分不开的。

西迁初步完成，1956 年 9 月 1 日按时开学，教学、实验、科研、生产一切正常运转。

真正的艰苦在于重新创业，发展西航。

西迁运来了大量设备：2 台精密的风洞（那时全国只有 3 台风洞），其中 1 台是由原中大转华航的意大利进口的直流式风洞，另 1 台是由原浙大航空工程系主任范绪箕领导自行研制转华航的当时很先进的回流式风洞；庞大的航空发动机试验系统，飞机和发动机设计、工艺（冷热加工）方面以及其他实验室和机工厂大量机器、设备；基础实验室的大量机床等设备。教职工日夜奋战高质量完成了安装调试，及时开展了实验、生产并进行了项目研究。与此同时，还进行了扩建和新建，例如发动机系建设了引气、喷气发动机、燃烧实验室等。

二期建校基建工程，在师生员工义务劳动辅助下，不到一年很快就完成了。全校铺了水泥路，盖了饭厅、澡堂，健全了大操场，生活得到了改善。从南京运来了雪松、法国梧桐等树木，假山石料和花草，绿化做到了寿院长提出的"绿树成荫、鸟语花香、硕果累累"（后来因建立航海系、扩建航天系和附中，苹果园铲平了，核桃树砍了），建设了园林式校园，还在友谊路种了法国梧桐，图书馆前建造了假山喷泉花园。当时在西安，无论是机关、工厂还是学校，这都是独一无二的，就是到现在也毫不逊色。

华航建立时就有航空金属（包括金相和热处理、表面处理）、非金属材料、工艺与成型等教研室，为后来建立的材料和热加工系奠定了基础。1952 年飞机系创建了工艺专业，下设飞机零件制造、飞机装配、飞机用金属和非金属材料、飞机表面保护、飞机工厂车间设计，同时建立了飞机工艺实验室。西迁后，飞机和发动机工艺专业建设得也很出色，在很短时间内开展的实验和研究囊括了 20 世纪 50 年代飞机制造工艺中的主要内容。

1953 年，航空发动机系建立了工艺专业，华航西迁前建有发动机工艺实验室、金属切削刀具及机床实验室，此时仅工艺实验室的新颖设备就有德国的磨齿机、捷克的自动车床、苏联的四轴自动车床、波兰的旋铣等。飞机工艺和发动机工艺的西迁和扩建，为以后合并为航空宇航制造工程系打下坚实的基础，以此为核心，建成了今天的机电学院。

至此，西迁完成，在全院教职工的努力下，教学、科研、生活一切都按部就班有序进行。

寿松涛院长早在华航时期，总结了南大、交大和浙大三校航空工程系和华航的办学经验，提出了"三实一新"（基础扎实、工作踏实、作风朴实、开拓创新）校风，并身体力行积极倡导贯彻执行。

在完成西迁及建设西航时，寿院长多次强调，要继承和发扬名校的优良办学传统和求真务实的科学精神，创造良好的学术环境，把学校办成社会主义的名牌大学、万人大学。寿院长是一个事业心很强的人，他创造性地提出了办教育要抓人才、教材、器材的"三才"建设：包括派送苏联培养副博士、自培研究生、派遣进修生；按"少而精""加强基础""提高教学质量"的原则，编写出版了大批新教材；国家投资也急剧增加，1956年二机部给予的设备费就比往年增加了4倍，一次就批准进口50多台先进设备，极大地推进了实验室建设，在此期间建设了"三研"（第三研究室）风洞群、喷气发动机试车台，各专业和基础实验室都有显著的发展。寿院长在学院专业建设上高瞻远瞩，具有战略眼光，具有高度的革命事业心和责任感，根据国家的需要和科技的发展，在国家加大投资、保证重点的方针下，狠抓学科建设：在1954年筹建航空热加工工艺专业的基础上，1956年增设了金属材料和热处理、锻压、铸造、焊接、表面保护5个专业；1957年春，二机部决定将北航金属材料热加工系整体搬迁到西航；1957年初又增设了直升机专业，筹建导弹系、无线电系、自动控制系。一个以航空航天学科为核心及支撑核心相关配套的基础专业体系快速形成。在学科建设发展的同时"向科学进军"，科研成果显著，学校举行了盛大的科学报告会。

西航发愤图强弘扬西迁精神，呈现了一派欣欣向荣的景象，"三才"建设、专业建设、科研成果、师生人数都快速发展。西航在全国成为与北航并立并各有千秋的航空名校，在西安地区则与西安交大同为一流名校。

西迁的伟大意义

在华航西迁 60 年后的今天重新审视，西迁具有更加伟大的意义。

20 世纪 50 年代的西迁是中央根据国际形势和国家的长远发展做出的伟大布局。人所熟知的华航、交大整体西迁只是其中的一个方面，同时西迁的还有一大批工厂和有实力的大学。院校方面，如 1954 年由原中大医学院改建的第五军医大学从南京西迁至西安与原第四军医大学（其前身之一是 1941 年成立的八路军晋西北卫生学校）合并扩建成新的第四军医大学（包括第一、第二附属医院）。1958 年西安军事电讯工程学院（现为西安电子科技大学）从张家口南迁至西安。1956 年苏州工专土木和建筑艺术科、青岛工学院土木系西迁西安，西北工学院土木系由咸阳迁西安并入，组建成西安冶金建筑学院（现为西安建筑科技大学）等。工业方面，我国 20 世纪 50 年代"一五"中，苏联 156 项援建项目，陕西获 24 项，西安地区获其中的 17 项，居全国之首，不少沿海省份一项都没有。20 世纪 50 年代中期，西迁建立了纺织城、多家建筑公司、庆安飞机附件公司、红旗航空发动机公司、兵工工业和研究院、电子工业、鼓风机厂、缝纫机厂；1955 年起中央又新建了阎良的航空城，以及后来 20 世纪 60，70 年代汉中、凤州、平坝、遵义等航空航天的三线建设，其中包括北京航天一院 1964 年内迁建于凤州后又迁至西安的 067 基地，之后又建立航天四院等，形成西安两大航天城，上述这些西迁及建设项目都不乏沿海地区人员、技术、设备的西迁支援。这一时期数万人规模庞大的西迁，奠定了西北地区高等教育和工业发展的基础，从此开始改变西安地区的落后面貌。

中央在 20 世纪 50 年代做出了加强西安地区教育和国防工业的西迁布局，1999 年提出西部大开发，2014 年又提出"一带一路"战略，此三大战略决策一脉相承。因此，从现在来看，当年西迁的伟大意义绝不是单纯交大、华航的西迁，而是实现了国家三大战略决策的第一步，20 世纪 50 年代的大规模西迁，是后两步的先行，为后两步奠定了基础。

华航西迁还有特别的意义：使华航与航空工业在西部配套——后来实现了与航空、航天、航海事业配套，与厂所联合搞科研、研制，给厂所输送了大量人才。

没有华航西迁，就没有西航，就没有西工大。华航西迁为西航、西工大奠定了坚实的基础，也是西航、西工大建立和发展的里程碑，更使西部地区航空、航天、航海科研院所和工厂有了高等学校的支撑。

今天重新认识华航西迁精神和西迁的伟大意义，就是要弘扬和传承西迁精神，为西部大开发和"一带一路"建设再立新功。

三、传承华航西迁精神，共创西工大美好未来

西工大的建立和发展是华航成立和西迁、西航再度创业发展的新阶段，让我们回眸难忘的历程，共同展望美好的未来。

新中国成立后，从 1951 年起，西北工学院得到了较大的发展，有 6 个系 9 个工科专业。1956 年高教部计划将西工办成国防特种工业学院，因此着手进行了调整，将 9 个专业调出 8 个支援了西安地区和北京某些院校（对这些院校做出了重要贡献），在西工留下一个机械系：包括机械制造工艺老专业一个，新建热加工专业 4 个，水中兵器鱼雷、水雷专业 2 个（刚招收了学生，正筹备师资、教材、设备）。由于高教部改变了原有的设想，此时西工已难以独立成院，因此 1957 年 10 月 5 日，高教部和二机部联合决定，将西工从咸阳迁入西航原址，两校合并成立西工大。至 1958 年 10 月西工的大批教职员工和学生迁入西航，才真正完成了迁并，西工大第一任党委书记是刘海滨，校长为寿松涛。

西工师生员工迁入西航时，从咸阳西工校本部背着行李步行向西航进发。西航全校师生员工全体出动，分成两队，一队去三桥迎接，一队从宿舍至边家村列队迎接，在三桥、边家村抢背行李，一直将西工师生员工送入腾出的最好宿舍，好不热闹！从此，两校师生员工成为一家人，同建西工大。

两校合并时，西航有飞机工艺和飞机设计、航空发动机工艺和设计 2 个系、4 个主体专业和实验室，以及配套的基础专业和实验室，新建直升机设计专业 1 个，新建航空材料与航空热加工类（包括锻、铸、焊、热处理和表面保护）专业 5 个，这 5 个专业，如上所述，在华航时就以为航空专业服务的各教研室或基础课的形式存在。

并校不久，北航的航空锻造、铸造 2 个专业师生和设备执行原迁入西航的计划，来到了新成立的西工大，加强了热加工系的力量。西工的机械制造工艺和热加工专业分别与航空发动机工艺专业和热加工专业合并。两校合并后，从 1958 年到 1960 年又陆续建成航空无线电系、导弹系和航空自动控制系。至此，经过合并调整和发展，西工大已有 9 个系，共 39 个专业，形成了以航空为主体，兼顾导弹和水中兵器的西工大专业体系。1960 年 10 月，中央决定将西工大列入全国重点高校行列。1961 年 2 月，西工大改由国防科委领导，就西工大专业设置明确指示"应以飞机为主，有重点地发展导弹和水中兵器专业"。经过调整，到 1965 年西工大缩减设置 29 个专业，其中航空航天类有 25 个专业，水中兵器有 4 个专业。

水中兵器专业在并校成立西工大后得到真正发展，20 世纪六七十年代由 2 个专业发展到 4 个专业。1970 年 3 月中央军委和国防科委决定，将水中兵器系调整给六机部，不属西工大建制。直到 1979 年，国务院国防工办又决定水中兵器系仍划归西工大，1980 年恢复招生。1985 年及以后水中兵器系发展较快，1992 年建立了鱼雷制导技术国防科技重点实验室，相继建立了博士学科点、重点学科，逐渐发展为今天航海学院的规模。

1970 年，我国著名的"哈军工"空军工程系整建制并入西工大，其所属的 8 个专业分别并入飞机系、航空发动机系、无线电系、导弹系、自动控制系，其很强的教职工队伍和先进的设备大大地增强了相关专业的实力。

1976—1985 年，经过文化大革命（简称"文革"）后的整顿，教学秩序得到了恢复，教学质量很快得到提升。1985 年西工大被列为 15 所国家重点建设大学之一，1986 年获准首批建立研究生院。1989 年争取到世界银行贷款 400 万美元，用之加强了重点学科建设，并建立了一个国家重点实验室，4 个国家专业实验室。1992 年，国防科工委建设国家级国防科技重点实验室，西工大获得 3 个，航空、航天、航海各有一个，总资金 3 300 万元。1996 年 9 月学校成为首批进入"211 工程"建设的 22 所重点大学之一。1999 年，国家提出西部大开发的战略方针，同时也进入教育大发展、国防大加强的时期。2002 年 1 月，国防科工委、教育部、陕西省政府、西安市政府 4 个部门投资 9 亿元重点共建西工大，标志西工大首批进入了"985 工程"建设行列。西工大"211 工程"建设的目标是建设三航特色的重点学科，"985 工程"建设的目标是建设三航特色的国内一流、国际知名的高水平研究型大学。

之后，在国家的大力支持下，学校提出"三步走"发展战略，按照科教兴国和人才强国的战略部署，坚守使命，追求卓越，正在为将学校建设成为学科特色鲜明，在航空、航天、航海等领域具有重大影响的世界一流大学而努力奋斗！华航西迁精神作为西工大精神文化传统的宝贵财富，也在学校建设发展中得到传承和发扬。

回望历史，我们深刻感受到华航西迁对西工大乃至西部地区的伟大历史作用。

60 年来国家对西部的几次大规模建设开发，使西部已沧桑巨变，在今天中国崛起的大潮中，中国西部航空航天产业群受到国人与世界的瞩目，各种新型号的飞机导弹井喷式涌现，祖国的西部已真正建成为国防的战略后方基地，充分证明中央当年决策布局的正确英明。

运 20 最近开始装备空军，ARJ21-700 飞机正式商业运营，歼 20 研制不断推进，"东风 31 导弹"、全新研制的新一代中型运载火箭长征七号发射成功，其新型液体火箭发动机就在西安研制生产，西部已是航天基地之一。在这些重大型号研制中，西工大毕业生勇挑重担，充当了中坚力量和领军人物。事实证明，西工大为我国特别是西部航空航天产业提供了一流的技术与人才支撑，西迁的华航人与走到一起的西工人和哈军工人不辱使命，在航空报国、献身国防的信念引领下，向祖国人民交了一份合格的答卷。

如果说华航及其前身是我国早期航空工程的摇篮，那么现在可以说西工大已是新时代我国航空航天与水中兵器英才的摇篮。西工大在地处相对艰苦落后的西部，又经受市场经济淘洗，在人才难聚集的客观条件下能保持此殊荣是很了不起的，是几代人传承西迁精神艰苦再创业的结果。校外同行所称的"西工大现象"，其实现象是内涵的外化，"西工大现象"的内涵就是华航西迁精神与延安精神结合、华航西航西工大"三实一新"校风、"哈军工"优良作风、西工抗日时期艰苦办学精神等学校优秀历史文化融合、传承和发扬的结果。

回顾华航西迁 60 年来的发展历程，最值得我们汲取的经验就是坚持三航特色，就是坚持华航、西工、"哈军工"空军工程系三脉融合发展、携手奋进！

华航、西航，以及西工大的快速发展，是历届校领导秉承寿校长"三才"建设、坚持航空为主有重点地发展航天航海的思想、建设教学和科研两个中心和狠抓学科建设的结果，是广大干部和教职工忘我工作、抓住机遇、团结奋斗的结果，更是国家办学方针指导和财力上大力扶持的结果。

三航是西工大的生命线。西工大有深厚的航空底蕴以及随之发展的航天、航海基础。长期以来，西工大的教学、科研、学科建设都以三航为特色，与西北、西南地区航空航天厂所产学研结合密切。国际形势迫切要求我们发展航空、航天，建立天军、空军，增强海洋实力，国家将大力支持西工大的三航发展，突出三航是西工大建设国际知名高水平研究型大学的正确之路。我们绝对不能放弃国家的三航战略需求，不能放松与西北西南国防企业研究机构的联系与合作，要坚持教学和科研两个中心，把教学和科研很好地结合起来，引领学校创新发展。

在纪念华航西迁 60 周年之际，回顾历史，不忘初心，面向未来，继续前行。我们要在学校党委带领下，真抓实干，破解难题，携手共进，奋勇拼搏，响应"双一流"号召，为将西工大建成三航特色鲜明的世界一流大学而奋斗！

（执笔：何洪庆　虞企鹤　唐宗焕　姜节胜　赵媚麟）

华航西迁谱写新中国航空壮歌

风云一甲子，弦歌两世纪。2016 年 8 月，是新中国最早的航空高等学府——华东航空学院——昂扬西迁 60 周年。

"建设大西北，振兴新中国的航空事业！" 60 年前，数千名华航师生积极响应党的号召，肩负神圣使命，毅然告别繁华的南京，义无反顾奔赴条件艰苦的大西北，壮怀激烈、筚路蓝缕，创造了新中国高等教育历史上最伟大的 "西迁"。

——华航举校西迁，绝无仅有，在我国高等教育发展史上书写了光辉的一页。

从华航西迁到西工大成立，从 "航空报国" 到 "科教兴国" "科技强军"，从 "热爱祖国、顾全大局、艰苦创业、献身航空" 到 "扎根西部、艰苦奋斗、求真务实、开拓创新、追求一流、献身国防"，经过 60 载传承、弘扬与光大，西迁精神植根古都，永放光芒，早已成为根植西工大人心灵的履行国家战略、肩负国家重任的家国情怀；华航西迁也因西工大的创建，其铸就的航空教育伟业得到空前的拓展和延伸，谱写了西工大世纪壮歌，更谱写了新中国航空教育壮歌。

华航创建：为新中国航空高等教育开路奠基

"名校汇聚，名师荟萃，俊彦云集。" 1952 年，因华东航空学院的创建，新中国最早的航空高等学府宣告诞生，紫金山麓、南京卫岗这个虎踞龙盘、水秀山明之地也因此被载入新中国的高等教育史册。

华东航空学院是新中国成立后第一次院系调整时，由南京大学、交通大学、浙江大学三校的航空工程系合并成立的。这三所大学都是当时国内著名的高等学府。三所大学的航空工程教育均起始于20世纪30年代，其中国立中央大学培养了中国最早一批航空工业专门人才，并于1937年成立了国内第一个航空工程系，成为我国航空高等教育的发轫之校。

毕业于麻省理工学院的罗荣安、获意大利都灵大学博士学位的曹鹤荪、世界著名科学家冯·卡门的博士生范绪箕，因分别创建国立中央大学、交通大学、浙江大学航空工程系而名垂校史。范绪箕更是功赫绩显，当年其自行设计建成的3英尺低速风洞，今天仍继续在西工大的教学中发挥作用。

新中国成立前，国立中央大学、交通大学、浙江大学的3个航空工程系共培养了600多名航空高级人才，占当时全国培养航空类人才总数的一半以上。国立中央大学航空工程系还于1941年开始招收研究生。

"长三角，航空界精英，共聚峥嵘。"华航的教师队伍中，国家第一批定级为一、二级教授的有范绪箕、季文美、王宏基、许玉赞、黄玉珊、谢安祜、王培生、胡沛泉、曹鹤荪、梁守槃等10位，他们都是早年留学海外，获著名大学博士学位，在各自学术领域中有很深造诣，并在国内外航空教育科技界享有盛名的著名学者。教授中还有留学海外攻读航空工程的先驱、中国航空史的奠基人姜长英，我国航空宇航制造工程学科奠基人杨彭基，直升机专业创始人许侠农及著名数学家孙增光等。此外，还拥有戴昌晖、周广诚、陈士橹、李寿萱、施祖荫、彭炎午、沈达宽、马蕊然、张桢、王适荐、赵令诚、濮良贵、唐致中等一大批中青年才俊。

——华航前辈学人严谨的治学态度，几十年来影响了一代又一代西工大人。

华航精英光耀史册。以权威的中国第一部大百科全书航空航天卷（1985）入选的人物条目为例，除华航教授季文美、黄玉珊、王宏基、杨彭基（4位西迁）、范绪箕、曹鹤荪、梁守槃（3位在西迁前调离）7位外，还有各届校友徐昌裕、黄志千、徐舜寿、张阿舟、陆孝彭、虞光裕、马明德、罗时钧、庄逢甘、顾诵芬等共17位，占国内航空航天教育家、科技专家入选全书人物总数38人的45%。另有9人获院士或双院士称号。

三所名校的优异资质和优良传统赋予华航丰厚的文化底蕴。华航继承了南大的"追求真理、止于至善"的传统，交大的科学严谨的风格和"起点高、基础厚、要求严、重实践"的特色，以及浙大的"求是"精神，办学伊始就在高水平、高基点上起步，创造了良好的教学环境，成为当之无愧的国内一流航空学院。华航"三实一新"校风，深深影响和熏陶着西工大一代代莘莘学子。

——华航的诞生，打造了新中国航空工业的摇篮。华航人当仁不让，肩负起为新中国航空高等教育开路奠基的伟大使命和光荣责任。

在华航，新生入学通知书上第一句话便是，"你志愿献身祖国航空事业的理想实现了，我们特向你报喜"。入学后，校园里随处都能看到"献身祖国航空事业"的醒目横幅及标语，洋溢着浓厚的为新中国航空事业而学习、终生献给航空事业的时代气氛。华航的学子们以能够献身航空、献身国防感到无比自豪。

——"航空报国"成为华航人的共同信念和最高追求。

华航西迁到西工大成立：西迁精神根植古都永放光芒

华航西迁是国家的战略举措，更是华航人伟大爱国精神的彰显。

1954年，党中央、国务院根据当时的国际形势和建设大西北的需要，做出了沿海工厂、学校内迁的战略决策。时任华航院长寿松涛，高瞻远瞩、顾全大局，以国家利益为重，以非凡胆识和伟大气魄主动请缨西迁。1955年6月8日，国务院正式批准华航内迁西安。

那是一段难忘的岁月，那是一段恒久的佳话，那更是一个伟大的壮举！

——曾记得，1956年8月，华航人高擎西迁大旗，以寿松涛院长为首的华航全体师生员工和家属约5 000人，毅然挥别紫金山麓，浩浩荡荡，分批登上西行的火车，来到古都西安。华航人以军人鏖战沙场的英勇气概和拓荒者的艰苦奋斗精神，站到了西部开发的最前沿。

——曾记得，江苏省和南京市像嫁女儿一样，大开绿灯，热情欢送。南京铁路局将中华门车站作为专列运输点，装满一列，开出一列，直达西安，保证按时运输。南京空军不惜代价，动用军用运输机，载着华航师生先后飞上蓝天，巡游于南京上空，以示惜别之情。

——曾记得，陕西省、西安市党政领导高度重视，给予热情关怀和大力支持；西安市人民像娶媳妇一样，张开双臂，热烈欢迎，给予华航人生活上的悉心关照；高教部、二机部等纷纷来电祝贺……凡此种种，使华航师生感受到支援大西北建设的无上光荣。

1956 年 9 月 1 日如期开学，国务院下达给华航西迁的任务胜利完成。同时，一所以航空为主、从事国防科技高等教育的著名学府——西安航空学院，耸立于中国西部历史文化名城，犹如一颗璀璨的明珠镶嵌在汉唐盛地西安，与古都一起闪耀着恒久的光芒。

从此，华航人以"热爱祖国、顾全大局、艰苦创业、献身航空"的西迁精神，汲取"艰苦奋斗、奋发图强"的延安精神，扎根西北、无私奉献、励精图治、再度创业，成为西部大开发的先行者和航空教育的开拓者。当年有诗赞曰："辞江南锦绣，挥师古城；再建西航，麻省是从；教育精建，科技创新，五八独步逞英雄。"

"开辟新校园、兴办新专业、发展新事业、开拓新领域。"从华航到西航，学校的发展速度大大加快，仅仅两年便奇迹般地恢复和筹建了 8 个专业，为学校进一步发展打下了坚实的基础。师资队伍迅速壮大，特别是培养了一批骨干教师。招生规模成倍增长，由 1955 年的 540 人猛增为 1956 年的 1 236 人，1957 年又招收 810 人，在校学生总数达到 3 235 人。学校欣欣向荣、蒸蒸日上。

西安和汉中地区是我国重要的航空工业基地。华航西迁，举足轻重，引领、带动了整个西部地区国防科技高等教育事业的蓬勃发展，对形成我国规模最大的航空工业基地有着极其重要的战略意义，对西南地区成都、贵阳的国家航空工业建设也有重大影响。

无论是华航还是西航的毕业生，他们始终坚守"航空报国"信念，服从组织分配，到祖国最需要的地方去，走向航空工程教育、科研、生产、部队第一线，奔赴西北、西南、东北、中南等急需用人的航空系统各单位就业，为新中国航空工业奉献青春和热血。

1957 年 10 月，西安航空学院与西北工学院合并，在西航的校址上创立西北工业大学。两强联手成就了"三航"（航空、航天、航海）雏形——西工大集中了两校的优势力量，大大加强了国防专业的建设。

到 1960 年，西工大已有 9 个系共 39 个专业，以航空为主体兼顾导弹和水中兵器的专业格局已经形成。1970 年，原军事名校"哈军工"空军工程系整建制并入西工大，可谓如虎添翼。至此，西工大"三脉精英"优势共融、相得益彰，戮力同心、追求一流，聚浩然之气唱响西工大精神，续写新时代创新育人的新篇章。

在西迁精神的熏陶和感召下，西工大各类专业的历届毕业生绝大部分奔赴航空、航天、航海企事业单位就职，尤其是正值艰苦创业的西北、西南三线建设地区的"三航"生产和科研工作第一线，为我国的航空、航天、航海高等教育事业和国防科技工业做出了重大贡献。

西迁的华航最终成为西工大主体的组成部分，为创办以"三航"为鲜明特色的西北工业大学奠定了第一基石，为西工大培养新一代航空航天英才立下了不朽的功绩，为西工大建设学科特色鲜明的世界一流大学做出了不可磨灭的贡献。华航"热爱祖国、顾全大局、艰苦创业、献身航空"的西迁精神见证着西工大走进新时代、开辟新天地、创造新辉煌，成为烙印并闪耀在西工大旗帜上永恒的光辉。

华航西迁 60 年来，西工大人始终把"献身航空、献身国防，服务西部、建设西部"作为自己的光荣使命，用实际行动传承和发扬西迁精神。新时期，由西迁精神进一步铸就的"扎根西部、艰苦奋斗、求真务实、开拓创新、追求一流、献身国防"的西工大精神，早已根植心灵，成为西工大人矢志不渝的报国情怀。

——华航礼赞："钟山苍苍，渭水泱泱；华航西迁，伟业德昌。伟业延续，薪火承传；西迁精神，光芒永放！"

在纪念华航西迁 60 周年之际，西工大人不禁深切缅怀西工大的第一任校长——从革命家到教育家的寿松涛先生。他是华航的缔造者和引领者，也是全国著名的大学校长之一。他在担任华航、西航、西工大的首任校长期间，树丰泽、举贤良、拔俊茂、扬清风，他的革命精神、爱国精神、博大胸襟、战略气魄、远见卓识及家国情怀深深融入西工大的文化，长久滋养着西工大人的心灵。

西工大人赋诗赞曰："松魄长存，三建一流学府，伟绩丰功昭史册；涛声宛在，频敲百户师门，高风厚泽镌人心。"——寿松涛先生永远活在西工大人的心中！

华航西迁：谱写西工大世纪壮歌，更谱写新中国航空壮歌

六十载风雨兼程，两世纪跨越发展。从紫金山麓到古都西安，昔日华航前辈先贤扎根祖国西北，坚守"航空报国"理念，艰苦奋斗、奋发图强，铸就了新中国航空教育的伟业。从漫天烽火的旧时代到波澜壮阔的新中国，今日西工大人矢志不渝，薪火承传科学发展，英才辈出翱翔蓝天，见证了新中国航空工业艰难曲折而又壮丽辉煌的发展历程。

从华航西迁到西工大创建，从立德树人造就领军人才到肩负使命铸造"国之重器"，西工大人用如椽大笔撰写了一部厚重丰富的办学方志，用奇光异彩绘就了一幅灿烂辉煌的历史画卷。

——华航西迁，谱写了西工大世纪壮歌，更谱写了新中国航空壮歌。

西工大几乎与新中国的航空同行，一直以来都是牵头承担国防重大工程项目和国家重大专项为数不多的高校之一。型号研制是西工大科研的重要特色，西工大人几乎参与了代表国家水平的所有机种机型的研制：从早期"延安一号"农业多用途飞机、"延安二号"小型直升机到"井冈山四号"飞机，从歼-5、歼-6、歼-7、歼-8、歼-10到歼-20，从运7、运8、运10到运20，从支线客机新舟60、新舟700、ARJ21到干线大型客机C919……它们记录了西工大与中国航空事业携手同行的岁月，见证了几代西工大人践行"航空报国"的使命担当。

——从民机到军机的升级换代，西工大人为航空重点型号研制做出了卓越的贡献。

让大飞机飞上蓝天，是国家的意志和民族的梦想，同样是西工大几代航空人梦寐以求的。为实现"中国造大飞机"的梦想，西工大人和中国航空人一起坚守和奋斗了大半个世纪。从"拓路苍穹，为新中国的航空开路奠基"，到"冀

望蓝天，为中国航空腾飞蓄势聚才"，再到"追梦九天，让中国的大飞机翱翔蓝天"，西工大人与祖国的大飞机结下了深厚的世代情缘。

从参与大型飞机"运10"的成功研制到再度承担国家重大专项"大型飞机"C919的研发任务，西工大在"大飞机"这一振兴民族的伟大工程中，承担了几十项重大研制任务。西工大精英团队、骨干教师和优秀博士生、硕士生一心投入"大飞机"重要项目关键技术的攻坚，一大批西工大校友在中国"大飞机"这一战略工程中挑起了大梁，为C919大型干线客机和ARJ21-700、新舟700支线客机（"一干双支"）的研制生产做出了应有的贡献。

西工大依托"三航"优势，在先进战机、先进无人机等方面主持或深度参与了上百项型号研制工作；多项科技成果助力"辽宁号"航母、新型战机、北斗卫星等国家重大工程；参与了神舟系列飞船研制，是"为中国首次载人航天飞行做出贡献单位"的两所高校之一。西工大正是在参与各种军用和民用型号飞机的研制中，在承担国家重大专项工程关键技术的攻关中，锻炼了队伍，储备了技术，积累了经验，培养了一大批航空航天科技的杰出人才。

新中国飞机设计第一人徐舜寿、中国高速歼击机之父黄志千、我国第一架歼教-1飞机主持设计陆孝彭、精确打击的训练"神器"设计者周凤岐、歼-7等多种飞机主持设计屠基达、歼-8设计之父顾诵芬、歼-10总工程师薛炽寿、运8及空警200总设计师欧阳绍修、Z8预警机总设计师郭俊贤、新舟60及新舟600总设计师吕海、ARJ21-700首任总设计师吴兴世和现任总设计师陈勇、歼15副总设计师赵霞、枭龙及歼-20总设计师杨伟、飞豹及运20总设计师唐长红、中国探月工程总设计师吴伟仁、"中国航天液体动力掌门人"谭永华……举不胜举，他们都是西工大及其前身培养的"栋梁之材"。

据中航工业集团人力资源部门的统计数据显示，在中航工业集团下属三大所（中航第一飞机设计研究院、成都飞机设计研究所、沈阳飞机设计研究所）和三大厂（西飞、成飞、沈飞）担任总师（副总师）、重大型号总师（副总师）、特级专家、党政领导及国家三大奖获得者中，西工大校友占60%以上。

——西工大校友领军人才辈出，在航空航天领域蔚然形成令人瞩目、令人探究的"西工大现象"。

一代代西工大人当仁不让地扛起"航空报国""科教兴国""科技强军"的大旗，前赴后继、艰苦奋斗、勇攀高峰，用他们赤诚的爱国之心、强烈的报国之志和突出的创新能力，傲然挺起强国强军的脊梁，谱写了一曲不辱使命、不负重托、献身航空献身国防的壮丽凯歌！

春华秋实一甲子，踏梦飞翔铸华章。在庆祝华航西迁60周年之际，还需要大书特书一笔的是，西工大从"航模"到"无人机"的伟大"蝶变"——从"紫金山之鹰"到"华山之鹰"，西工大航模运动的发展，直接投射出中国无人机的研制历程。

——无人机的研制是西工大"三航"特色的杰出代表之一。

追根溯源，正是华航开创了我国航空模型运动和航空科技创新的先河。

早在1955年，南京紫金山麓卫岗，我国第一架无线电遥控模型飞机"紫金山之鹰"，就由当时的华航航模队研制并试飞成功。1956年，华航学生代表队作为我国首次参与国际比赛的航模代表队，参加了布达佩斯国际航模比赛，并获得了两个第三名。1961年，西工大航模队研制的"华山之鹰"模型飞机成为国际航模界的一匹黑马，创造了两项无线电遥控航模飞机的世界纪录。

1958年，西工大在狠抓航模运动的同时，开始研制"无人机"。1958年8月3日，由西工大研制的我国第一架无人机在西安窑村机场试飞成功，开创了我国无人机事业的先河。1984年11月西工大无人机研究所成立，1995年被国务院发展研究中心确认为中国最大的无人机科研生产基地，并入选"中华之最"。

西工大在无人机总体设计、动力装置、飞行控制、导航与制导、发射回收、系统集成、飞行试验等领域积累了丰富的经验，掌握了核心技术。在无人机总体设计、气动布局、先进复合材料结构设计、发射与回收等方面拥有很强的实力，处于国内领先地位，达到国际先进水平。

——在国家"×××"重大工程"×× 无人机系统"攻关和研制任务中，西工大人历时8年，终于打破国外技术封锁，连续攻克十几项关键技术，最终获得成功，填补了国内空白，获得中共中央、国务院、中央军委联合颁发的"重大贡献奖"。

——在新中国成立 60 周年国庆大阅兵中，首次亮相的无人机方队全部 3 个型号均由西工大研制生产。

2016 年，西工大启动了"航空科学城——无人机产业化示范基地项目"的建设，正着力打造中国最大的高端中小型无人机产业化基地和国际一流人才的聚集高地。

华航西迁精神是西工大人奉献报国、开拓创新的永恒精神支撑，是西工大人自强不息、超越发展的强大力量源泉。在实现中华民族伟大复兴的中国梦的伟大历史进程中，西工大人将一如既往自觉担当，承担国家使命，服务战略需求，彰显中国特色，迈向世界高度。

承前启后，继往开来。华航西迁精神正激励着新一代西工大人在建设学科特色鲜明的世界一流大学的道路上长驱猛进。有理由相信，不久的将来，西工大必将走向世界舞台中央，创新引领中国无人机翱翔世界！

（执笔：吴秀青）

第二部分

杰出英才

寿松涛（1900—1969），浙江诸暨人，原名寿朝法，1922年毕业于浙江第一师范学校。1926年加入中国共产党，"四一二"政变后，先后任中共诸暨县委军事部长、书记。1930年组织农民暴动失败后，遭国民党政府通缉，流亡上海、广东等地。1936年秋，寿松涛抵西安，任《西京民报》发行部主任。1937年2月，遇毛泽民、钱之光、钱希均，从而找到党组织，9月赴南京、武汉八路军办事处，参加筹办《新华日报》，负责出版发行工作。

　　1938年初，寿松涛进入延安抗日军政大学学习，后被派赴敌后，开辟抗日民主根据地。9月受武汉八路军办事处派遣前往豫东，在河南宋克宾部做统战工作，任该部第三总队政治部主任。1939年4月，任中共永城县委书记，着手创建豫皖苏边区第一个抗日民主政权——永城县政府，组建了永城抗日自卫军，任副司令兼参谋长。1939年冬，又奉命组建永城独立团，任团长兼政治委员。1942年冬，调任中共萧（县）宿（县）铜（山）县委书记兼萧铜总队政治委员。1944年7月，奉命到华中局党校参加整风。1944年冬，中共中央、华中局确定了向东南发展的战略方针，寿松涛奉命赴浙东开辟新区。1945年春，与新四军浙东游击队一部来到诸暨西部和富阳境内，根据浙东区党委的决定，负责在富春江以南和浙赣铁路以西的诸暨、浦江、富阳、萧山四县间的山岭地区创建新的根据地，他担任县委书记兼县长。经过三四个月的工作，路西抗日根据地初具规模，成为浙东根据地向西发展的前哨阵地。

　　抗战胜利后，寿松涛奉命北撤，重返豫皖苏，任华中军区第八军分区副政治委员。1946年2月，原华中八分区改称豫皖苏区第三军分区，寿松涛任第三军分区政治委员兼地委书记、中共豫皖苏区党委委员。1948年11月，任地委三分区后勤支前总指挥，为淮海战役的胜利提供了有力的后勤支持。1949年3月，调任华北、华中南下干部队政治委员，随宋任穷南下接管城市。

南京解放后，寿松涛先后担任中共南京市委组织部副部长、江苏省交通厅长等职。1953年夏，调任华东航空学院院长兼党委书记。1956年，学院迁往西安，改名西安航空学院，他任西安航空学院院长兼党委书记。1957年10月，西安航空学院与西北工学院合并为西北工业大学，寿松涛任校长兼党委第二书记。1969年1月，在北京病逝。

戎马半生，出生入死干革命
三建学府，呕心沥血育英才
——记寿松涛同志光辉的一生

投身革命，矢志不移　历尽坎坷，一心向党

1900年11月3日，寿松涛（原名寿朝法）出生在浙江省诸暨县（现诸暨市）南区同山乡里坞底村一户贫寒的农家。父亲寿绥之在他4岁那年辞世，母亲徐阿金是一位善良淳朴的农家妇女。家中有兄弟7人，寿朝法居第6。为使世代的农家出一个读书人，母亲和兄长们协力供他就读私塾，他熟读了"四书五经"，但更喜欢看传统小说，崇拜历史上的"英雄豪杰"。1917年秋，他考入浙江第一师范学校，在五四运动的潮流中，他受宣中华等同学的影响常常阅读《新青年》等进步杂志。1920年他参加了著名的"一师风潮"，成为一个具有初步民主主义革命思想的进步青年。1922年夏，寿朝法从浙江第一师范学校毕业，由于家境所迫他不得不放弃继续深造的机会，而到孝丰县王族里办的王氏小学任教。1923年下半年，寿朝法转至上虞县（现上虞市）驿亭敬修小学教书，并将

寿朝法的名字改为寿松涛，主要是想表明冲破网罗束缚，与邪恶势力抗争的心迹。1924年秋，师范同学李文凯从广州来信，约寿松涛去黄埔军校学习，并向他介绍了广州革命的情况。"大革命"的浪潮冲击，使寿松涛开始接受革命思想和革命主张，年轻的心灵燃起了革命的火花，他自觉地走入了革命的阵营。

1924年冬，寿松涛回到诸暨乐安小学任教，开始从事革命宣传和组织活动，他与钟志逸、何赤华、赵并欢、杨寄玄、郭焕清、方城、祝锋扬等人以小学教师联合会、县教育会为基地，宣传三民主义思想，领导群众斗争。1925年"五卅惨案"发生后，他与其他同志一道，组织宣传演讲队，声讨帝国主义的暴行。10月10日诸暨县各界召开纪念"双十节"庆祝大会，群众唱着他编写的《双十节歌》，举行了声势浩大的游行。歌词是，"风云突起武汉边，十万健儿争先着鞭，挥金戈，扫狼烟，满虏失幽燕，中华庄严，五色国旗拂云天。而今十四年来，外有强寇垂涎，内有军阀相歼，痛不堪言。"他还编写了一首《五卅惨案歌》，歌词是，"醒来吧！同胞，'五卅'又到。想当年，南京路上大号啕，血流遍地，为谁牺牲，为谁悼？到今朝，大仇未报，卖国军阀又胡闹，诸君要记牢，勿把国贼逃，勿任强寇扰。"这首歌也成为当时鼓舞诸暨人民群众斗争的强劲号角。

为了进一步提高工人的觉悟，培养工人运动的骨干，他同何赤华、赵并欢、杨亦清等常去县商会和店员联合会举办职工夜校，讲授国际时事、中国现状、革命史略、三民主义等课程，并找来《中国青年》等进步刊物，秘密地发给学员阅读。在亲身参加了实际斗争和周围同志的相互影响下，寿松涛逐渐接受了马克思主义的革命学说，产生了加入中国共产党、为劳苦大众谋解放的迫切愿望。

1926年，经宣中华、钟志逸介绍，寿松涛加入了中国共产党。他是诸暨县国民党左派和共产党组织的主要创建者之一。1926年7月，国共第一次合作的北伐战争开始，革命形势日益高涨。他与钟志逸等商定，首先在城乡教师和店员中开展组建国民党左派组织的活动，成立了县立中学、中区小学、恒升丝行和枫桥镇等区分部。10月间国民党诸暨县党部正式成立，他当选为县党部组织部长。这年末，他又同钟志逸、郭焕清、方城等共产党员，在国民党县党部内成立了中共诸暨县城区党支部，这是诸暨县最早的共产党基层组织。1927年1月，他又在家乡里坞底村建立了诸暨县第一个农村中共党支部。2月下旬，他仿照广州农民运动讲习所的形式，成立了诸暨农民运动人员养成所，并亲任党代表，为在农村中组织农民协会、发动"二五"减租斗争培训了骨干力量。

1927年"四一二"反革命政变后，面对严重的白色恐怖，他以大无畏的革命精神，领导并坚持了诸暨县的革命斗争，为保存、恢复和发展革命力量做出了不懈的努力。当时，国民党左派县党部被勒令解散，他与其他三十多名同志遭反动当局通缉。反动当局通令他们交出印信、文件和枪支。寿松涛坚定地表示："干就干到底，宁可杀头，绝不上交。"他断然决定"国共分家"，"独立地建立和发展中国共产党，以农村为基地，继续坚持革命斗争"。6月，在中共浙江省委的帮助下，他与张以民、许汉臣、周良满等组织成立了诸暨县第一个中共区委会，并当选为委员。这年冬天，中共诸暨县委正式组成，他历任县委军事部长、县委书记等职务，先后组织领导了1928年夏的全县抗租减租斗争，部署了县城内党组织的恢复工作，积极开展了革命武装的筹建活动。1928年冬，他任浙江省委候补委员，不顾敌人的通缉，多次避开敌人的追捕，继续主持和领导全县的革命活动，并根据当时中央和省委的指示，于1930年春天和秋天两次举行武装暴动，虽因众寡悬殊惨遭失败，但给反革命营垒以较大的震撼。

在暴动失败和党组织遭到严重破坏的危急时刻，有人不辞而别，有人出卖灵魂甘当叛徒，寿松涛却没有颓唐动摇，他机智地摆脱了敌人的追捕而隐蔽下来。他抱定革命到底的信念，不断审慎地寻找党的关系。1930年冬，寿松涛潜赴上海。为了照应从家乡逃出来的革命难友，他在虹口区租了一间小房子，委托寿仲根为主管，开办了一家小饭馆作为通信联络地点，暗中接待来往的革命同志。他们还秘密地给被捕入狱的边世明等同志送衣送钱。后因影响渐大，怕暴露目标，遂终止了活动，改在新闸路边的一家裁缝铺里接头。后来，寿松涛又化名陈逸庵，利用夜间学习无线电技术，打算未来进入中央苏区做技术工作，后因秘密联络人突然被捕，他进入中央苏区的打算未能实现。

1933年春，寿松涛在上海发现有叛徒盯梢，便迅速潜往广州，机智脱险。但妻子边芝仙被捕，被关押在杭州第一监狱，两年半后才被交保释放。寿松涛当时一面在广州隐蔽，一面组织力量前往上海处决了叛徒，切断了敌人的魔爪。随后，他接到诸暨革命同志边雪枫从印尼棉兰来信，曾打算赴南洋继续寻找党组织，后由于边雪枫被荷兰当局驱逐出境而未能成行。

1935年冬，寿松涛在广州车站又被叛徒盯梢，因事先已得到原诸暨里坞底党支部书记寿安然的报告，他做了预先准备，才幸免于难。随后他辗转赴上海、淮阴等地，并托人给家乡捎信说，"他准备去陕北开荒"（即找党组织）。1936年秋，经陈再励介绍，寿松涛到西安任《西京民报》发行主任。在全国抗日救亡运动日趋高涨之时，他积极宣传抗日主张，并为"一二·九"平津南下学生举办的抗日救亡训练班讲课。就在这年冬天，寿松涛巧遇毛泽民、钱之光、钱希均等来西安筹建秘密贸易机关——元升裕钱庄，目的是完成共产国际和国际友人秘密援助的货币兑换任务。钱之光、钱希均与寿松涛在"大革命"时期就相识，毛泽民1925年也去过诸暨。当时，寿松涛向他们要求去延安学习，毛泽民说：目前这里工作更重要，我们这里还缺少一位会计，你来做吧。于是，寿松涛就留了下来。这时，寿松涛爱人边芝仙从诸暨也来到西安。1937年2月，他们俩便搬进"元升裕"，寿松涛任会计，边芝仙做些管理和接待方面的工作。到"元升裕"后，毛泽民还把寿松涛介绍给其他一道工作的同志，并向大家说明了有关情况。这样经过多年的流亡，寿松涛终于又回到了党的怀抱，重新参加了有组织的革命活动。

1937年6月，钱之光来西安办理"元升裕"结束事宜。9月下旬，寿松涛奉命前往南京，参加《新华日报》的筹建工作，与潘梓年、章汉夫、杨放之、徐迈进、赖祖烈等一道，购买设备，筹集纸张，租房设厂，不久，又迁往武汉继续筹备。此间，寿松涛曾任经理部经理，在报社同志们的共同努力下，《新华日报》终于在1938年1月与广大人民群众见面。

1937年底，上级组织决定寿松涛去延安"抗日军政大学"学习。1938年初，他加入了新编的抗大第四期第一大队第四中队，大队长是苏振华，政委是胡耀邦。在抗大学习八个月，寿松涛埋头读书、刻苦自励，在政治、军事、思想、作风等各个方面都得到了很大的锻炼和提高。1938年7月，经抗大校部批准，选调寿松涛和冯龙等九人赴敌后工作。临行前，抗大教育长罗瑞卿还在一个小饭馆为他们饯行。出发之时，经组织批准，寿松涛爱人边芝仙也被调了出来，同他们一道去敌后。边芝仙当时在陕甘宁边区党校学习，并于1938年5月加入了中国共产党。

奔赴抗战前线，转战豫皖苏浙
"三进永城"作战，支援"淮海战役"

"西安事变"后蒋介石被迫抗日，国民党和共产党也开始了第二次"国共合作"。1938年8月，寿松涛、冯龙、马乃松及边芝仙等13人受武汉八路军办事处派遣，前往豫东敌后。途中，他们经河南确山竹沟——中共河南省委所在地，省委军事部长彭雪枫及张震、岳夏等领导接见了他们。9月下旬，他们抵鹿邑河南省第二督察专员公署保安司令宋克宾部，开展统战工作。寿松涛担任宋部第三总队蔡洪范部政治部主任，这是他第一次进入永城。寿松涛他们在这里先后举办了三期干部训练队，培养了300多名青年干部，为日后新四军游击支队东进永城地区，创建"豫皖苏边"根据地，输送了第一批青年干部。

1939年4月，寿松涛任中共永城县委书记，组成了抗战爆发后永城第一个县委。5月，友军撤离永城地区，他与盛税唐、徐风笑一道独立坚持永城敌后抗战。在新四军游击支队司令彭雪枫统一部署下，创建了豫皖苏边区第一个抗日民主政权——永城县政府，徐风笑担任县长。他们积极扩编地方武装，组成了1万余人的永城自卫军。同年冬，寿松涛又奉命组建永城独立团，并担任团长兼政委，转战于永城、夏邑、商丘、亳州之间。他先后领导独立团"智擒王老四"，"歼灭单一鸣"，"薰降夏俊杰"，还消灭了王登山、姬兴诗等敌伪汉奸部队，巩固和扩大了永城根据地，使之成为整个豫皖苏根据地的中心区域。就在1939年的冬天，寿松涛爱人边芝仙在永城县医院担任指导员。一次，彭雪枫司令员来医院视察，他对边芝仙说："芝仙"那两个字不如改成"之先"，意思是要做抗日之先锋。此后，她的名字就改成了边之先。

抗战初期，在永城根据地的一系列极为艰苦的斗争中，寿松涛做出了重要的贡献。敌人对他既害怕又仇恨，曾以"活捉寿松涛，赏洋五千元"的价格悬赏捉拿他。当地群众却倍加爱戴寿松涛，拥护和支持他们的抗战斗争。所以，"一提起老寿"当地妇孺皆知。1940年冬，永城独立团奉命升编为八路军第四纵队六旅十八团（"皖南事变"后，改为新四军第四师十二旅三十五团）。就这样，永城的抗日武装源源不断地补充了主力部队，为新四军游击队和后来的新四军第四师的发展壮大做出了重要贡献。

1941年初，在第二次反共高潮中，国民党第三十一集团军汤恩伯以十万大军进攻以永城为中心的"豫皖苏边"根据地。寿松涛率新四军第四师十二旅三十五团与兄弟部队一道，在彭雪枫师长指挥下，被迫进行了三个月的反国民党"顽固派"的斗争。最后，为顾全抗战大局，于同年5月间奉命撤离永城，转移到津浦路东的皖东北地区，在洪泽湖一带坚持抗日斗争。在这一段艰苦的岁月里，寿松涛他们围着洪泽湖兜圈子，敌人来了就下湖，敌人走了就上岸；在芦苇塘里夏天蚊虫咬，冬天北风吹，吃不上饭是常有的事……这些困难在英勇的新四军战士面前都被一一克服了。

1942年12月，淮北地区的33天反"扫荡"刚结束，邓子恢、彭雪枫、吴芝圃三位领导找到寿松涛说：为了控制津浦要道，以迟滞反共军继续东进，同时也为今后我军西进恢复豫皖苏根据地创造一个有利的前进阵地，区党委决定派寿松涛前往萧（县）、宿（县）、铜（山）、灵（璧）地区（简称萧铜），任中共萧铜县委书记和萧铜总队政治委员。他坚决贯彻区党委和师部的有关指示，根据萧铜地区敌、伪、顽、我错综复杂的情况，确定了一系列正确的斗争方针和政策，积极发挥地方党组织和当地干部的聪明才智，采取由"一面政权"到"两面政权"再到"两重政权"，进而建立起巩固的我方"一面政权"的有效手段，经过一年半的工作，打开了局面。到1944年7月，萧铜的地方武装已由最初的数百人发展到三四千人，萧铜总队升编为分区独立团，后来又另成立了新的萧铜总队。同时，正式组成了萧宿铜灵抗日民主政府，辖9个区、50多个乡的政权。1944年8月彭雪枫师长、张震参谋长和吴芝圃主任又率大军进军津浦路西地区，通过萧铜地区作为前进阵地，直驱萧县西部，"小朱庄一战"打开了新的局面。

以后，又经过永城保安山的"我、顽主力大会战"，取得了决定性的胜利，豫皖苏地区又重新出现了光明。但在部队继续西进时，彭雪枫师长不幸于夏邑八里庄战斗中壮烈牺牲。毛泽东主席和党中央指出：彭雪枫"功垂祖国，泽被长淮"，"是中国共产党人的好榜样"。

1944年冬，在抗日战争处于胜利反攻的形势下，党中央、华中局确定了向东南发展的战略方针，寿松涛奉命前往浙东开辟新区。翌年春，他随浙东纵队主力从四明山出发，经上虞、嵊县、新昌、绍兴等县，进至诸暨、枫桥、大宣、墨城湖地区，接着又越过浙赣铁路，进入诸暨西部和富阳境内，与粟裕部第一旅胜利会师，沟通了浙东与浙西的联系。根据浙东区党委决定，寿松涛立即负责在富春江以南和浙赣铁路以西的诸暨、浦江、富阳、萧山四县间的山岭地区创建新的根据地。他会合地方党组织的力量，组成中共浙东区路西县委和县政府，并担任县委书记兼县长。经过三四个月的工作，很快建立起了区、乡、保农民协会，扩大了县大队武装。路西根据地初具规模，成为浙东向西发展的前哨阵地。

1945年8月15日，日本帝国主义宣布投降。正当抗日民主根据地军民欢庆八年抗战胜利之时，国民党反动派却准备发动反共、反人民的战争，按照中共中央确定的"向北发展，向南防御"的方针，我军主动撤出了南方诸省的游击根据地。1945年秋，江南新四军陆续北撤。9月下旬，寿松涛奉命与杨思一、彭林率金萧支队从浙东余姚、慈溪间海滩渡过钱塘江海湾，抵达奉贤。10月间渡过长江，在苏北靖江、东台稍事休整，11月初抵达涟水整编。这时，华中分局书记兼华中军区政委邓子恢（原新四军第四师政委）从北撤部队干部名单上看到寿松涛的名字，建议他重返豫皖苏边区工作。这样，寿松涛又被任命为华中第八军分区兼新四军第十二旅副政委，重新回到了永城地区。

1946年春，国民党成立了徐州绥靖公署，调集十余万兵力，集结于以徐州为中心的津浦、陇海铁路沿线，不断以优势兵力向我华中八分区进攻和"清剿"。我八分区主力虽然极力反击，在宿西百善集歼敌一部，但终因敌强我弱，无法阻挡敌人向我区推进，八分区的斗争形势日趋严峻。1946年8月，晋冀鲁豫野战军根据中共中央和中央军委的部署，为减轻中原突围部队的压力并策应山东、华中地区部队作战，发起了陇海战役。华中八分区奉命全力配合晋冀鲁豫野战军作战，寿松涛与张太生司令员率分区主力离开永城根据地中心区北上，在晋冀鲁豫野战军第七纵队司令员杨勇的统一指挥下，对陇海铁路沿线据点实施攻击。分区各县武装与民工 3 万余人参战，破坏铁路、攻克据点，有力地配合了陇海战役作战，延缓了国民党军借铁路线快速运输部队向华北、山东解放区进攻的时间。

正当我八分区部队出击陇海路，各县干部率民兵破坏铁路线未回时，国民党东路援军整编第十一师、第八十八师沿陇海路西进，新五军主力沿宿永夏公路增援，整编第五十八师新十旅、交警第二总队及保安团、还乡团等以数十里宽的密集队形向八分区正面压来。8 月 19 日，国民党军夺占永城。八分区主力转移至永商亳地区活动，由此开始八分区进入了一个前所未有的艰难斗争阶段。经过半年多的艰苦奋战，寿松涛与张太生率领华中八分区以万余人的兵力拖住了数万的国民党军队，有力地支援了兄弟地区和部队的作战行动。寿松涛从 1945 年 11 月 "二进永城"，到 1946 年 12 月撤离，在华中八分区的艰苦斗争中，竭尽全力，纵横驰骋，沉着指挥，勇敢战斗，做出了自己应有的贡献。他不仅有敢于斗争的大无畏精神，而且有较高的军事指挥才能，这在尔后恢复豫皖苏三分区的斗争中得到进一步的证明。

1946 年 12 月 4 日，寿松涛与张太生、何启光等奉上级指示，率华中八分区部队和地方干部撤至睢杞太地区，并进行了统一整编。12 月中旬，根据中共中央决定，豫皖苏区党委在河南睢县平岗宣布成立，将原华中八分区改建制为豫皖苏三分区，李浩然任分区司令，寿松涛任分区政治委员、地委书记，主持三分区的全面工作，这也是他第三次进入永城地区。当时，三分区的局面十分严峻，中心城区有国民党正规军驻防把守，地方土顽镇公所普遍建立，土顽还乡团横行城乡。在这种情况下，恢复、坚持和巩固三分区，任务是十分艰巨、十分艰苦的。作为地委和分区的主要领导，寿松涛受命于危难之中，深感责任重大。但他毫不犹豫，愉快地服从组织上的安排，满怀信心地把恢复三分区的重担担当了起来。

1947年1月上旬，三分区武装部队和地方干部随豫皖苏军区主力东进，拉开了恢复三分区的序幕。1月7日，分区主力配合军区主力攻克涡阳县城，歼敌200余人。1月13日、14日，龙岗一战，再歼敌整编第五十八师新十旅三十团和二十九团的1个营，两战两捷，震慑了敌人，鼓舞了我军斗志，根据地人民群众欢欣鼓舞，西部5个县的区、乡政权相继恢复并开展工作，恢复三分区的局面初步打开了。

从1947年3月至7月近5个月的时间里，敌人比较大的"清剿"就有3次，这段时间也是三分区对敌斗争最艰难困苦的时期。为粉碎敌人的"清剿"，在地委3月下旬召开的县委书记、县长联席会议上，寿松涛总结了前一阶段的对敌斗争，提出了一套比较完整的反"清剿"战术原则和作战方法，如"避强击弱""避实击虚""分散与集中相结合""敌进我进，敌不进我也进"，在斗争中尽量做到县不离县，区不离区，乡不离乡等。

1947年下半年，解放战争进入由战略防御转入战略进攻阶段，刘邓大军路经三分区挺进大别山和陈粟大军转战豫皖苏以后，三分区斗争形势发生了新的变化。中心城市敌主力大部调出，土顽地方政权基本瓦解，土顽还乡团大部分被歼灭，东部几县、区、乡政权亦先后恢复，全区已基本连成一片。半年多的时间里，在敌强我弱、极其艰苦的条件下，三分区不但得到了恢复，而且得到巩固和发展。豫皖苏三分区从1946年12月成立到1947年12月的一年时间里，大小战斗达600多次，歼灭敌人6 000余人，粉碎了国民党军的三次大规模"扫荡""清剿"，并多次配合主力部队进行反击作战。在三分区境内建立起12个县的民主政府，解放了300余万人口，军分区武装发展了6倍多。

同时，三分区的土地改革也在同步开展。1947年夏秋之交，借鉴华北经验，在中心区普遍开展了土地改革。1947年冬开始，贯彻中共中央《中国土地法》大纲，实行平分土地，彻底完成消灭地主阶级、消灭封建势力。三分区的土改，是在战争环境下进行的，寿松涛在抓军事斗争的同时，对土改十分重视，十分关心。通过土改，广大贫苦农民政治上翻了身，经济上得到了利益，觉悟也有了提高，他们打心底里愿意跟着共产党走。而土改只有在中共武装力量的保护下，在军事斗争取得胜利的条件下，才得以顺利进行。在进行土地改革的同时，根据中共中央指示和区党委的部署，三分区地委还开展了以"三查""三整"为中心内容的整党运动，组织全区干部进行整风学习，并逐步纠正了土改中出现的"左"的倾向，使根据地出现了空前稳定的局面。在寿松涛的领导下，不仅三分区的军事斗争取得了胜利，土改和整党也取得了预期的效果，为支援淮海战役奠定了良好的基础。

1948 年 5 月，中原局成立，11 月淮海战役拉开了序幕。中原军区首长邓小平、陈毅、张际春等到永城裴桥集三地委驻地传达了中央军委关于进行淮海战役的指示，布置了三分区的支前任务。寿松涛立即做出部署，主持成立了三分区淮海战役支前指挥部，他担任总指挥。当时，野战军大兵团云集三分区，战役规模空前，支前任务之重、困难之大，是可想而知的。就在 11 月的一天，寿松涛接到上级紧急通知去亳州参加一个重要会议，他从永城裴桥集出发，在亳州开了两天会。返回时，中原军区邓小平政委与寿松涛同坐一辆吉普车，途中邓小平说：这次战役你们分区任务很重，很艰巨，仗会越打越大，在你们这个地区可能有几个重要的战场啊！后勤供应要准备大量粮草、人力运输、民工担架，等等。寿松涛回答："邓政委放心，我们一定尽一切力量，保证支前物资的供应，尽力完成好任务。"后来，邓小平又说："这次战役结束后，全国形势将发生根本性的转变，下一步准备渡长江，进入大城市了。老寿你年龄比较大了，到时去管理城市工作吧。"寿松涛说："在部队不少年了，搞根据地还有些办法，对管理城市工作没有经验。"邓小平接着说："跟打仗搞根据地一样嘛，在实践中边干边学。"寿松涛接着又说："我搞教育工作还可以，'大革命'时期当过教员……"说着说着车子到了裴桥集，他们下车后各自投入到紧张的战前准备中。

寿松涛基于对这场大决战伟大意义的深刻领悟，响亮地提出"倾家荡产、支援前线"的战斗口号。他亲自组建分区支前机构，布置战勤任务，从设兵站到组织担架团、运输团，从粮草供给到架桥修路，都布置得明确而具体，事后又深入各地检查落实情况，唯恐有所闪失。他要求分区部队坚决完成总前委交给的解放夏邑的任务，各地方武装积极配合野战军作战，阻追小股逃敌，捕捉散兵游勇，维护好地方治安。在此期间，他夜以继日地工作，废寝忘食地为战勤准备奔忙，身边的同志无不为之感动。

自淮海战役第二阶段我中野、华野全军进入三分区后，战场吃粮人数达140万，三分区300万人民在寿松涛的领导下，动员地方武装、民工100余万，大小车4万余辆，牲口40万头，担架6万余副，筹粮1.55亿斤，柴草4.5亿斤，为淮海战役的胜利起到了重要的保障作用。三分区人民付出了极大的代价和牺牲，其中也包含了寿松涛一份心血。1949年1月10日，杜聿明集团在永城地区被全歼，标志着淮海战役的胜利和三分区全境解放。3月间，遵照上级指示，中共豫皖苏分局结束了工作。三分区、三地委也随即撤销，寿松涛第三次离开了永城地区。此后，在宋任穷领导下，他们奉命率华北、华中干部队随军渡长江南下，接受新的任务。

从1938年秋到1949年初，寿松涛"三进三出"永城地区，领导永城军民与敌人进行了不屈不挠的英勇斗争，同永城人民结下了极为深厚的战斗情谊。他顾全大局，勇挑重担，政治敏锐，思想性强，遇事高瞻远瞩，善于分析形势，从成绩中找到差距，从困难中看到光明；他胸怀坦荡，作风民主，平易近人，没有架子，干部在他领导下工作心情舒畅，没有顾虑，都能大胆地开展工作；他艰苦朴素，从不特殊化；他密切联系群众，经常深入群众，问寒问暖，听取群众的呼声，帮助群众解决实际困难，至今永城地区的人民群众提到寿松涛政委，都满怀着对他的深切爱戴和怀念之情。

顾全大局，主动西迁　创办名校，献身教育

1949年4月下旬，寿松涛任华北、华中南下干部队副政委，随宋任穷同志进驻南京，进行了为期三个月的全面接管工作。当时，江苏省尚未正式建立，南京是中央直辖市，管辖范围包括安徽、苏北、苏南和江西的一部分地区。南京解放的第二天，在邓小平、刘伯承、宋任穷的领导下，迅速成立了军事管制委员会和中共南京市委，立即开展了接管工作。到8月间，第二野战军奉中央命令继续向西南进军，粟裕、唐亮调任南京市委正、副书记，寿松涛任市委组

织部副部长兼机关党委书记。

从 1949 年秋到 1952 年初，寿松涛主要从事南京市党组织的清理、整顿、建设工作。他既有战争年代县和地区基层工作的实际经验，又有厚实的政治理论基础，加之作风民主、平易近人、团结同志、处事果断，深受周围同志的好评和尊敬，大家都把它看作是"兄长"。他经常在组织部内部讲，一定要"约法三章"，我们共产党决不能脱离群众。他强调，在思想上一定要保持革命的进取心；在工作上一定要坚持原则；在生活上一定要低标准，廉洁奉公、艰苦奋斗；在夫妻和家庭问题上，不能"喜新厌旧"，也不能对亲属特殊照顾。他自己以身作则，为大家做出了榜样。比如，南京解放后，他爱人边之先从浙江老家来到南京，来时边之先心里没有底，担心老寿有新的伴侣，便假托是老寿的亲戚，见面后看到老寿依然情深，心里既高兴又心酸，感慨万分！他们的言行使年轻同志深受教育，年轻同志对寿松涛也更加敬佩。1952 年底，苏北区与苏南区合并，正式组成了江苏省委，南京市成为江苏省的省会。寿松涛调任江苏省交通厅厅长，10 个月后，他主动请缨要求去办学校。

1952 年秋，全国高等学校调整，中央决定将南京大学、交通大学和浙江大学三校的航空工程系合并，组成华东航空学院，校址设在南京，以便集中南方航空界的教育力量，发展祖国的航空教育事业。1953 年夏，寿松涛奉命调任华航院长兼党委书记。当时学校刚刚筹建，资金不足，校舍缺乏，师生暂时借住在南京工学院的二十多间平房里。他上任后四处奔走，积极筹款，只用了一年时间，就在南京郊区卫岗盖起了 4 500 平方米的新校舍，还建成了一批实验室，初步满足了教学与生活的需要。在师资不足的困难情况下，他除了借用外部力量外，还决心派出一批青年教师赴苏联和国内其他高校学习，为学校的发展准备条件。

确定院址南京卫岗，迅速建立运行机制

寿松涛到华航以后，着重解决了以下几个重大问题：

一是健全和完善了华航党政领导班子。华航组建初期，学校机构很不健全，1952 年秋到 1953 年秋，范绪箕、邓旭初为院务委员会正、副主任。由于学院的管理干部缺乏，所以管理机构也无法建立。加之新中国成立初期，国家百废待兴，上级组织也因重大事务繁忙而无法顾及，许多事情要自己本单位先拿出方案，然后报上级批准，所以组建华航班子很不容易。寿松涛通过部队和地方两条渠道来解决管理干部缺乏的问题。他从部队要来了一批专业干部，同时，利用他原来在南京市委组织部工作的关系，从市委调来一批干部，包括党委副书记、团委书记、总务处长、学生政治辅导员，等等。此后，又建立起了必要的工作制度和正常的工作秩序，才使华航的工作逐步走上正轨。华航党委对在教师和学生中发展党员的工作非常重视，寿院长亲自培养和介绍副院长、一级教授范绪箕入党，在党内会议上他多次强调要积极、慎重地做好学生党员的发展工作。

二是尊重知识、重视人才，关心每一位教职员工。寿松涛深知办学校关键在教师，没有高水平的教师队伍学校是办不好的；同时，没有每一位教职员工的努力学校也是办不好的。

一方面他尊重和关心老教授、老教师，充分发挥他们的作用。比如，他一到华航就逐户访问了全体教授。后来，他要求党员干部主动与教师接近，经常登门走访、谈心拉家常。他亲自带头，身体力行，久而久之，每周必去老教授家里串门，成了常规。在南京卫岗时，每逢新年前夕，寿院长总要请全体教职员工举行大会餐，餐前他总要把全体炊事员等后勤职工请到台前，代表师生向他们敬酒，感谢他们一年来的辛勤劳动，同时还指出，学校教学工作取得的成绩也有所有后勤人员光荣的一份功劳。1954年下半年他还在江苏省党代会上做了"三教授·三博士"的发言，运用典型剖析的方法，介绍了知识分子的基本特点及有针对性地做好知识分子工作，调动他们的积极性，充分发挥他们学术专长的体会。

另一方面他采取内外结合的办法，积极利用和调配各种资源，同时培训年轻教师，使他们尽快锻炼和成长。如华航开始上课后，基础课教师力量不足，学院除了请南京工学院教师代讲部分课程外，把一部分年轻的专业教师如陈士橹、赵令诚、王适存也请来承担"高等数学"课程的教学任务。为尽快提高华航教师的学术水平，1954年胡沛泉教授在一次院务会议上提出"航院办学报"的建议，院务会议讨论时对此意见不一致，有人认为学院刚刚建立，学报办起来也是低水平的。寿院长却肯定了办学报的方向，指出应从低水平开始，不断提高学报的质量，这对华航学术氛围的营造和学术水平的提高是大有好处的。后来的实践证明他的思考是正确的。

三是很快解决了华航新校舍的选址和建设问题。寿松涛是1953年夏天到华航的，他看到当时学院的教学、生活等各方面都依赖南京工学院，觉得这不是长久之计。于是，他一到任就抓紧解决校舍问题，亲自选校址、作规划。在建设施工中缺少工程技术人员，他从教师中抽出了孙希任、刘盛武、濮良贵三人，他们尽职尽责，吃住在工地草棚，勇敢地承担起了这项过去没有干过的工作。只用了一年时间，就完成了从设计、施工、验收到迁入的全过程，说明寿松涛院长是下了大功夫，以"只争朝夕"的精神来抓这项工作的。

四是继承名校传统，发扬和培育优良的校风。华航是1952年全国院系调整时，由南大、交大、浙大三校的航空工程系合并组建的。这三所学校都是国内著名的一流大学，三校的航空工程教育均开始于20世纪30年代。这三所大学历史悠久，校风淳厚。南大有"追求真理，止于至善"的传统；交大有科学严谨的风格和"起点高、基础厚、要求严、重实践"的特色；浙大有"求是"的精神。寿院长到华航任职后敏锐地觉察到，只有继承和发扬三所名校的优良传统，注重实际，求是革新，在高水平、高基点上起步，才能办出名牌大学。因此，他在全院大会和党委会等大小会议上多次强调要发扬和培育求真、务实、严谨、淳厚的科学精神，创造良好的学术氛围和读书环境，为把华航办成社会主义名牌大学而努力奋斗。

高瞻远瞩，顾全大局；举院西迁，跨越发展

从革命战争年代担任县委书记、地委书记到新中国成立后担任中央直辖市南京市委组织部副部长、华东航空学院院长兼党委书记，寿松涛一贯注重团结、顾全大局，处处以党和人民的事业为重。这既是他的工作作风，更是他的坚定信念。

1954年，华航还在南京四牌楼时，由于同时新建立的南京工学院、华东水利学院、华东航空学院三院同处一地,各院新校舍建成后,就产生了"分家"问题,包括一些教学用具,特别是桌椅板凳,三院为此争得很厉害。寿院长非常注重团结和顾全大局,他在一次会议上讲述了战争年代在革命队伍中,团结对保证战斗胜利的关键作用……最后,他风趣地说,你们不要再争来争去了,没有旧的用具,我们将来还可以得到新的东西。

1955年5月底,寿院长从北京开会回校,向院党委会汇报了二机部召开的会议内容,随即也向全校师生员工传达了党中央、国务院的重要部署。中央分析了当时的国际形势,帝国主义亡我之心不死,炫耀原子弹的威力,而我国沿海地区极易受到敌人突袭,因此国家要发展大西北,未来航空工业的发展重点在西北、西南地区,沿海地区要支援大西北。同时,要改善高等学校过于集中在沿海地区的状况,中央已决定在上海的交通大学除造船专业外都要内迁西安;为使航空教育与航空工业密切结合,国务院决定南京两所航空院校也要内迁一个。

寿院长在党委会上说,二机部原定由南京航专内迁西安,改为本科院校。后来在讨论时南京航专校长提出,他们既要"戴帽子"(即专升本),又要搬家,存在很大困难。而当时寿院长考虑,华航最重要的不是生活上的安逸和舒适,而是它今后的发展。如果华航西迁,就能得到国家更多的投资,可以加速学院的发展,提升学院的地位和影响,这就不失为一步好棋。于是,他就在会上主动表示:既然他们有困难,那就我们搬迁吧! 就这样会议最后做出决定,并经国务院及高教部批准,华东航空学院内迁西安,改名西安航空学院,发展规模由原来的3 500人,增加到5 000人,并要求于1956年9月1日按时在西安开学。寿院长当时还宣布,从现在起停止南京卫岗的基建,在保证做好当前教学工作的同时,立即着手迁校的一切准备工作。

在向全院师生报告时,寿院长提出了华航西迁的四条理由:一是国家要加强西部建设,首先要加强教育,我们应该为国家勇挑重担;二是西安地区就要建设新的飞机制造厂和航空发动机厂,还有一批航空科研单位,我们在西安办学可以就近与他们联系、合作,既有利于国防建设,也有利于我们学校的发展;三是西安离延安很近,延安长期以来一直是党中央所在地,在西安可以更好地学习和传承延安精神；四是已经征求了老教授们的意见，得到了他们大多数人的支持。虽然，将学院从富饶的东南迁到落后的西北，困难和阻力很大，但是再大的困难经过艰苦的努力都是可以克服的。

由于广大教职员工事前对此事没有任何思想准备，寿院长报告后引起较大的震动，反对和不理解之声充斥校园。一些人认为，航专有困难不同意西迁，难道华航就没有困难吗？一些人提出，华航的新校舍竣工不到一年，就让我们从大都市迁到大西北，难道一流大学只能在西北的西安建成吗？还有一些人认为，像这样大的举措为什么不经商议就匆忙做出决定，是否太过草率？抵触情绪和反对之声此起彼伏。在这关键时刻，寿松涛高屋建瓴，旗帜鲜明。他在全院教职工大会上直面西迁所带来的巨大困难，要求教职员工服从国家的整体战略部署，反复强调将学院迁入西安地区的航空工业基地后，会给航院带来巨大的发展机遇，以努力提高全院人员的思想觉悟，争取大家对西迁的认同。

除大会动员外，寿院长还充分发挥党员的先锋模范作用。为此，他专门召开了全院党员大会，要求党员从党性的高度认同西迁的重大意义，为广大群众做出榜样。他不辞辛苦，一家一户地登门拜访教职工，不遗余力、苦口婆心地从党内到党外，从职工到家属，做了一系列深入细致的工作，要求大家服从大局，团结一致，齐心协力，排除一切困难，完成学院整体西迁的任务。由于寿院长一贯深入群众，在群众中有较高的威信，再加上他耐心细致的宣传和说服，华航西迁终于得到了大多数教职员工的理解和拥护。

为了取得全院学生的认同和支持，寿院长同样苦口婆心地向他们做解释工作，希望他们服从国家和学院的长远利益，赞同并跟随学校一道西迁。在他的一再努力下，这一举措终于得到全院上下绝大多数人的拥护。院学生会为了表示拥护学校西迁，还组织了"南京—西安"象征性接力赛跑，一些同学从南京中山陵出发，时而乘车，时而徒步，历时半月余终于抵达新校址——西安。

一旦决定西迁，华航师生员工便立即行动起来，投入了紧张的西迁工作中。寿院长除了做好全院人员的思想政治工作外，还亲自到西安勘察新校址，筹划征地和建设。学院迅速成立了西航筹备处，由周奎任主任，立即率领一批工程技术人员和管理人员奔赴西安，启动新校园的建设工作。基建设计和施工人员夜以继日地辛勤工作，克服了重重困难，仅用了一年的时间，从 1955 年 8 月施工单位进入，到 1956 年夏天，就在西安城西南角规划的千亩土地上建起了 7 万多平方米的教学和生活用房，建成了一所初具规模的新校园。1956 年暑假，寿松涛院长带领华航师生员工和家属约 5 000 人到达西安，按预定计划顺利地完成了搬迁。9 月 1 日，西安航空学院正式开学，寿松涛仍担任院长兼党委书记。

华航迁入西安后的前两年，师生们生活依然非常艰苦，特别是 1956 年八九月间，西安地区连下了一个月的雨，气温下降，加之基建仍在进行，道路还未修好，有的地方挖沟埋管道，雨水泥泞中一不小心就会滑倒……这些困难，绝大多数师生都在努力克服，但在部分新生中产生了一些怨言。11 月底，在西平教室男厕所的门上发现了一首打油诗：家住上海市中心，为了事业来西京。天气寒冷过不惯，一心只想当逃兵。寿院长知道后说：西航看是表面平静，但"内火不清"，要很好地做工作。就在之后不久的一次全院同学大会上，他在报告中讲了这件事。他并没有批评或责备这位"诗作者"，而是满怀热情、正面地对这一首"诗"逐句地做了分析，进行了积极的引导。他说，第一句可以看出这是一位上海来的同学，上海学生见多识广、聪明灵活，我是很喜欢上海同学的。这第二句说明他的事业心很强，热爱航空事业，毅然来到西安，应该受到表扬。这第三句是遇到了困难，气候不适应，生活不习惯，这是实际情况，是完全能够理解的，因为上海是海洋性气候，西安是大陆性气候，温差较大，需要有一个适应过程。这说明学校在帮助同学克服困难上，还做得不够好，应该检讨。这第四句想当逃兵就不对了，我建议改一个字，把"逃"字改成"尖"字，就是"一心只想当尖兵"，要当克服困难的尖兵，当发扬延安精神的尖兵，当继承革命传统的尖兵，当支援大西北的尖兵，这就是一首好诗了。讲到此，全场同学热烈鼓掌，因为院长的报告正面引导、幽默感人，说到他们的心上了。寿院长就是这样既见微知著，善于发现问题；又耐心细致，善于回答和解决问题。这正是后来西工大"管理育人"工作的率先垂范。几十年后，一位当年的学生回忆说："56 岁的寿院长那种风趣、那种乐观的革命人生观，那种巧妙做青年人思想工作的育人艺术，真使我们感叹不已！所以当年全校大会，只要知道是寿院长作报告，我们就会拿着小板凳，早早地坐在会场前头，去欣赏他的风采，聆听他的教诲。"华航也正因为有寿松涛这样的一批领导干部，虽经千里搬迁，遇到诸多困难，但很快稳定了教学秩序，并出现了欣欣向荣、蒸蒸日上的发展态势。

西航随后的发展果然如寿院长所愿，西迁成为航院发展史上一个重要的转折点。从决定西迁的那天起，学院就得到了二机部领导的重视和支持，大大加快了航院的发展速度。1955年在二机部同意下，华航当年的60名毕业生中留下38名当教师，充实了航院的教师队伍。1956年高教部对航院特别照顾，在当年全国100名赴苏联留学名额中给西航分配了12个名额。寿院长因此很受鼓舞，尽管当时学院教学任务繁重，骨干教师较少，但还是千方百计地克服困难，从教学第一线很有培养前途的教师中选拔出12名中青年教师到苏联留学。他们在苏联学习都取得了优异的成绩，学成回校后大大改变了航院教师队伍的面貌，对推动航院的教学和科研工作起了很大的促进作用。

华航刚建立时，只有飞机系和发动机系，每个系下设设计与施工两个专业。1956年，二机部决定航院增设压力加工、铸造、焊接、金属热处理和表面保护专业；1957年，又增设了直升机专业；1956年，二机部还正式下达了航院筹建金属材料及热加工系的任务。因此，航院从当年交大、浙大、哈工大相应专业要来了10位应届毕业生；同时，从刚修满三年级的学生中选派18人去清华插班改修锻、铸、焊专业；从修满两年的学生中选派6人去交大改修金属材料与热处理专业。这些人毕业后都返回航院任教。为培养骨干教师，航院还从长远考虑，选派柳克平副教授和李振镛讲师赴苏联留学深造。1957年春，二机部根据国家航空工业布局——热加工类专业工厂如航空锻造厂、航空铸造厂等都分布在西安地区的特点，决定将北航金属材料热加工系整体搬迁到西航以便集中力量办好航空金属材料及热加工系。这使西航的办学规模逐步扩大，办学水平得到了很快提高。1956年，二机部拨给航院的设备费比往年增加4倍之多。学院利用这些经费，通过国内外订货，基本上满足了各种实验课的开课需要。更重要的是，二机部领导还将航院所需的设备列入了国外订货计划，一次就批准航院从国外进口了 50 多台先进设备，极大地推进了航院重点实验室的建设。航院在招生规模上也成倍增长，由 1955 年的 540 人猛增到 1956 年的 1 236 人，1957 年又招收 810 人，使西安航院的在校生总数达 3 235 人（包括 17 名研究生），这是 1952 年华航初建时在校生（450 人）的 7 倍多。总之，华航西迁使学院发展速度大大加快，同时也为后来的进一步发展奠定了基础。

情系国防，再建新校；为创一流，鞠躬尽瘁

1957 年，国务院决定西安航空学院与西北工学院合并，在西安的西航原址建设一所综合性的国防工业大学——西北工业大学。寿松涛对并校积极拥护，他认为扩大学校办学规模，将有助于提高学校的综合实力，为学校奔向一流奠定基础。他担任西北工业大学校长，满怀信心，坚守校长岗位尽职尽责、兢兢业业，为把学校办成一流大学而贡献自己的毕生力量。他总结了华航、西航两个阶段的办学经验，认为作为一名国防工业院校的主要领导应在下面三个问题上做出贡献。一是积极创造条件，增加专业设置，扩大办学规模，为学校的发展多做贡献。二是加强"三才"（人才、教材、器材即教学设备）建设，以加速学校发展。三是积极开展科学研究，提高学校的学术水平和科研能力，使学校步入全国一流大学的行列。

在实践中，寿校长更是以上述标准作为自己的行动指南，一心为校，忘我工作，雷厉风行，不断创新，为西工大的学科和专业建设做出了重大贡献。1957 年秋，西工大成立时有数学力学系、化工系、水中兵器系、机械系、飞机系、发动机系共 6 个系。1958 年春，总参通讯部在北京召开无线电工作会议，寿校长参加了这次会议。在会上他得到了很大启示，认为要跟上科学发展的步伐，学校急需增设无线电类的专业。会议结束返程的路上，他就思考筹建无线电系的问题。回到学校在取得党委同意后，他立即从物理、电工等教研组抽调一批教师，成立了无线电技术系，他亲自兼任系主任。为促使这一新专业快速成长，寿校长还从飞机系和发动机系选拔出一批即将毕业的优秀学生作为无线电技术系的预备教师，送到北京华北计算机所等单位进修培训，很快满足了师资需要。

1957 年到 1959 年间，寿校长为筹建西工大导弹系殚精竭虑。当时全国只有北航设有在苏联专家指导下的导弹系，在取得党委同意后，寿校长从飞机系和发动机系抽调出7位教师，组成了以朱凤驭为组长的教师队伍，派往北航进修学习，为筹建西工大导弹系做准备。寿校长还亲自带朱凤驭拜见北航党委书记武光（武光是朱凤驭的哥哥在战争年代的亲密战友），得到武光的热情支持。同时，寿校长向当时一机部领导请示，希望部领导对西工大导弹系的筹建给以最大的支持。朱凤驭等人付出了艰辛的努力，做了大量工作。1958年9月，学校又从5系、7系选拔了20名三年级学生作为预备教师，去北航导弹系插班学习。这样到1959年，西工大导弹工程系终于成立。接着，西工大于1960年又成立了航空自动控制系。在学校党委和寿校长的领导下，在全校师生员工的共同努力下，1960年10月，在中共中央《关于增加全国重点高等学校的决定》中，西北工业大学正式进入全国重点高等学校行列。

西航与西工院并校前，西工院就设置有水雷设计与工艺、鱼雷设计与工艺（简称水中兵器）专业，虽然创立时间不长，但却是全国唯一开设此类专业的高校。因此，寿校长对水中兵器专业也倍加关注，想方设法从各方面给以大力支持。1961年，西工大归属国防科委领导，上级指示西工大"应以飞机为主，有重点地发展导弹和水中兵器专业"。寿校长一方面遵照上级指示，抓紧飞机类专业的建设；另一方面也始终没有放松导弹和水中兵器类专业的建设。在他的领导下，20世纪60年代西工大就迅速发展成为全国唯一一所以发展航空、航天、航海为特色的多科性国防工业大学。1970年2月，经国务院、中央军委决定，哈尔滨工程学院航空工程系（原"哈军工"空军工程系）并入西工大，使学校的航空类、导弹类、自动控制类、无线电技术类专业的实力大大增强，进一步加速了西工大的发展。

在西工大的管理工作中，寿校长呕心沥血、兢兢业业，他坚持华航时期的优良传统，尊师重教，重视人才，十分关注师资队伍的培养和提高。他强调老教师的带头作用，注重中青年教师的锻炼和成长，通过选派大批教师到兄弟院校、科研机构脱产进修，开办自培研究生班，选派一批骨干教师出国留学等多种途径，努力提高教师的学术水平和业务能力，培养了一支过硬的教学骨干和科研力量。

在学校的各项基础建设中，寿校长倾注了大量的心血。为加强教材建设，提高教材质量，他策划成立了教材工作领导小组，抽调一批学术水平高、教学经验丰富的老教师编写教材。从1962年到1966年，学校独编、与其他院校合编及统编教材达50余种，非统编教材300余种，对促进专业建设、保证教学质量起到了十分重要的作用。在实验室建设方面，寿校长不仅重视基础课实验室建设，而且更加重视那些既能为教学服务，又能为科研服务的重点实验室等的建设。从1961年到1965年，西工大就建成了大型超音速风洞实验室、喷气发动机试车台、燃烧实验室、固体燃料火箭发动机实验室、飞机静力实验室、水洞实验室、计算机实验室、遥控遥测实验室、金相实验室等，为学校开展科学研究创造了必要的条件。

20世纪五六十年代，在"向科学进军"的口号下，寿校长为学校开展科研工作大开绿灯，从多方面给予大力支持。早在华航时期他就积极支持航院"航模运动"的开展。1956年5月，代表中国队的华航学生刘明道、薛民献和教练陶考德（青年教师）第一次参加布达佩斯国际航模比赛，获得了两个单项第三名的好成绩；同年8月，在北京举行的全国13城市航模比赛中，华航代表队获团体总分第一名；1957年8月，全国航模分区赛在北京举行，西航代表队又获团体总分第一名。1961年，西工大航模队打破和创造了两项无线电遥控航模飞机的世界纪录。1959年第一届全国运动会、1965年第二届全国运动会上，以西工大为主力的陕西航模队囊括了两届冠军。因此，有关部门特邀寿校长担任了中国航空运动协会副主席和中国航空学会陕西分会会长等荣誉职务。

在航模的基础上西工大继续进行无人机的研制，1958年8月，西工大研制的中国第一架小型无人机"D4"试飞成功。1958年12月，西工大自行设计和试制的"延安一号"农业兼多用途飞机试飞成功。接着西工大又完成了"延安二号"小型直升机的设计和试制。学校自主研制的二级探空火箭发射取得了成功。此外，西工大还设计试制了冲压喷气发动机、双座地面效应飞行器（气垫式汽车），后者在全国比赛中取得最佳成绩，得到了张爱萍将军等领导的好评。1961年后遵照国防科委的指示，西工大积极从事靶机研究，将"航模研究室"转向国防科研的"无人机研究室",到1984年正式建立了"无人机研究所",并荣获国务院入选的"中华之最"称号。

高风亮节,淳朴清正 以身作则,俭朴一生

寿松涛是华东航空学院、西安航空学院和西北工业大学的主要创始人,是西北工业大学首任校长,也是西工大历史上任职时间最长的校(院)长。为了祖国的航空、航天、航海教育,他从"知天命"之年到年逾花甲,贡献了人生最好的年华和他所有的聪明才智;他高风亮节,淳朴清正,以身作则,俭朴一生;在他的身上既有革命家的坚定信念,更有教育家的崇高目标;他的一生是为国家、为人民、为教育事业不懈奋斗、鞠躬尽瘁的一生。

情系师生,为发展国防教育不懈奋斗

寿校长对教育事业有崇高的使命感,他立志发展祖国的航空事业和国防教育,尽职尽责、呕心沥血,给西工大师生留下了难以忘怀的影响。从华航西迁到西航、西工合并,他认为,学校师资力量雄厚了,基础理论加强了,更有利于创办名牌大学,培养高质量的国防工业专门人才。为提高教学质量,创造新的教学经验,他除了注重发挥老教授、老教师的作用外,还建议党委把一批有真才实学的正、副教授和年轻讲师安排在校、系、教研室的领导岗位上,让他们有职、有权、有责,充分发挥他们的专长。他尤其注重培养具有高水平的骨干教师队伍,认为这是办成名牌大学的战略措施,用他的话说:"要下大本钱培养'老母鸡'。"1956年到1957两年间,在教学任务十分繁重的情况下,他下定决心,不失时机地抽调16名骨干教师去苏联留学深造,这些教师回校后,都成了本专业和本学科的学术带头人。因为这项工作抓得早,抓得及时,所以取得了很好的成效,对西工大后来的建设、发展产生了深远的影响。他还接受老教师的建议,狠抓数学、物理、力学、电工、外语等几门"霸王课",切实把好质量关,务必使学生打下宽厚、扎实的理论基础。他提倡教师著书立说,从1955年起就着手筹建学校印刷厂,为教材编写出版创造条件。他支持教师开展科学研究,从1954年支持创办《航院学报》,到1957年西工大成立后《西北工

业大学学报》也很快创办，他指示秘书写了"发刊词"，强调掌握马克思主义立场、观点、方法的重要性。1961—1962 年，寿校长组织并亲自参加了约一年的自然辩证法学习，使一批教师、干部的思想素养和学术水平得到了提高。

寿校长对实验室建设更是倍加重视，尤其是对一些大型的实验设备特别关心，像 5 系的风洞、旋翼台，7 系的试车台，3 系的水洞，8 系的火箭发动机试验台等大型实验设备都是在他的亲自过问下购置和安装完成的。比如，7 系的陈辅群教授说，1958 年的一天，寿校长来到他们实验室，他向校长汇报了建立喷气发动机试车台的计划，以便进行重大科学研究项目。当寿校长了解到实验室需要两台大功率的电机时，立即表示由他亲自负责解决，并跟陈教授说："我一周内解决电机，你两个月内拿出全部设计图纸。"结果不到三天，寿校长通过核工业部调来两台电机。他对陈教授说："我没有失信吧！现在看你的了！"后来，陈教授每次回忆这件事时，都非常激动地说，他当时"热泪盈眶、激动万分，这是老校长对我的信任，我就是拼命也要按时完成图纸的设计"。就这样，喷气发动机试车台如期建成，它是当时航空高校中最早建成的一座。

寿校长对教师、干部关心爱护还表现在促进他们政治上的提高和进步。在华航时期他就积极发展副院长范绪箕教授等入党，使航院教授党员占全体教授的三分之一，为发展高级知识分子入党创造了经验。他发动党员干部与高级知识分子交朋友，他自己带头经常深入教授家登门拜访。当他发现教师下厂实习的政治审查关口重重、手续过繁，影响教学工作时，便亲自写报告向上级反映情况，同时提出了自己的建议，得到国务院有关部门领导的采纳。他还言传身教鼓励秘书为教育事业奋斗不息。1962 年初，杨明德从北航教师进修班结业后做了寿校长的秘书。寿校长第一次与他谈话就告诉他，教育事业是关系到国家未来的大事，要作为有重要意义的事业来做，并交代了秘书要做的各项工作。寿校长考虑得周密细致，各项工作怎么做都交代得很清楚。以后工作中又耐心地给杨明德以指导，尤其是教他写好报告和一些材料。开始时困难多一些，每次写完后，寿校长从段落、字句到标点符号都仔细地修改，有时还一起讨论。杨明德为了写好材料和报告，在工作之余的晚上除了查阅、了解学校的一些资料之外，还买了语文课本，努力学习语文知识，不断提高自己的水平。为了便于学校开会时做好记录，他还向校办字迹清秀、会速记的乜夙志学了"速记"。慢慢地杨明德写东西就比较好了，而且很快可以写完，寿校长也满意了。多年后，别人说杨明德是"笔杆子"，实际上是寿校长不断培养与他自己努力的共同结果。

寿校长在工作中严格要求自己，十分注意节俭。据当时的年轻教师回忆，1963 年已是 63 岁的寿校长到成都发动机厂检查学生实习时，从市政府招待所到工厂坚持不让派小汽车，而是要实习科长扬升雄陪他挤公共汽车前往，这让实习的师生十分感动。寿校长乐于接近群众，没有"官架子"。有一次力学师资班党支部书记董秋泉与寿校长秘书联系，要向校长汇报工作。秘书说寿校长比较忙，没有空接待。正好寿校长听见了，就说：今天确实没空，以后安排时间。后来，寿校长就利用星期日接待了董秋泉老师。董老师非常感动，也很受鼓舞。寿校长平时不喜欢坐办公室，每当看到一周安排中没有会议或没有要在办公室处理的事宜时，他就深入到教研室了解教学及教材等情况，指导专业的发展，或与实验室主任们商讨实验室的建设并观看做试验。20 世纪 60 年代初，无线电技术系研制"波导管"，安排 7 系实验室顾家贤老技师加工，寿校长经常利用上下班时间到车间了解情况，并给予关心和支持，使工人们很受鼓舞。对实验室的建设项目，他要求既要满足当时的性能需求，还建议按发展前景来规划筹建，不能因条件限制降低性能指标，用现在的话说就是要注重"创新"。如 5 系的风洞和 7 系的喷气发动机试车台等，在各航空院校中都是有较高水平的"佼佼者"。寿校长认识许多教职员、工人、厨师、学生，他能叫出全校每位教授和许多教师、老工人和职员的名字，机械实验室的老工人范春钰师傅说："我在干活时，没想到寿校长就站在我身边看我干活，心里非常激动。"教职工们有事也喜欢找寿校长，有些教师过春节时还到寿校长家，深深地地给他鞠躬拜年……

寿校长对青年学生更有一种发自内心的热爱，每周他定时深入教室、实习工厂，或深入学生食堂、宿舍，检查食堂的伙食和学生住宿情况等。学生们感到很温暖，见到校长倍感亲切。他给学生作报告时，常有一种特有的魅力，给青年人一种积极向上的鼓舞力量。胡沛泉教授说：寿校长在学校大会作报告，提倡"气可鼓而不可泄"，给我很深的印象及影响，他的报告总能起到鼓劲的作用，也对西工大后来的发展起了相当重要的作用。1960年是国家"三年自然灾害"的困难时期，一些同学营养不良得了肝炎、身体浮肿，寿校长得知后很着急，多方设法为学生增加营养，甚至组织人员去内蒙古打黄羊，来改善学生的伙食。寿校长还十分注重"人尽其才"，1962年毕业生中有一位飞机设计专业的同学，他对研究军事上的战略战术非常感兴趣，毕业时写出了一本几十万字的军事著作。寿校长知道后，主动向有关部门推荐，最后有关部门对该生答辩、考核后很满意，实现了这位同学从事军事理论研究的愿望。

清正、俭朴的家庭生活

寿校长为了工作方便，要秘书杨明德夫妇住在他家里，以便有事时可以随时处理。这样从1962年到1969年杨明德夫妇就一直住在寿校长家。

寿校长家庭生活俭朴。他喜欢安静，生活很有规律。他每天早、晚最重要的事是收听新闻，早饭后一般是看文件、材料。那时每周只有一天休息时间，可他星期日经常想的还是学校的工作，有时到校园各处走走，有时教师、干部来谈工作。有时女儿寿柳依一家来玩，女儿和妈妈边之先一起做饭、聊天，女婿张长久和寿校长下棋，孩子们自己去玩。学校有活动时，如校运动会等，即便是星期日，他也是一定要去参加的。很少看到寿校长全家外出游玩，也从未见过寿校长去体检、锻炼身体。可是他喜欢听收音机，喜欢谈论体育运动如球赛等。后来，有了英文版的《北京周报》，寿校长很喜欢，周末一大早就听到他朗读英文的报纸，他的英文好，朗读很流利。

有时一些战争年代的老同志来看寿校长，他们是战场上同生死、共命运的战友，见了面都高声谈笑，很是热闹。如有一次，抗日战争时期寿校长任永城独立团长时的部下——河南籍的吴守训营长（曾是有名的神枪手）来访，当时吴守训是河南省三门峡市的市长，到家里见到寿校长很恭敬，可是说起话来非常随便，大声谈笑。又如寿校长的老乡、在大革命时期艰苦岁月共患难的战友钱申夫，是二机部某单位的党委书记，几次来家里看寿校长。钱申夫说话很直爽、干脆，待人亲切。还有一次，寿校长的老乡、大革命时期就一起参加革命活动的战友钱之光（时任纺织工业部部长）可能是到西安出差，要来学校看寿校长，校长让杨明德去车站接，一路上钱之光部长给杨明德讲他们过去革命经历的艰难曲折，尤其佩服寿校长在过去革命活动中历经艰难险阻不屈不挠的精神和打仗时的英勇、智慧。杨明德回来后惊奇地告诉他爱人说，没有想到文质彬彬的寿校长过去打仗很英勇善战。

寿校长在家里也和对工作一样，喜欢新事物，夫人老边也很喜欢新事物。如过去家里做饭都是用煤球炉子和烧煤灶，刚有了蜂窝煤炉时，杨明德他们对它还没有搞清楚，寿校长就先换成了蜂窝煤炉，说烧蜂窝煤简单、方便，很喜欢。刚有了晶体管收音机时，杨明德他们还在想买"大个头"的电子管收音机，而寿校长就买了晶体管收音机。寿校长曾于1930年在业余无线电夜校学习过，对"无线电"很有兴趣，有点空闲就坐在桌旁摆弄小小的收音机。刚有了电视机，他们就买回来收看电视，大人和孩子都很高兴地挤坐在一起看，寿校长还抱着杨明德一岁多的女儿一起看。

寿校长家里的一切家务事都是夫人边之先全权处理。老边在过去革命时期历经过磨难，新中国成立了，和寿校长难得又团聚，感到从未有过的轻松和愉快。她和寿校长革命战争时期的警卫员张长久（不久成女婿了）一起到工农速成学校上学，毕业后又以极高的热情参加工作，她非常珍惜新中国成立后难得的工作机会。1951年，她发现肚子里长了个"东西"，也没有过多在意，仍照常上班，怎么也没想到是怀孕了（边之先说，他们曾经还有一个比寿柳依小的孩子，因战争年代不便带在身边，放在老乡家，新中国成立后没有找到）。小儿子寿晓松出生，寿校长夫妇难得老来得子，给家里带来了无比的欢乐。有了儿子后，老边要上班，家里请了一位保姆帮忙照看，可是孩子的事情经常弄得寿校长手忙脚乱，影响工作。寿校长便耐心地劝老边，不要工作了，留在家里照顾孩子，并说："你不上班不拿工资，还给国家省钱了。"这突如其来的提议，对正在以满腔热情参加工作的边之先是沉重的"打击"。她没有办法，为了保证寿校长的工作，只能辞去自己的工作，在家里照顾孩子、承担家务。以后，边之先还担任了西工大的家委会主任，但那完全是尽义务的工作。从此，老边不但没有了自己的工作，还没有了任何收入。当时没有想到的是，在寿校长离世以后，她的生活却遇到很大困难。

由于寿松涛在大革命时期有几年与组织失去联系，这使得他后来计算参加革命的年限就少了，所以尽管他参加革命很早，他的工资却比同年代的战友少，可寿松涛和家人从没有想过自己待遇低了，更不会想到与谁去比较。在西工大工作时期，一次国家要给大家提工资，寿校长在开全校大会讲到此事时说，国家难得要给大家提高工资，这次我的工资就不提了，名额留给其他教职工多提一点。此后，他一直也没有提过工资。

平时寿校长家的开支除生活费外，还要定期给抗战期间在他身旁牺牲的警卫员家里寄钱。有时实验室的实验员、复转军人来看寿校长，说想回老家，找寿校长"借"路费，寿校长叫老边拿钱给他们回家，当时这些人的生活都不宽裕，借就借了，不会让还的。"文革"前，寿校长回老家看望曾一起共甘苦的家人、战友和乡亲，心里难以平静，便给从老家出来的战友提出倡议，要大家为家乡捐款，他带头慷慨解囊。另外，"文革"时寿校长每月要交一百元党费，直至离世。平时女儿寿柳依一家自立生活，丝毫没想到要靠父亲的帮助。儿子寿晓松生活也很节俭，如学校要求少先队员穿白衬衫，他舍不得穿，与小朋友一起玩时怕弄脏了，在白衬衫外还要套一件旧衣服。1969年寿校长离世后，老边的生活费遇到困难。在西工大住时，杨明德帮她申请生活补助。后来她到南京定居，组织上为她落实了政策，才补办了离休手续，拿到了离休费。

"文革"受冲击，在蹉跎岁月中过早离世

"文革"开始时，全校铺天盖地的大字报，多是揭发校领导工作中的问题的。有的揭发寿校长"搞修正主义、老右倾、搞教授治校"。寿校长说自己是一校之长，有了问题，自己应该承担责任。这么多的大字报，他从没有遇到过。这对已经66岁的老人，冲击是比较大的。那一段时间，他在家里不怎么说话，思想负担比较重，可尽管如此，他还是勇于面对问题，回想经历过的许多事情，准备作检查，绝没有推诿之意。以后，"红卫兵"分别找各位校领导"交代问题"。寿校长每次交代时，对揭发出来的"问题"都记得十分清楚，加之许多师生员工他都认识，

相互没有对立情绪。他把事情的来龙去脉都一一道出，他回答的比提问的还多，还清楚。这样，"红卫兵"看他年纪大了，也是怜悯和爱护他，怕他站着太累，就请他坐下，还给他倒杯水，让他慢慢地说。可是，到了后来再要他交代问题时，他已经病了（他自己还不知道），对有些事已记不清了，但他还是说："尽管记不清了，还是应该由自己承担责任。"

这期间每有"最高指示"发表，就有大字报揭发学校的问题，每到此时寿校长就要考虑怎么写检查，因为每次都是那些问题，但每次检查又不能相同。杨明德他们看到，寿校长最费心思的是考虑检查再从哪几方面来分析、批判。有时寿校长也和杨明德讨论，检查写好后要儿子寿晓松帮忙抄写。有时，寿校长还同老边、晓松三个人一起朗读"老三篇"和《毛主席语录》。

1968年西工大成立革委会时，当时的国防科委主任聂荣臻元帅，批准寿松涛为西工大三结合干部，担任革委会第一副主任，希望学校尽快稳定形势，恢复正常教学秩序。寿校长任职后，要经常参加会议，不开会时他仍闲不住，到学校各处去走走、看看，仍担心学校的教学、科研和生产。他发现了问题，该提出来批评的一点也不含糊。1966年下半年到1967年，全国高校"停课闹革命"，学生不上课，心都散了。到1968年春，高校"复课闹革命"了，学生仍不好好学习，懒懒散散，当时的说法是搞"无政府主义"。寿松涛在开大会时批评这种现象说："现在学生都不学习了，男生也'紧跟两头'（当时是指干部要'上头紧跟中央，下头紧跟群众'），每天紧跟馒头和枕头，女生每天'针锋相对'织毛衣，不能再这样下去了！"1967年"文攻武卫"时，学校开大会大家讨论，都主张要和兄弟院校联合出击武斗，轮到寿松涛讲话时，他说："我们不要出去！别人来打我们时，我们保卫学校，不让别人打进来。"可当时造反派学生都听不进他的话，还说他是"老右倾"。造反派学生出去后，在校的人都牵挂着出去武斗的人，直到半夜，他们回来时果然出现了死伤的情况，实在太让人痛心了。以后造反派的学生们情绪就比较低落了，但这已铸成了永久的遗憾。

"文革"中，对寿松涛刺激最大的、最想不通的是，学校里少数人坚持说他在1930年、1945年和1947年三次被捕叛变了，说他是叛徒。寿校长对此特别生气，感到十分委屈。他在家里多次对杨明德他们说："在几十年艰难曲折的革命生涯中，我从未被抓过，没坐过监狱，到哪里去叛变呢？特别是到了抗战和解放战争时期，我们的情况好多了，一切都比大革命时期正规，大革命时期那么艰难我都没有去叛变，条件好了为什么要去叛变呢？而且那时我是县委、地委、军分区的领导，到哪里去至少有秘书和警卫员一拨人跟随一起走，我怎么会一个人跑去叛变呢？""文革"中面对揭发的问题，他从不推托，都是作检查、自己承担责任。而对这件事，他怎么都想不通。这种郁闷长时间淤积在心里，1968 年底他憋屈得生病了，发高烧不退，到医院拖了几天才给检查，又等了几天，才告诉检查结果，说是白血病晚期，发现时已经晚了。学校立即送他到北京解放军总医院抢救。杨明德等送他到西安火车站时，他还深情地说："我还要回来工作的。"这个时候了，他脑子里想的不是自己的病，还是念念不忘工作。当时解放军总医院军宣队的负责人正巧是寿校长过去部队医疗队的队长，他们立即安排检查，诊断意见是太晚了，已无法挽救。他在北京住院 20 天就离开了人世。寿校长永远地离开了，离开了他日夜思念的西工大！几年后，学校党委和上级党组织就寿松涛的所谓被捕、叛变问题做出了"排除嫌疑""可以否定"的结论。这应是对寿校长英灵的最大安慰。至今，西工大老一辈的师生员工仍然深情地怀念着寿松涛校长，有人特撰挽联一副：

> 松魂长存，三建一流学府，伟绩丰功昭史册；
> 涛声宛在，频敲百户师门，高风厚泽镌人心。

（执笔：黄迪民）

主要参考资料

[1] 西工大党委宣传部.难忘的岁月——华东航空学院西迁 50 周年纪念文

集.西北工业大学出版社,2006.

[2] 松风涛声——寿松涛纪念文集.中共党史出版社,2000.

[3] 吕德鸣.寿院（校）长的梦——把学校办成一流大学.

[4] 朱凤驭.深切怀念我们的好院（校）长——寿松涛.

[5] 程克玉.对寿松涛老校长的点滴回忆.

范绪箕（1914—2015），江苏江宁人，著名力学家和航空教育家。1935年毕业于哈尔滨工业大学机械系。1938年、1940年分别获美国加利福尼亚理工学院航空工学硕士和机械工学博士学位。1940年回国后，曾任清华大学教授，浙江大学教授、航空工程系主任，华东航空学院和南京航空学院副院长，上海交通大学副校长、校长。

范绪箕一生致力于航空科技的教学、科研和管理工作，创建了浙江大学航空工程系，是华东航空学院和南京航空学院的主要领导人。他主持设计、组织施工，建成了浙江大学3英尺低速风洞，南京航空学院亚、跨、超音速风洞和热应力模拟试验设备。他主持研制了中国第一架靶机，对航空事业的发展做出了贡献。在办学方面，提出了尖子教师的培养制度，提倡教学科研并举、以科研促进教学的办学思想。长期从事热弹性力学的理论和应用研究，为中国热应力学科的发展做出了贡献。2015年11月21日在上海华东医院逝世，享年102岁。

著名力学家和航空教育家：范绪箕

发奋读书，立志航空报国

范绪箕，1914年1月5日出生于北京一个知识分子家庭。父亲是清政府选派的第一批留俄学生，学习铁路工程，回国后从事铁路技术工作，参加了由俄国支持的满洲里—绥芬河铁路的测量和修建工作，曾任中东铁路局局长，中苏理事会理事，是一位正直爱国的知识分子。童年的范绪箕受家庭影响，知晓国家富强非科学技术发展不可，读书尤为发奋。7岁入北京崇德中学附小，9岁即进崇德中学学习。1925年，随家迁往哈尔滨，进哈尔滨工业大学俄文预科班学习。1929年考入哈尔滨工业大学机械系，1935年毕业，获工程科学学士学位。翌年，留学美国加利福尼亚理工学院，攻读机械和航空工程，第二年获机械工程硕士学位，第三年获航空工程硕士学位。1940年，在世界著名科学家冯·卡门（Theodore von Kármán）指导下获航空工程博士学位。

在美留学的5年，是范绪箕求知的重要时期。他的导师冯·卡门是20世纪最杰出的科学家之一，世界航空科学的泰斗，也是中国著名科学家钱学森的博士导师。冯·卡门担任加利福尼亚理工学院航空研究生院院长期间，开创了辉煌兴旺的卡门年代。在学风上，他强调培养独立思考、自己动手解决问题的能力；在研究工作上，强调理论研究必须联系实验观察并受实验观测指导的原则。这些都对范绪箕有很大的影响和启发。定期举行的学术报告会更使范绪箕眼界大开，大大拓宽了他的知识面。范绪箕还被学院拥有的大型风洞深深吸引，他明白风洞对发展航空科学的重要性。

1940年，在抗日战争最艰难的阶段，范绪箕毕业回国，他立志航空报国，把自己所学的知识用在抗日救国的事业中。当他在上海走下船舱时，沦陷区的凄惨更坚定了他献身祖国航空事业的决心。随后，他冒着生命危险，绕道香港，历尽千辛万苦，到当时已西迁遵义的浙江大学机械系任副教授。1942年应聘到航空研究院任研究员。1943年来到昆明，受聘于清华大学航空研究所任教授。1945年，范绪箕再次应聘为浙江大学教授，创建了浙江大学航空工程系并任系主任。他主持建成了风洞实验室并制定了课程设置、教学大纲等。他是当时浙江大学活跃的年轻教授之一，思想倾向进步，痛恶当时的贪污腐化之风，挺身而出积极投入了反饥饿、反迫害的斗争，深受广大青年教师和青年学生的尊重和爱戴。

1949年杭州解放，范绪箕被浙江省军管会任命为浙江大学、英士大学、三江大学三校接管委员会委员。至 1952 年，范绪箕一直在浙江大学航空工程系任教，并兼任校总务长、校务委员会委员，从事教学、科研和管理工作。他办事民主，讲究原则，主张对课程精简，并开展工读运动，为校园建设和航空工程系的壮大发展做出了贡献。

1952 年新中国进行院系调整，南京大学、交通大学、浙江大学三校航空工程系合并成立华东航空学院，范绪箕是筹备小组的召集人。他带领广大师生员工克服重重困难，顺利完成了搬迁和安置工作，成功地创办了华东航空学院。他先后任院务委员会主任兼教务长，副院长兼教务长。他还是院基本建设委员会主任、生产实习指导委员会主任、教材编写委员会委员。

1956 年，范绪箕被调到南京航空学院任副院长，主管教学、科研工作。在南京航空学院建院过程中，范绪箕贡献了他的聪明才智。他几乎忘却了时间，常常工作到深夜，他亲自深入基层调查研究，解决问题。他以丰富的办学经验，积极筹划专业设置，组织制订本科教学计划，对提高教学质量、师资队伍建设、培养研究生、开展科学研究、加强重点实验设备建设等，提出了既现实可行又具有远见的规划，并认真组织力量付诸实施，为南京航空学院的教学和科研的发展奠定了良好的基础。

精心育人，培养航空科技人才

中国航空教育起步于 20 世纪 30 年代，当时北平的清华大学、天津的北洋大学、南京的中央大学、上海的交通大学都设立了航空工程系，但是仍不能满足国家航空发展的需要。1945 年，范绪箕再次受聘为浙江大学教授，开始了筹建航空工程系的工作。当时抗战刚胜利，学校经费十分困难，物质条件很艰苦。范绪箕认为，航空学科是应用性很强的学科，人才培养离不开实验设备，他作为系主任，一方面大力聘请专家、技术员和工人，另一方面积极筹备实验设备。尤其是浙江大学 3 英尺低速风洞的建造，更是不易。无参考样板，就自行设计图纸，他亲自把关审核。缺少经费，不能委托工厂建造，他就自己出资千方百计搞材料，发动大家自己动手加工，终于建造成功这座风洞，在航空工程系教学工作中发挥了重要作用。至1952年，浙江大学航空工程系从无到有，逐步发展，在国内高校中已占有了一席之地，这与范绪箕的努力是分不开的。这座风洞后来随院系调整时迁到华东航空学院、西安航空学院，最终留在西北工业大学，并在其后的教学工作中继续发挥作用。

1952年秋季到1953年，新中国开始进入大规模的社会主义建设时期，航空工业迅速发展，国家急需培养更多的航空高级技术人才。为配合国防建设，集中力量培养航空建设人才，国家决定合并南京大学、交通大学、浙江大学的航空工程系，在南京成立了华东航空学院。范绪箕作为学校主要领导人，从校舍建设到实验室建设，从学生工作到教师队伍及教材编著等都认真过问，并亲临基建现场解决问题，保证了各项工作的顺利进行，使华航及时开学，特别是保证了喷气教练机教学、实验等工作的正常进行。针对当时学生学习负担过重的问题，他带领大家进行了认真的调查研究，并及时地修订了教学计划。

1955年在华东航空学院任教时，范绪箕被确定为一级教授。他长期奋斗在中国航空事业的教学、科研和管理岗位第一线，在诸多方面都做出了杰出的贡献。1956年，由华东航空学院寿松涛院长介绍，范绪箕加入了中国共产党，在当时的华东航空学院起了很积极的鼓舞作用。他曾当选为第三届全国人民代表大会代表，是中国航空学会的发起人之一，并任第一届常务理事。他筹建成立了江苏省航空学会，任第一届理事长。他还是中国力学学会第一、二届理事，上海力学学会第三届理事长。

1956年到1979年，范绪箕任南京航空学院副院长。他认为，南航专业设置调整的原则应是从中国航空工业的实际情况出发，适应航空科学技术的发展，改变过去专业过细过窄的缺点，拓宽专业范围，加强理论基础，以扩大学生对今后工作的适应性。他认为，航空院校应首先办好有航空特色的专业，保证这些专业处在学科的前沿，并根据南航的专业基础，强调要少而精，首先保证办好飞机专业。针对当时设计工艺分开设专业，设计偏理论，工艺多实践的偏向，他指出,工厂需要的是设计和工艺都懂的人才，只偏于某一方面并不能适应工作。航空科学是现代科技的综合体，他预示到电子计算机将会对整个工业包括航空工业起决定性的作用，就积极组织人力、物力筹建计算机、控制、测量等专业。这在当时中国高校中是较早的，推动了南京航空学院教学、科研的全面发展。

1956年，南航由大专提升为本科——改制建院，迫切要求教师水平的提高，以适应本科教学的需要。鉴于南航建院初期教师力量薄弱的状况，范绪箕认为，应该大胆起用年轻人，提出了富有远见的尖子教师培养制度。他亲自选拔优秀青年教师作为老教授的助手，并免去他们的行政职务，让他们挑教学、科研重担，优先安排进修等，为他们创造提高的条件。这一措施是富有成效的。这批教师大都成为各自学科的带头人。另外，范绪箕认为，大学教师只教书讲课是不够的，这样必然会脱离学科的前沿阵地。他大力倡导教师要认真读一两本经典著作，并积极创造条件，鼓励教师搞科学研究，组织开展院内外的学术交流活动。他创办了《南京航空学院学报》，并兼主编。他亲任院学术委员会主任，对南京航空学院的科研工作起到了推动作用。

范绪箕先后主持研制了亚、跨、超音速风洞和热应力模拟试验设备，组织建成了进气道试验设备、低压燃烧试验设备、三自由度液压飞行模拟转台和大型连续工作式气源装置。这些项目都是与专业建设和斯贝发动机基础理论相配套的，在南航教学和科学研究工作中发挥了很大的作用。这些重大科研设备的研制，都倾注了范绪箕的心血。范绪箕认为，一个航空学院没有供教学实验和科学研究的风洞设备是不可思议的。他积极倡导并亲自主持研制、筹划建造的风洞，先后为中国的航空航天工业完成了一系列重要的验证定型工作。经过几十年的发展，南京航空学院的风洞已完成配套化，成为具备现代化测试手段的中国空气动力学研究的试验基地之一，为中国的航空航天事业已经发挥并将继续发挥重大的作用。

飞机飞行速度跨越音速，这是航空科学上的重大突破。但是，飞机在高速飞行时，由于附面层内空气的动力加热，会使得飞机表面温度过高，产生热障问题。范绪箕在20世纪50年代末就敏感地注意到了解决热障问题的迫切性。1959年他率领中国航空高校代表团访问苏联，更坚定了他研究热障问题的决心。他积极组织人力、物力主持建成了热模拟试验设备，及时完成了中国一系列高速飞行器的结构热强度试验。到20世纪80年代，南京航空学院已发展成为一所专业和学科门类比较齐全，教学科研设施比较完善，师资力量比较雄厚，在国内外具有广泛影响的高等学府。

从20世纪40年代开始，范绪箕在教育岗位上度过了50多个春秋，培养和造就了大批高级专门人才，桃李满天下。他是国防科学技术工业委员会公认的资历较深、水平较高的教授，为中国科技事业，特别是航空事业的发展，做出了卓越的贡献。

范绪箕先后讲授过工程数学、理论力学、材料力学、结构力学、空气动力学、热应力理论、热应力实验技术等课程。新中国成立初，在浙江大学航空工程系时，由于俄语教师缺乏，他还给教师讲授过俄语课。他严于律己，备课充分，讲课生动，富有启发，常常举一反三，课堂气氛活跃，深受学生欢迎。在南京航空学院期间，他提倡启发式教学，反对灌输，他常常提醒大家，对学生不要抱着走，而是要放开手脚让其自己走。他强调打好基础，因材施教，要有竞争淘汰。他还亲自组织观摩示范上课，收到了良好的效果。他重视教材建设，一直没有停止过教材的编审工作。他曾任国防科委航空专业教材委员会副主任委员。他认为，教材要删繁就简，做到少而精。他一贯坚持理论必须联系实际，要让学生既学到理论知识，又要有实践的锻炼，提倡学生要参加与所学专业有联系的实习劳动。他的这些教学思想对南航的教学工作起了很重要的引导作用，深得广大教师的拥护和支持。

1979年，范绪箕调任上海交通大学任副校长，第二年任校长、校学术委员会主任。在教学管理中，他积极推行教育改革，活跃和深化了学校的教学、学术工作；提倡对交叉边缘学科的研究，组织了跨系的学科委员会；重视师资队伍建设，成立了培养师资办公室，并亲自联系安排选送大批优秀青年教师、学生出国深造；积极发展同世界各国的学术交流和科技合作，大大地推动了上海交通大学的对外学术交流等工作。为适应形势发展需要，他积极倡导和推行了一系列教育改革。他指出，现代科学的发展需要理、工、文的相互渗透，大力提倡培养学生的实验动手能力和上机操作能力，让学生毕业后有更强的适应能力和更多的就业机会。他认为，高等工程教育要改变单一层次的局面，实行多层次化，建立中国自己的高等教育体系。他指出，要让学校直接面对社会，但不能只注重经济效益，搞科技要把出成果与出人才结合起来。范绪箕的这些教育观点受到了有关部门的高度重视。他写的教育研究论文《高等教育要实行多层次化》获 1985 年高等工程教育研究优秀论文三等奖，另一篇《中国高等教育现代化问题》1986 年被上海市高等教育学会评为优秀论文。

范绪箕 1962 年起开始招收培养研究生。他认为，硕士生和博士生的培养要求是不同的，前者是老题新做，或新题老做，而后者却要新题新做。他对课程设置、学时安排都亲自过问，从选题直到定题从不放松要求。他还带有科研助手，并对他们严格要求，规定每周要做一次工作汇报，同时，又对他们大胆放手，在实践中锻炼成长。他很注意研究作风和工作作风的培养。他认为，科研工作仅仅在理论上下功夫是不够的，更需要有实验工作的配合，现代科技要求更多的配合与协作，单枪匹马是不行的。如今，他培养和扶持的学生以及他的助手正在各自的岗位上发挥着重要的作用。

不断创新，为航空科研和教育事业奉献一生

20 世纪是科技高速发展的时代，其发展速度是空前的，深刻地影响和改变着人类的生活方式和生活水平。任何人，无论哪个国家，如果坐享其成，都有被抛在后头的危险。范绪箕对科学技术具有较强的观察力，他认识到，要随时跟踪新技术，注意国际发展动态，并要有迎头赶上的决心。

靶机是一种用于打靶训练的专用无人驾驶飞机，它具有造价低、重量轻、飞行时不受人体生理条件限制等特点。20 世纪 50 年代，靶机在国外得到迅速发展，而在中国还是空白。范绪箕亲自抽调人员组织成立研究室，先后开展研制"南航一号"拖靶机和"南航二号"超音速靶机，并在此基础上演变为"长空一号"无人驾驶靶机。这项工作的开展，不仅锻炼提高了教师队伍，而且推动了南航科学研究的发展。南航后来也成立了无人机研究所，相继研制成功的"长空"系列靶机满足了国防建设的需要。

从 1962 年起，范绪箕一直致力于热应力学科的发展，主持建成热应力模拟试验设备，完成了国家许多重要热强度实验项目，开拓了中国在该学科的研究和应用工作。1979 年后，他更加深入地开展热应力问题的研究工作，在上海交通大学组织成立热应力研究室，从事热应力设备、热应力问题的研究。他指导研究生对热应力耦合理论、焊接相变问题、热测试方法、复合材料热应力等方面进行了大量的研究工作，取得了一系列成果，发表论文数十篇。另外，他主持研制成功 MDS 数据采集系统和节能型集成程控交流稳压器，先后于 1982 年和 1986 年通过上海市高教局组织的专家鉴定，达到国内先进水平，并且投入了小批量生产，这些设备在生产和科研中发挥了较好的效益。

　　范绪箕在航空科技和教育事业方面的贡献和在热应力学科的成就受到国际同行的广泛关注。1983 年 8 月，在澳大利亚悉尼举行的第 14 届国际冲击波及激波管会议上，范绪箕应邀做了《中国在激波管方面的研究状况》的大会报告。从本届开始，他一直是该国际会议主席团成员和特邀顾问。他还先后应邀在澳大利亚国家航空研究院做了《中国的航空工业的发展》的报告，在澳大利亚新南威尔士大学做了《中国教育体制及改革》的报告。他还应邀赴美国麻省理工学院、明尼苏达大学、普渡大学和新南威尔士大学做了《热应力的状况及发展》的专题报告。1984 年，他应邀到加拿大曼尼托巴大学热应力实验室指导研究项目并工作三个月，受到高度赞赏。

　　在他进入 90 岁高龄后，仍然从事教学、科研工作，继续指导培养研究生，为发展热应力学科辛勤地工作，并任南京航空学院兼职教授，为国家培养飞机设计专业的博士生。他认为，热应力问题是工程中迫切需要解决的问题，必须联合各方力量攻关。为此，他作为主要发起人，由东南大学、上海交通大学、西南交通大学、南京航空学院四所院校联合提出把"现代热强度理论及其应用"列入国家计划并作为重点研究项目的建议。

　　2013 年，有报纸曾刊登《他是很有亲和力的严厉师长——学生眼中的百岁教授范绪箕》一文。当时记者在上海交大徐家汇校区范老的办公室里采访，他神采奕奕，精神矍铄，他的书桌上还摊着各种时下前沿的航天研究，他正在为一个学术论坛做论文准备。

当中国的各种无人机在国际航展上吸引了全世界的目光，这位最早提出中国"无人机构想"的科学家被问到有何感想时，范绪箕曾回答："这是我一生的理想之一，我非常高兴地看到理想在变成现实。"20世纪50年代，靶机在国外得到迅速发展，而在我国还是空白。范绪箕率先提出研制无人驾驶飞机的构想，他组织成立研究室建成了亚跨超音速风洞、三轴飞行模拟转台等关键实验设备，先后研制出多项成果，为中国无人机发展奠定了基础。

范绪箕对科学技术的发展趋势具有独特的观察力，同时从未停止对科技未来的畅想和研究。我国神舟飞船使用的是烧蚀热防护，飞船返回地球后返回舱表面看上去像被火烧过一样，范绪箕梦想将纳米等热防护材料技术应用到神舟飞船上，让神舟飞船"看起来更美"，而且能够像航天飞机一样往返起降。实际上，对于热应力学科的研究他早在1962年就启动了，他完成了国家许多重要热强度实验项目，开拓了我国在该学科的研究和应用工作。从1996年起，他开始研究航天飞机的热防护系统，在国内率先开展热应力理念和实验应用方面的研究，并在高温应力、蠕变、焊接相变以及断裂疲劳、振动、损伤等诸多领域取得了卓越的成就。

20世纪80年代，范绪箕卸去校长行政职务后，仍把精力都投入科研和研究生培养当中，直至百岁时每天仍坚持工作6小时以上，查阅资料、进行实验、撰写论文、与学生们讨论科研问题、参加活动与青年学子分享自己的科研心得，他的工作让他快乐又充实。他曾说："职务上我已经退休了，但我的工作则刚刚开始。"他在92岁和96岁高龄还分别完成了《气动加热与热防护系统》和《高速飞行器热结构分析与应用》两篇论文，同时还指导博士研究生。

在学生眼中，他是"很有亲和力的严厉师长"，他在科研上的认真和严谨是出了名的，但对于新思路、新方法又总有开放的心态。在生活上他是一位很有亲和力的朋友，身体好时，几乎每年春节前总会请学生们到家里吃饭，还倾其所有捐助家庭困难及重病的实验室助手。他说自己"没有家累，思维单纯，坚持工作让我头脑灵活"。这是范绪箕教授常说的一句话。坚持工作、独立生活、心态平和、饮食健康，这是范绪箕为自己一生总结的长寿之道。

（整理：宁生录）

主要参考资料

[1] 孟雁.吴辉.航空报国杏坛追梦:范绪箕传.上海交通大学出版社,2015.9.

季文美（1912—2001），浙江义乌人，工程力学家与航空教育家。1934 年毕业于交通大学。1936 年获意大利都灵大学航空工程博士学位。1937 年回国。从事航空教育、科学研究以及高校领导工作 60 余年，在工程力学领域长期从事振动力学方面的研究，是国内非线性振动理论、挤压油膜减振机理和转子动力学研究最早的倡导者之一，也是西北工业大学振动学科带头人和最早的博士生导师之一。编译和著述的十多种力学教材及著作，多次再版，供不应求，为全国著名大学所采用。几十年在力学和航空教育方面潜心研究与实践，构成了系统先进并有自己特色的教育思想，深刻影响了几代学生。关于发展中国航空工业和西部大开发的宏观研究和建议，受到国家高层领导的重视，推动了航空工业的发展。倡导并创建的西北西南科技协作中心，为中国产学研合作开辟了一条新路，在推动中国与国际航空学术交流方面做出了突出贡献。曾任中国力学学会副理事长、国务院学位委员会第一届学科评议组成员、中国航空学会理事长及终身名誉理事、国际航空科学理事会 (ICAS) 学术委员会委员。在第 20 届国际航空科学大会上被授予 "莫里斯·鲁瓦奖"。曾被航空航天工业部授予有突出贡献的专家、劳动模范、优秀研究生导师等称号，被美国工程学会联合会载入世界《工程名人录》，获何梁何利基金科学与技术进步奖。

情系西部的航空教育家：季文美

时间如白驹过隙，转眼华东航空学院西迁60周年了。新中国诞生不久，国家就成立了北京航空学院和华东航空学院，两所代表国家航空工程教育最高水平的学府，一南一北，遥相呼应，表明了中央发展航空工程教育的坚定决心，翻开了航空教育崭新的一页。随着国家高等教育布局的重大调整，华航于1956年整体搬迁西安，成为今天西北工业大学的重要基础和组成部分。季文美先生作为华航著名教授并兼任基础课程委员会主任和副教务长，坚决拥护中央决定，随华航迁到西安，并说服大家一起来到大西北。季先生的率先垂范，带动和影响了一批外地教师安心在西北工作。从此，热爱大西北，心系大西北，扎根大西北，献身航空工程教育，成为他一生矢志不渝的追求。

众多栋梁之材出自先生门下

季文美是我国航空教育家和力学家。1934年毕业于交通大学电机工程系，与他同届毕业于交大的钱学森在回忆录中写道："当时交大的本科教育是世界先进水平的。"同年季文美考取公费留学，1936年获意大利都灵大学航空工程博士学位。1942年起，历任交通大学教授、航空工程系主任、总务长等职。在交通大学、华航、西航以及西工大，季文美都居著名教授之列。

季文美作为很高水平的专家、教授，涉足力学领域众多学科，先后讲授过应用力学（理论力学）、材料力学、振动理论、非线性力学、工程控制论等十多门课程。由于他造诣甚深，博学多才，经验丰富，讲课层次分明、概念准确、深入浅出、言简意赅，达到炉火纯青的地步，凡在他门下受业者无不表示钦佩。空气动力学家、中国科学院院士和工程院院士顾诵芬回忆了聆听季先生讲课的情景："我是1947年入学交通大学航空系，当时二年级的应用力学和材料力学都是季先生亲自上课，听他的课无疑是一种享受，而非负担。每堂课他总是开宗明义，说明要讲哪些内容。在讲课时不是照本宣科，也不是满黑板写公式，而是说明问题的性质和处理的方法。结束前必把这堂课的要点点出来，然后开出应做的习题清单。"顾诵芬院士还列举了自己在设计我国第一架喷气教练机中运用季先生所教理论的实例。空气动力学家、中国科学院院士庄逢甘深情地说："季文美教授是我最崇拜的一位老师。大学期间我学过他教授的热力学、内燃机和航空发动机课程，他的谆谆教导使我信心百倍地踏进了航空航天科学的大门。"

季文美先后编著了十多种教材，内容充实，逻辑严密，文辞洗练，将先进理论和科学成果融入其中，具有很高的理论水平和学术价值。他在1947年编译的《材料力学》和1950年编译的《应用力学》，被高等学校广泛采用，一版再版，新中国成立前后畅销不衰，20世纪后期在日本等国家和中国香港、台湾等地区仍有销售。季文美的学生、西工大博导方同教授分析了个中原因："关键就在于他的编译过程中，不仅保持了原书的精华，还在文字上进行了全面的梳理，使得编译后的书更通顺易读，引人入胜。"

季文美认为，提高教学质量，需要从师资队伍、图书设备、组织管理、学风建设等多方面下功夫，而其中的关键是教师队伍的建设。1960年前后，在"调整、巩固、充实、提高"方针指引下，教学秩序已相对稳定，迫切要求提高教育质量，同时许多门新课需要开出。时任西工大基本理论研究委员会主任的季文美为此做了认真的准备。他先在座谈会上听取了几十位青年教师反映的意见和希望，又十多次去听了他们所开的新课，然后总结了他们讲课的优点和不足。在此基础上，他给全校青年教师做了题为《同青年教师谈谈讲课、备课和自学》的报告。讲稿主要内容在1961年11月27日至1962年1月25日《光明日报》上发表，分三次连载。当时有些学校将这三篇文章作为学习资料印发给教师。

1960年，季文美组织30多名骨干教师开展基本理论研究，围绕振动、轨道、板壳、材料、高温结构强度、空气动力、精密工艺等十多个学科领域，汇集分析最新的科技信息，为以后大面积开展科学研究准备条件。1962年参加制订我国十年科学发展计划，草拟了非线性振动学科的发展规划。季文美是我国最早的研究生导师之一，1962年就开始招收硕士研究生。他主持开办了研究生班，并为研究生和青年教师讲授非线性振动、工程控制论等课程。"文革"前他带出的许多研究生已很有成就。中科院院士朱位秋、工程院院士徐德民等一批科研骨干都来自该研究生班。季文美还是我国第一批博士生导师,也是西工大一般力学专业唯一的博士生导师。1982年,刚迈入古稀的季文美出任西北工业大学校长,百忙之中仍精心策划组织各个指导小组,致力于博士生的培养,先后培养了一大批年轻的优秀博士,其中以孟光、程崇庆、何国威三人最为突出。他们后来都曾去国外继续深造,都在国内获得过国家基金委员会颁发的杰出青年基金。如今孟光在上海航天技术研究院任副院长,程崇庆在南京大学任副校长,何国威仍在美国国家航空航天局兰利研究中心(NASA Langley Research Center),并兼职于中国科学院力学研究所,他们都已成为所从事科学领域中的领军人物。

季文美是我国著名的工程力学专家。他长期从事振动力学方面的研究,是国内非线性振动理论、挤压油膜减振机理和转子动力学等方面研究最早的倡导者之一,是西工大振动学科的带头人。季文美在20世纪60年代初担任学校基本理论研究委员会主任期间,就开始组织信息论研究,他的远见已被20世纪90年代以来迅速发展的信息技术所证实。季文美进行科学研究,既密切结合实际,解决航空生产中的问题,又重视理论探讨,撰写和发表了大量高质量论文,其中多篇发表在《力学学报》《应用数学与力学》《国际航空》等国内外有影响的刊物上。季文美注重增强学校科研实力,1984年主持成立了无人机研究所。该所到20世纪末发展成全国最大的无人机研发中心和生产基地。季文美重视科研还体现在学报的建设上:1982年他任西工大校长,1983年《西北工业大学学报》在国内外公开发行,1984年以后它一直是中国第一个,也是唯一被《国际航空航天摘要》(IAA)每年不间断地报道的大学学报;从1986年起,《西北工业大学学报》每期不间断地被美国《工程索引》(EI)所报道,论文摘引数量居国内高校前列;1990年以来是《工程索引》报道的两所中国大学的中文版学报之一。

系统先进的教育理念和教育思想

季文美从1942年在交通大学任教授起,在高校执教近60载,并先后担任了西安航空学院副院长，西工大教务长、副校长、代校长、校长和名誉校长等职，在长期的教育管理、教学实践以及理论研究中，形成了系统先进的教育理念和教育思想。集中体现在以下几方面：

第一，高等学校的根本任务是培养大批高质量的人才。为了开拓人类的知识领域和促进国民经济建设，教师应该进行科学研究。但科研的重要目的之一是为了提高教师本身的素质，提高教师理论研究和应用已有理论解决实际问题的能力，从而有条件培养出更优秀的学生，特别是研究生。有的学校在已能保证培养人才质量的前提下，提出以科研为主的口号是合适的。教学和科研是互相促进、相辅相成的，但在具体安排上是会有矛盾的。除非科研课题特别重要而进度又非常紧迫，一般应首先保证教学。

第二，提高教学质量，首先要抓好基础课（包括专业基础课）教学。在1978年召开的国防工业高等院校教授座谈会上，季文美对如何提高基础理论课教学质量提出了四点建议：一是积极利用现代化教学手段；二是充分发挥教学效果好的基础课教师的潜力；三是鼓励专业课老师担任基础课教学工作；四是实行基础课校际统考，全国统一命题，同一日期进行。当时，《光明日报》做了报道。这些意见对发展中国高等教育事业，迅速提高教育质量，起到了积极作用。

第三，教学大纲要有一个教学的"基本要求"。1962年原高等教育部在南京召开的教学大纲会议上，季文美提出了在教学大纲中应该有一个教学的基本要求，学完一门课程能否达到基本要求，是这门课程能否及格的标准。基本要求明确要点、突出重点，使教师便于掌握，对教育质量的评估也有具体的依据和明确的标准。全国理论力学教材编审委员会首先采纳了这一建议。此后，其他课程的教学大纲也采纳了这个建议。这使教学大纲在质上有一个飞跃，是对教学大纲的一大改革，也是对课程教学大纲在教学作用上的战略性建议，得到了国家教委的充分肯定和推广，在当代中国高校教学工作中一直起着重要的指导作用。

第四，在国内率先提出教师教学水平的评审方法。季文美设计了反映主讲教师教学水平和课程教学质量的评审表，并在教学实践中反复研究、试用和修改。

表中不仅分别列出了评审和调查的项目，而且还拟定了每个项目的指标和评分标准。通过这样的评议对一位教师所任课程的教学水平和教学质量，不仅能从备课、教授法、教学态度、教学效果和学生反映等方面做出定性的评语，而且能用数字来表示这位教师所任课的总的教学水平。这样，各位教师之间、各门课程之间，就有一个非常方便的互相比较的标准。让学生和由系组织的教师分别填写教学情况调查表的方法，在西工大试行了八个学期。实践证明，教师和学生对教师教学工作的评价基本上是符合实际的。也就是说，调查表上反映的情况，同通过其他途径了解到的情况大体一致。教师教学水平评审方法引起许多兄弟高校的极大兴趣，认为"评审办法的提出是一个创举，十分值得重视"。该评审方法很快被《高等教育管理》等专著所引用。

第五，着力进行课程教学改革。为了加强对学生智力的培养，激发学生学习兴趣，培养学生自学能力和创新精神，提高教学质量，20世纪80年代初，季文美领导了以教学内容、教学方法改革为重点的教学改革。为保证改革顺利进行，采取了以下措施：一是选择有创新精神、业务水平高、教学经验丰富的教师进行改革试点，坚持自愿，不强求；二是改革中减少的课时，在记工作量时仍按计划时数计算；三是对改革中成绩显著的教师，选拔到全校教学经验交流会上交流，在评选教学优秀奖时予以优先考虑；四是改注入式教学为启发式教学，在传授知识的同时，提高学生智慧能力，激发学习兴趣，发展学生的主观能动性和创造性。教改中普遍实行了启发式教学，讲清思路，精选内容，突出重点。季文美强调：我们既要"弟子三千"，也要"七十二贤"，因材施教，注重拔尖人才培养。学校在1985级新生中选拔德智体较好、学习成绩优良、智力超常的学生组成教改试点班，用五年半左右的时间，将本科和硕士生课程打通安排，提高教学难度，加快教学进度。现在教改试点班已发展成为教育实验学院，本硕连读常态化。

季文美在担任西工大副校长、代校长和校长期间，为拨乱反正，整顿恢复教学秩序，提高教学质量，进行教学改革，开创学校新局面，殚精竭虑。他领导制订了西工大"七五"发展规划，提出了把学校办成"以工为主，理、工、管、文相结合的第一流综合大学，位于全国重点大学前列"的发展战略目标；在专业（学科）建设上，要打破部门所有制，在保证军工专业人才需要的前提下，扩大专业面向，服务社会；要发展横向联合，加强学校与社会的联系。季文美和广大教职工卓有成效的工作，使西工大以其雄厚的实力和在教学科研中的重要贡献，经国家计委、教育部、国防科工委批准列入"七五"国家重点建设项目，成为国家重点建设的 15 所高校之一。全国人大原教科文卫主任委员朱开轩说："季文美为把西北工业大学奠定为国内外知名大学过程中所做出的杰出贡献，将永远为后人所怀念和敬仰！"

"十年树木，百年树人。"几十年来，季文美教育思想和教学实践，直接或间接地影响着一代又一代西工大学子。历届毕业生以其"基础扎实、工作踏实、作风朴实"的"三实"作风和改革创新精神受到用人单位的广泛好评，并在多次校际测评和社会评估中，学生质量均名列全国高校前茅。毕业生们用在学校打下的扎实的学业基础，发挥聪明才智，奋力拼搏，献身国防，在完成一项项国防重大研究和工程项目中成长成熟起来，成为本行业、本领域以及国家重大专项中的领军人物和技术骨干，构成了国家国防科研领域里一道亮丽的风景线，并被誉之为独有的"西工大现象"。

2011 年 5 月 31 日，两院资深院士联谊会"教育改革"项目调研组慕名来到西工大，对创新人才培养进行了专题调研。十多位院士、专家对学校办学理念和有效举措予以高度评价，对众多校友在国防科技领域的杰出表现表示衷心的敬佩。

国防科技领域里"西工大现象"源于众多西工大校友的杰出表现，这里面大多是 20 世纪八九十年代在西工大学习生活过的学生，他们都曾或多或少地受到季先生教育思想的熏陶和濡染。曾任中国航天科技集团总经理、国防科委主任、中国商飞公司董事长的 1978 级校友张庆伟说："季先生虽然没有直接授业于我，但他作为学校主要领导，所制定的教育教学指导思想，所提出的教育教学改革措施，却使我们直接受益。这些年来，自己能在工作上取得一些成绩，与在校时打下的坚实基础和形成的'三实'作风是分不开的。"

扎根大西北的航空发展战略专家

华航西迁，季文美正值40多岁的中年，直至90岁病逝，他把后半生的宝贵年华和聪明才智毫无保留地奉献给了大西北这片热土。他曾经语重心长地对同志们说："我一生最为安慰的是，响应党的号召支援西北建设，华航迁校时不仅自己积极响应、身体力行，而且动员说服其他同志一同来西安。来到西安看到西北地区人民贫穷落后的面貌，心里一直不安，总想在有生之年为西北人民做些实事。"1983年7月1日，季文美以71岁高龄加入了中国共产党。

可以说，季文美来到西安后，一直围绕"发展航空、开发西部"这条主线做着开创性的工作，并为之锲而不舍、坚韧不拔、卓有成效地奋斗了几十年。从1983年开始，季文美结合全国和西部的实际，致力于航空事业的宏观研究。他连任两届中国航空学会理事长，并担任西北西南科技协作中心首任董事长，为发展新中国航空工业和西部大开发做出了重要贡献。中国航空学会认为季文美"为繁荣和发展我国航空科技事业，呕心沥血，贡献卓著"。

1983年和1993年，季文美与多位资深专家一起，联名给中央主要领导同志写信，呼吁立即着手研制中国自己的干线飞机，并做了大量的分析和实证研究。进入21世纪，中央正式启动了大飞机工程。2003年11月，国家大飞机项目论证组开始调研和专家论证；2007年2月，国务院常务会议原则批准大型飞机研制重大科技专项正式立项；2008年5月，肩负着自主研制中国大型客机重大使命的中国商用飞机有限责任公司在上海成立，至此中国大飞机研制正式紧锣密鼓地全面展开。

20世纪90年代初，季文美提出酝酿已久的"开辟空中丝绸之路"和"加强航空支农"的建议。开辟空中丝绸之路，其目的是加强新疆等西部地区与中东的物资交易和经济往来，以此推动西部地区稳定与繁荣，带动国产运输机的发展。国内十多种报刊予以详细报道，引起很大反响。为了做好"西部大开发"这篇文章，季文美在不同场合呼吁要根据西北水资源短缺、水土流失和土地荒漠化严重的特点，利用航空进行人工降水、飞播林草、护林防火、防治病虫害，大力发展通用航空，并提出按大区设立通用航空局的构想。季文美关于"大量利用航空加快西部开发"的建议，作为全国人大九届四次会议建议，提交有关部门研究，并被列为陕西省政协八届四次会议重要提案，进行协商落实。季文美还十分重视在全国普及航空航天科技知识，曾与130名航空专家一起给中央写信，建议重视在青少年中开展早期航空航天教育，得到中央和有关部门的支持。结合西安厚重的历史文化积淀和航空航天企事业单位集中的特点，季文美建议在西安建立航空航天博物馆，并进行了艰难的筹建工作。

季文美对国防企事业单位的产学研合作进行了可贵的探索和尝试。20世纪80年代初，西北西南地区的国防厂、所、基地相当一部分位于经济不发达和交通不便的"三线"地区，长期以来信息不灵，技术老化，知识更新缓慢，大学毕业生分不进、留不住。对此，季文美创建了由国防高校、国防大企业和科研院所组成的西北西南科技协作中心，并担任中心首任董事长。该中心是根据"自愿、互利、平等"原则建立起来的民间组织，致力于教育培训、科技协作和成果转化，20多年来，为推进科技进步和提升国防企事业单位核心竞争力做出了突出贡献。目前，协作中心成员单位已经达到20多个，分属原国防科工委的和航空工业总公司、航天工业总公司、兵器工业总公司、核工业总公司、船舶工业总公司、空军工程部等部门，横跨京、晋、陕、甘、云、贵、川等省市，协作中心已经成为跨地区、跨行业、跨学科，产学研一体化的大型横向联合组织。季文美创建的协作中心显示出蓬勃的生命力，被国防科工委领导称赞为"是产学研合作的一个创举"。

在国际学术事务中发挥重要作用

季文美十分重视国际学术交流，特别是在国际航空界学术交流方面做出了突出贡献。

1984—1992年，季文美任国际航空科学理事会（ICAS）学术委员会委员。他不顾年事已高，积极参加ICAS理事会及学术委员会活动，其中1985年赴意大利参加的审稿会，是中国作为ICAS的理事成员国，第一次派人参加国际航空界高层领导人关于论文筛选和大会议程安排的会议，标志着中国地位的提高。这次审稿会，进一步加强了中国航空学会与国外有关学会的联系，落实了英国皇家航空学会、意大利航空学会 1986 年来华访问事宜。特别值得一提的是 1989 年 8 月访英之行。去英国的任务有二：参加 ICAS 学术委员会（PC）的审稿会，继续争取 1992 年在中国召开第 18 届国际航空科学大会。当年的形势是众所周知的，经过多方艰辛的努力，终于使第 18 届国际航空科学大会 1992 年 9 月在北京如期举行，季文美作为中方会议主席主持了大会。这是 ICAS 成立以来第一次在远东召开的科学大会。季文美被国际航空科学理事会理事长 B.Laschka 誉为"第一等的人物"。

除此之外，季文美还参加了一系列其他国际学术会议。早在 1979 年 8 月他率中国航空学会代表团访美，参加美国航空宇航学会（AIAA）在纽约举行的飞机系统与技术会议。回国后在访美情况汇报中建议：要重视聘请外籍休假与退休教授或工程师来华进行为期半年以上比较系统的讲学或指导；择优选派留学生或访问学者，以建立信誉；争取两三年内在中国召开一次国际学术会议。他在北太平洋国际论坛第 4 届会议上做了《中国航空运输具有较快持续发展的条件》的发言，参加了第 7 届国际复合材料会议。季文美在中国航空学会理事长任内，还积极促成在国内举行了一系列国际会议：1983 年 ICF 北京断裂力学学术讨论会，1985 年国际燃气轮机学术会议暨展览，1986 年国际遥感学术会议，1987 年第五届国际材料力学行为会议等。

季文美在西安接待过美国陈香梅女士和美国"驼峰飞行员"旅游团。他与在美国的林同骅院士、吴耀祖院士、郑显基院士等友谊深厚，交往密切。

季文美致力于加强航空领域的国际交流与合作，在第 20 届国际航空科学大会上被授予"莫里斯·鲁瓦奖"，是第一个获此荣誉的中国人。1999 年，他还获何梁何利基金科学技术进步奖。

华航西迁 60 年，季文美做到了生命不息，创造不止，奉献不止，并捐其一生积蓄，设立了"季文美教育基金"，扶助莘莘学子。先生深受广大师生员工和西北人民尊敬爱戴。先生去世后，1985 届校友自筹资金在老图书馆前桃李园中为其塑立了半身铜像；在他的家乡义乌，工商学院也为其塑立了半身铜像，以寄托广大师生和家乡人民对先生的崇敬怀念之情。

华航西迁因为有像季文美这样的大师级人物的杰出贡献而不同凡响！

（执笔：徐 澄）

主要参考资料

[1] 叶金福, 姜澄宇. 季文美文集. 西北工业大学出版社, 2008.

[2] 陈小筑, 姜澄宇. 季文美纪念文集. 西北工业大学出版社, 2012.

[3] 郑哲敏. 20 世纪中国知名科学家学术成就概览：力学卷第一分册. 科学出版社, 2014.

[4] 西工大党委宣传部. 难忘的岁月——华东航空学院西迁 50 周年纪念文集. 西北工业大学出版社, 2006.

王培生（1916—2015），江苏宜兴人，著名的空气动力学专家和教育家，西北工业大学教授，博士生导师，西工大空气动力学学科的主要创建人。1945 年考取中英庚款公费留英，在伦敦大学帝国理工学院深造，1948 年 5 月获博士学位。1949 年前着重研究穿孔板的应力集中问题和正向质材料薄结构的弹性稳定性问题。1949 年后，从事飞机结构力学和空气动力学的教学和科研工作。负责筹建西工大空气动力学专业和空气动力学研究室。特别是在担任西北工业大学教学、科研和学术负责人及西工大副校长期间，为学校的建设与发展做出了重要贡献，受到了我国空气动力学界和西工大师生员工的尊敬和爱戴。

王培生还曾担任国务院学位委员会第一届学科评议组成员；国防科委 16 专业组成员；航空工业部第一、二、三届科学技术委员会委员；中国力学学会第一届理事；中国航空学会第一届理事，第二、三届常务理事；中国空气动力学研究会第一届副主席，第二届常务理事；陕西省科学技术协会第二、三届副主席；陕西航空学会第一、二届副理事长，第三届理事长；陕西省力学学会第一、二届副理事长。2015 年 2 月 8 日病逝，享年 99 岁。

著名空气动力学家：王培生

少年即怀凌云志，勤耕苦读长知识

1916 年 9 月 20 日，王培生出生于江苏省宜兴县（现宜兴市）一个普通的家庭，父亲王福祥和母亲李氏勤劳朴实，虽然以务农为业，但也非常重视孩子的文化教育。王培生天资聪颖，从小就表现出对知识的渴望，因此被父母寄予厚望。1929年7月，王培生在宜兴县临津小学高小毕业，并在宜兴县高小毕业会考中名列前茅。1932年7月，他从宜兴县宜兴中学初中毕业，荣获模范生，并被省立常州中学录取，继续学业。在中学期间，王培生不仅表现出对科学文化知识的渴望，而且开始注重良好品行的养成。这个时期是一个少年思想成长的重要阶段，王培生表现出与众不同的上进、成熟和内敛，并且终其一生都保持着严谨求实的治学态度和谨言慎行的君子之风。同时，国家的动荡和羸弱深深地触动了他，在他的心底点燃了科技救国的不灭星火。

1935年7月，王培生以江苏省高中生毕业会考第三名的成绩毕业于江苏省省立常州中学，并荣获江苏省教育厅提供的上大学期间每年300元的奖学金。同年9月考入交通大学机械工程学院，并选择了当时在中国迅速崛起、对人才有迫切需求的飞机设计专业。这一选择，决定了王培生为祖国航空事业奉献一生的使命。经过四年如饥似渴的学习和锲而不舍的钻研，1939年7月王培生毕业于交通大学机械学院自动门航空组，名列该组第二和全班第三。同年10月，王培生进入成都航空机械学校第六期高级班。1940年9月以全班学习成绩第一名毕业。

毕业之后，正值中国的抗日战争呈胶着状态，日本侵略者的疯狂攻势和先进的武器装备严重威胁着中国领土完整和人民生命财产安全，这样严峻的形势也给军用飞机研制提出了迫切需求。1940年到1945年，王培生任成都航空研究院结构组佐助员，从事飞机静力试验的准备工作，开展木质匣形翼梁的设计和试验，正向质薄圆筒（orthotropic thin cylinder）弹性稳定性问题的理论和试验研究，平板环列圆孔和多孔长条的应力集中问题的研究。

国外求学三余载，归来报国入航空

为了学习先进技术，振兴祖国的航空事业，王培生于1945年考取了中英庚款留英，在伦敦大学帝国理工学院航空系和土木工程系深造，并师从英国著名学者 A.J.S.Pippard 教授从事弹性力学的研究工作，研究成果得到了 Pippard 教授的高度评价。在英国的三年里，由于经济的拮据和学成回国效力的急切心情，王培生格外珍惜这来之不易的机会，一心扑在科学研究上，几乎放弃了学习以外的一切休闲活动，他后来在自己的入党材料中这样诚恳地检讨自己："我在英国留学期间一直过着寓公生活，一心一意在科研上努力着，几乎忽略了外界的社会动荡和思想变迁。"通过这样"与世隔绝"且废寝忘食的刻苦研究，王培生 1948年初完成了《具有加强圆孔的长条的应力分析》的博士论文并获得博士学位。

在获得博士学位后，王培生急切盼望归国报效。然而当时的中国社会动荡不安，缺乏进行科学研究的基本条件。历经艰难困苦，王培生于 1949 年初回国，任中央大学航空系副教授。新中国成立后，王培生受到了党和政府的信任和重视，肩负起培养祖国航空事业人才的重任，先后担任南京大学副教授、教授，华东航空学院教授、科学研究室主任、空气动力学教研室主任，培养出新中国第一批航空教学和科研骨干力量。

1956 年，王培生响应党和政府的号召，随华东航空学院迁至西安，担任西安航空学院教授和科学研究部主任，同年光荣地加入了中国共产党。1957 年西航、西工合并成立西北工业大学后，王培生历任教授、科学研究部主任、教务部长、副校长、学术委员会主任和学位委员会主任。在"文革"十年中，学校的教学秩序和学术研究活动受到了很大冲击，1973 年王培生教授被重新委任负责西北工业大学教务部工作，1978 年又担任西北工业大学副校长，主管教学、科研和学术委员会工作。王培生坚持实事求是，按教育规律办事，在"文革"中承受了很大的压力，并为"文革"后重建学校的教学秩序和教学、科研方面的发展做出了重要贡献。

研究领域"上天入海"，学术成就喷薄而出

1949 年前王培生教授从事弹性力学和航空结构力学的研究工作，在当时的成都航空研究院从事飞机静力试验的准备工作，木质匣形翼梁的设计和试验，正向质薄圆筒弹性稳定性问题的理论和实验研究，平板环列圆孔和多孔长条的

应力集中问题的研究，对我国早期的飞机设计和航空科学技术的发展做出了重要贡献。他在 1948 年完成的《具有加强圆孔的长条的应力分析》博士论文是他在这个时期学术成就的代表作。穿孔平板或穿孔长条的应力问题，尤其是采用加强环来减少因穿孔而引起的应力集中问题，不仅在数学分析和结构力学理论上颇具有意义，而且在许多结构问题中具有重要的应用价值。他采用了通化平板应力理论进行了严谨的数学分析，并进行了实验研究，理论分析和实验结果十分吻合，对具有加强圆孔的长条在拉力作用下的应力问题给出了一般规律，可供工程设计应用。

1949 年以后，王培生教授在空气动力学方面的研究工作主要包括了两个方面内容，一方面是他本人亲自进行的研究工作，另一方面是在他指导下，他的学生所进行的研究工作。1962 年前后王培生承担了重返大气层气动加热问题这一我国人造卫星和远程导弹研制中的技术关键课题研究任务。他研究发展的壁面有喷流情形高速紊流附面层摩阻与热传导理论分析和计算方法，理论推导严谨，所得到的数据曲线可供实际设计使用。他所指导的研究生进行了小钝头体飞行器高超音速空气动力学理论分析与计算研究、层流和紊流附面层摩阻和热传导的理论计算方法研究、重返大气层飞行器头部烧蚀理论分析方法研究、重返飞行器壁面有限化学反应速度的条件下离解气体湍流附面层摩阻与热传导理论分析与数值计算。这些研究工作不但具有当时国际上同类研究的先进水平，有些工作还在理论方法上有所创新。

"文革"后，在指导研究生过程中，王培生教授查阅了大量资料，在 1990 年写出了《解 Euler 方程的高精度迎风型 TVD 格式》《任意坐标系中 NS 方程组的隐式数值解》和《多点插值（Transfinite Interpolation）的计算网格生成方法》等三本西工大科技资料。虽然他谦虚地说他年龄大了，记性不好，所以把看过的资料写下来，但在上述资料中，他系统地总结了当时国外新发展的用于 Euler 方程和 NS 方程数值计算的高精度格式、隐式格式和计算网格生成方法，对西北工业大学计算流体力学教学和科研做出了贡献。他指导的研究生进行了二维 Euler 方程有限差分法、有限体积法和有限元法计算，与翼型设计、机翼设计以及带外挂飞机气动计算等方面的研究工作。这些工作对西工大计算空气动力学和设计空气动力学研究与发展具有重要的推进作用。

厚基础教育为本，发展航空育英才

作为西工大空气动力学学科负责人，王培生建立了空气动力学教研室、空气动力学研究室，制订了教学和科研计划，并亲自讲授"空气动力学""理论空气动力学""附面层理论"和"航空数学"等课程，亲自主持筹建了西工大空气动力学学科。王培生认为人才是学科建设和发展的关键，他为西工大空气动力学人才培养倾注了不少心血。早在华东航空学院时，他就积极争取选派教师去苏联莫斯科航空学院进修，如戴昌晖教授进修实验空气动力学，陈士橹教授进修飞行力学，王适存教授进修直升机空气动力学等，他们回国后都成为我国在上述领域的创始人或著名专家。陈士橹回国后承担了西工大导弹工程系的筹建任务，是我国航天科学技术发展的先驱者之一，后来成为中国工程院院士。戴昌晖教授回国后担任西工大空气动力学研究室主任，他主持并研制成功了我国第一座自行设计的具有亚、跨、超音速试验能力的三音速风洞，成为我国实验空气动力学方面公认的著名专家。王适存教授回国后担负起创建我国第一个直升机专业的重任，成为我国直升机专业的主要创始人。

此外，王培生从教数十年，培养了许多学生，他们有些到国内航空、航天研究单位工作，有些留校或到国内其他大学任教，许多人成为国内著名的空气动力学专家，他们在各自的岗位上为我国航空、航天技术的发展发挥了重要作用。他还选送了一些学生和教师去国内一些学校学习，并从1956年起招收了两年制研究生，1957年招收了四年制研究生，1962—1965年招收了三年制研究生，1978年之后又招收了硕士研究生和博士研究生。他培养的学生中许多成为国内著名的空气动力学专家；有些还被评为国家有突出贡献的中青年专家；有的在国内空气动力学研究单位和我国航空工业部门担负了重要领导职务；有的在西工大创建了我国第一个空气动力学国家重点实验室——翼型、叶栅空气动力学国防科技重点实验室，不但为西工大空气动力学学科发展，而且为我国航空科学技术的发展发挥了重要作用。改革开放以来，王培生在担任西工大副校长期间还十分重视选派青年教师去欧美等国家留学和进修，积极与国外大学、科研机构联系安排。派出人员回国后都成为西工大各学科的学术骨干和学术带头人，为学校发展做出了重要的贡献。

1980年，王培生随原航空工业部徐昌裕副部长对联邦德国进行了访问，分别参观了多所大学和德国宇航院多个分支机构，就航空科技领域内开展科研交流进行了深入的讨论，与德国宇航院签订了长期人员交流协议。在该协议下，从1981年开始到1998年止，40多位西工大空气动力学研究人员赴德国宇航院布伦瑞克设计所和哥廷根流体力学所进行学术交流。在该交流计划的支撑下，西工大空气动力学学科的研究水平得以提高，极大地提升了国际交流水平，稳定了教师队伍。目前，在与西工大长期保持合作关系的国外大学及研究机构中，德国宇航院与西北工业大学的合作关系是最为密切和持久的。

在离开校领导岗位之后，王培生潜心指导博士研究生，鼓励青年学生重视基础理论研究，密切关注最新科学进展，倡导创新思维。为了使博士生能够选择适当的研究方向，王培生会查阅大量的参考文献，帮助研究生把握方向，明确目标。在研究生遇到困难时，王培生总是与研究生一起分析方法理论及求解过程，表现出对科学工作严谨求实的风范。

此外，王培生曾长期担任西工大教学、科研方面的领导工作，在组织教学，拟订全校专业建设计划，组织拟定全校重点学科和重点实验室建设规划，组织第一批博士和硕士学位的学科授予权的申请，主持教授、副教授职称评定，主持博士、硕士学位评定和审批，争取建立西工大研究生院以及与国外大学开展交流等方面付出了极大努力，为西工大的学科建设和学校的发展做出了公认的重要贡献。为表彰王培生为发展我国高等教育事业所做出的重要贡献，国务院决定从1990年7月起发给其政府特殊津贴。1992年2月航空工业部授予他有突出贡献专家称号。

蹉跎岁月不忘初心，待人宽厚家庭和睦

"文革"期间，各项工作没有制度。王培生从农场回来以后，头一天恢复党籍，

第二天恢复科研部长的职位后就马上到图书馆看馆藏资料情况。在科研部布置工作时，他要求除了订货以外，让大家注意外汇使用，要留一些外汇买一些资料，如英国皇家学会的资料等。按理说图书馆的事情不归他管，但是他用这些经费给图书馆补充资料，认为老师们现在没有机会出国深造，但是国外的先进技术资料一定要有，这样才能保证出成果，出人才。每年他都是这样，很重视购买国外的科技资料。

王培生生活简朴，顾全大局。在西工大建校初期，特别在"国家困难时期"，寿松涛校长为了照顾老知识分子，专门办了"小灶"以改善他们的生活，但是王培生等老教授都不去。几十年来，王培生总是穿一件呢子短大衣，很少穿新衣服。但是交党费他坚持每次交60元，有时甚至是100元，而那时候一个普通教员的工资才四五十元，他把自己的一些稿费也交了党费。

20世纪六七十年代，三机部每年11月召开计划会议。有一次会议在镇江举行，那里靠海，风大且冷，容易感冒。王培生当时的身体也不太好，别人穿着棉袄睡觉都很冷，他穿的短大衣到这个地方就受苦了。同行的同志赶忙到商店买来暖水袋，才使他坚持开完会议。后来西工大航海工程专业到海上做试验，他为了支持和鼓励在那里做鱼雷试验的师生，不顾高龄下到潜艇里面去，坚持参加海试。不管艇上风浪多大，一起去的年轻同志都呕吐了，他还是努力坚持。

西工大教务处有一个管排课的老教务员退休了，大家商量出点钱欢送。王培生说："大家都不容易，我家有两个教授，如果要花钱，就我来出。"组织活动的刘振荣同志说大家出钱是一个心意，王培生却说："以后这些事情需要用钱，你就给我说，花费我来出。"他时时都在关心着周围的同志，每次出差都请大家吃一顿。这样的事情很多，跟他在一起共事过的同志都念念不忘。

王培生和夫人潘大夫感情非常好，潘大夫说过："当年结婚的时候，王家很穷，家里人也觉得他穷，但是我不嫌他穷光蛋，我就看上他人好，耿直，就悄悄跟他一起出国了。"潘大夫去世以后，王培生一直把潘大夫的相片摆在家里醒目的位置。

王培生非常爱他的孩子们，对侄儿侄女也很好，对孩子们的要求是努力学习、努力工作。他有三个女儿，青年时代遇到"上山下乡"，社会上也出现"知识越多越反动""读书无用论"等思想。在这种不正常的环境下，他仍然要求孩子们要努力用功读书，三个女儿在学习上都取得了很好的成绩，为国家建设事业做出了贡献。

（整理：张伟伟　梁　晶）

主要参考资料

乔志德同志遗存的资料.

黄玉珊（1917—1987），江苏南京人，中央大学土木系毕业后考入首届机特班，1940 年获斯坦福大学博士学位。历任中央大学航空工程系主任，华东航空学院、西安航空学院、西北工业大学飞机系主任，航天部一院强度所所长，是我国航空航天界著名结构强度专家和教育家。

航空航天结构强度专家：黄玉珊

　　2013 年 11 月 7 日，西北工业大学航空学院为纪念中国力学泰斗和西工大航空学院结构强度专业创建者黄玉珊，建造的塑像初稿完成，他的四女儿黄其青教授（也是航院强度专业，女继父业）约我和傅祥炯老师第二天去塑像加工所在地西安交大看看，毕竟我们是长期和黄玉珊相处过的同一教研室的成员，希望我们对初稿提点改进意见。

　　揭开蒙布，初看黄先生的塑像，给我的感觉只能用"又像又不像"来形容！这种复杂的感觉至今还想不出来该用什么文字表达。也可想象雕塑家单凭几张黄先生生前的照片来塑造他的铜像，既要貌似，又要神合，有多么困难！

　　黄先生的塑像初稿给我的印象就是貌似而不传神。这个意见可难倒了创作者，反问我"怎么改可以传神？"当时问得我哑口无言！

　　回家路上我在想如果雕塑家把我在下面要讲的黄先生的几个小故事读过，也许塑像可以改得传神一点了！读者可以批我大言不惭，但是我心中的黄先生的的确确就是那么生动传神的。

神童黄玉珊

老早就听说华航有个 23 岁的神童教授。1956 年华航迁到西安成为西安航空学院，我们西迁飞机系第一届学生很幸运由黄玉珊教授来上"航空概论"课（现在想象不到一个大牌教授会去上这种科普性质的概论课）。算起来黄先生当年 39 岁还不到。第一节课大家静候在西平一大教室里，只见一位穿着灰色紧身西服（显然是西方版式）、戴着樱红领带的青年教师小跑着上了台阶，站到了讲台上。当年西安也只有西北大学比较出名，所以名校上海的交通大学和南京的华东航空学院西迁西安，很受当年的省市领导重视。陕西省广播电台的记者和录音人员早已经递过话筒，等他开讲，准备报道。黄老师的第一句话是，"我是黄玉珊，今天给各位新同学讲'航空概论'。"台下一阵掌声，然后很快安静下来。"航空概论，首先要回答大家的是飞机为什么会飞的问题……"我就这样第一次见到了黄玉珊教授，第一个印象就是教授也可以这么年轻潇洒，不一定是胡子一把、步履蹒跚、戴着深度近视镜的样子。

魅力黄玉珊

说句实话黄教授讲"航空概论"的水平相当一般，因为几个大班同时开设"航空概论"课，许多同学都逃到隔壁王克等青年教师讲课的大班上去听课了。记得系里还要求我作为大班班长应该维持听课纪律，说服大家不要乱窜，还说听课不是听戏，要看真正的讲课内涵。大家觉得黄先生口才一般，不像王克那样非常有"煽情"本领，讲得生动，很合年轻人的胃口。

到了 1961 年我毕业留校，到了黄先生的飞机结构强度教研室时才领略了他的真正魅力。

首先是他的独特作息习惯：每天清晨四点起床，读书看论文，九点钟到飞机系办公室处理公务。系秘书韦素恒非常敬业，早已把系主任要处理的公务文件准备妥当，一般他会将公务文件分成三类，第一类就是可以闭着眼睛叫黄先生签字的；第二类则是系秘书要对他稍作解释即可签字的；第三类则是比较重要的决策性文件，需要系主任带回家仔细斟酌后签字的。黄先生将这些没签字的文件带回到教研室处理业务问题，听取业务骨干汇报教学和科研进展，交代布置下一阶段任务，大概到上午下班回家。下午就一头扎进图书馆，主要是外文阅览室，翻阅最新学术动态，查阅有关强度方面的最新论文，做卡片（就是把论文摘要和理解心得写进去），仅1954年春到1956年夏，他制作的文献索引卡片就达1 600余张，尔后利用零碎时间坚持了这项工作。除了写下大量研究笔记之外，他从1953年8月开始写日记，直至逝世，35年未间断。日记共有42本，其中个人与家庭琐事甚少，多为工作考虑、学习心得与讨论纪要。在没有计算机的时代，黄先生用数以千计的读书卡片证明了他的勤学与毅力，逝世后也为我们留下了一笔巨大的财富。黄先生晚上九点钟上床睡觉，日日如此。办事效率非常高是他的一个特点。他很早就"发明"了教师定量考核方法，例如把教师工作安心程度、业务水平、教学效果等划分为10级（满分是10分），然后用一个大于1的加权系数乘以强调的那项，小于1的乘以次要的那项，然后代入一个"黄氏公式"（可能包含加减乘除甚至平方、开方运算），即可算得每人得分。高低排列，分数面前人人平等，大家无话可说，因为在决定加权系数的时候他是征求过大家意见的。他的行政领导能力可以用干脆利落来形容，显示了他有个性的领导风范。

其次是他的业务能力，大家就是大家，黄先生永远站在学科的最前沿。"文革"时期有人批判他的"德尔塔比零"的理论（数学上"δ"念作"德尔塔"，是"小量"的意思，$\delta/0=\infty$是公认的一个定义），意思是说黄先生只做开端的一点工作（δ），好比是狗熊掰苞谷。其实黄老师的本意是鼓励大家去做开创性的研究，即使做一点也是很了不起的。

他早年从事结构力学、板壳力学、稳定理论方面的研究，造诣很深。以后又根据发展需要，开展了结构振动、气动弹性、热强度、疲劳定寿、断裂力学、损伤容限和结构可靠性等学科的研究，为我国航空、航天教育和科研事业做出了开创性的贡献。黄先生还有个理论就是"最大斜率理论"：他希望大家去找学科中发展斜率最大的方面去努力，不要把力量放在发展势头已经平缓的方面去。这个理论也在"文革"中遭到莫名其妙的批判，现在已经想不起来是捏造的何种罪名。结构强度教研室每个新领域都是他带头开辟的，而当新的学科点建立成长起来后，他就会根据学科发展和工程需要转移到更新的领域开辟新的研究。1962 年，我国自行研制的第一代运载火箭重入大气层时发生摇摆，黄玉珊应邀参与故障诊断与质疑，产生了要加强研究气动弹性力学的想法。1963 年，在黄玉珊指导下，赵令诚编著了国防工业院校统编教材《气动弹性力学》，这是我国有关气动弹性力学的第一本著作，并把西北工业大学飞行器结构强度专业 64 届本科班改为气动弹性专门化班，培养了我国第一批气动弹性专业人才。随后在赵令诚教授带领下，朱思俞、姜节胜、缪瑞卿、张保法和杨智春等先后开展了歼教-1 飞机颤振模型试验、导弹弹翼超音速风洞颤振试验，歼-6 改型机机翼、歼-7 改型机机翼、大型运输机的 T 形尾翼颤振和飞机壁板非线性的颤振分析与试验研究，在国内有较大影响。

黄先生重视从工程实际中提炼学科研究新方向的做法，至今还是值得倡导的。这些他创立的学科点一直发展壮大。事实证明批他"$\delta/0=\infty$"和"最大斜率理论"的做法，是对他的本意的曲解。

黄玉珊的治学思想是广与深相结合，他认为学问要在广的基础上求深，深而再广，广而再深。1959 年他觉得应该写一本供教师任课和科研用的《飞机结构力学》，写成后印出。当时包括他的优秀学生朱思俞都说，初读这本书觉得尽是骨头，但是越读越觉得这本书提纲挈领，推演精练，概念准确，见解独到，的确是一本用华罗庚读书"厚薄法"才能读出它的味道来的好书！这也说明了黄玉珊的学问博大精深。

西工大一般力学学科（现在改名为"动力学、振动与控制"），当时是全国唯一的一个国家重点学科。它成功通过申请，完全与黄先生的"功劳"分不开。他说，当时大家心里并没有数，都不敢申请，黄先生就在会上说"那么我们西工大来一个"，于是上报且申请成功了，可见他的影响和威望有多大。

百折不挠黄玉珊

黄教授的后半生是在一波一波政治运动中度过的，可以想象无论从哪个角度他都有"资格"受到冲击。无疑，最大的莫过于在"文革"中所受的冲击了！但是对于此，黄老师心中却非常坦然：1978年陪他出差上海，他对我说，除了出身不好，我爱国爱党爱事业，又没做过贪污等坏事，所以相信每次运动都会过关。他心中并不害怕，所以素有"老运动员"之称号。

1967年"文革"高潮，作为"反动学术权威"的黄玉珊受到空前的冲击。我记得许多他过关的事。一天，红卫兵小将把他和姜长英（中国著名航空史学家）等老教授关进当时西工大研制的"延安一号"飞机机舱里，要他们自己开舱下飞机，据说他们七手八脚也没能把机舱门打开，于是给他们戴上一顶"饭桶教授""草包专家"的帽子。黄老师对此只是笑笑，还对人说"是不是他们把门反锁了"。还有，当时航空部飞机强度所（当年在耀县），为了做轰-6全机强度试验，设计了一个硕大的一号厂房，黄先生作为专家之一参加了方案审定，完工后轰-6全机推进去上翘的尾翼竟然露出门外，红卫兵抓住这点批斗他，写了一个"破坏国防建设认罪书"，要他签字。他看了半天，对造反派头头说，当时开会审定时，把飞机的三面图剪成纸样，从各个角度放进去过，怎么会出这样的问题呢？头头说，那要问你们这些"草包专家"啊？他回答，这个真的不知道了。最后造反派还是逼他在认罪书上签字，他被迫签了，但是悄悄地在后面写了一个附注：当时样机模型是试放过的，今天这样的后果客观上是破坏了国防建设，巧妙地否定了自己主观上的罪行。记得很清楚，当时造反派头头看了后不禁失笑说："这老狐狸，老道啊！"后来不知谁在历史资料里发现了一个同名同姓的"黄玉珊"是国民党蓝衣社（反共的特务组织）的骨干，不断批斗黄玉珊，但他就是个不承认。工宣队和造反派设计了一个圈套，想突然把对他的批斗上升为全系的规模，要他认罪，而且在会场周围刷满了每个字有一米见方的大标语："打倒蓝衣社特务黄玉珊！""国民党特务黄玉珊不投降就叫他灭亡！"黄玉珊被押进来时，并没有什么特殊的表情，非常镇静。一阵惊天动地的口号后，他们开始了凶猛的火力批判他的各种罪行——从反动学术权威到破坏国防建设，最后转到揭露国民党蓝衣社特务黄玉珊。批判人愤怒质问他："你是不是蓝衣社特务黄玉珊？"答复："我不是，不认识这个人。"于是又一阵口号："黄玉珊不投降就叫他灭亡。"突然，会场上一个同教研室的中年人蹿到讲台，一把紧紧地从背后揪住低头弯腰的黄玉珊的衣领，大声质问："你这老狐狸，你敢说你不是蓝衣社特务？"大家被这突然的情景吓呆，黄玉珊却因为憋气晕倒在讲台上，一时不省人事。还好，主持批斗会的工宣队长比较人性，驱走那位极"左"分子，松开他的衣领，暂停了批斗，黄先生才缓缓醒了过来。然后，工宣队长宣布会议提前结束。我目视着被同学领走（去学生宿舍的"牛棚"）的黄老师，心里觉得不是滋味。没想到工宣队一位队员走过来对我说："姜节胜，你今天去看着他，一步不许离开，晚饭时学生给他打饭，你也别离开，换着吃饭。"然后咬着我的耳朵悄悄叮咛小心意外——那时经常有被批斗对象趁看守疏忽，跳楼自杀事件的发生。我很吃惊，我向来是被视为不可依靠的"右倾"人物，今天怎么会领受这么个"革命任务"？但是立即又感到紧张，自问黄老师真会自杀吗？如果是，我一个人怎么能看得住？故向工宣队提出至少再派一个人协助我，答复是不派教师了，就叫学生和我一起看着他。到了学生宿舍，黄玉珊提出来要在学生床沿上坐一会儿休息一下，我们当然答应了。在我们眼里，近50岁的他已经属于"老先生"的范畴，因为记得胡沛泉老师在我1961年大学毕业时是40岁，已经有人叫他胡老了，所以还是要对他们客气点。大概过了十分钟，我发现黄先生的屁股不断往床里边移动，又过了十分钟，他人已经靠在学生叠好的被子上了，我出去打了一壶水回来，他已经在那里打呼睡着了。哈哈，看来我的任务很轻松，他根本没有把今天突然升级批斗当一回事啊！过了许多年，1978年我和他开玩笑问，黄先生你当时怎么能睡得着啊？他答，我不是蓝衣社的，所以不应该紧张啊，站了半天累了就睡着了。蓝衣社的事一直没查清楚，到了"文革"后期，领导们想把这件悬案了结一下，于是大家商量一下，决定专案组出面和他做一次最后的"拼刺刀"。于是由学生把在楼下劳动（拔草）的黄玉珊叫了上来，他讪讪地站在那里。主持人问："你应该做点什么？"他反问："不知道应该做点什么啊？""举红宝书（毛主席语录），祝福毛主席和林副主席啊！"于是他一摸口袋，没带语录本子。工宣队说："算了，你就是这样，到现在还是连最最基本的程序都不清楚。今天叫你来，是我们已经掌握了你的蓝衣社身份的充分证据，但是人民还是想给你一个最后的机会。现在问你，你是不是蓝衣社骨干黄玉珊，如果是，赶紧坦白交代，仍算你自首。如果你认为不是，可以立马走人。"没想到黄玉珊听了一点犹豫也没有，真的拿起边上的工作服，一个快转身就想走人！我们忍不住要笑。主持人大声吆喝："回来！黄玉珊，你真是死不悔改啊！"黄先生却说："是你说的啊，不是就走人么！"这下把主持人气晕了，一声"滚"，把他逐出门外。我们这些参加会议的人面面相觑，于是一场有史以来最最简短的批斗会在出乎意料的结果中提前结束。

还有一件事也是令人忍俊不禁，那是1970年我们飞机系大部分教师带领毕业班学生去南昌，参加"井冈山一号"飞机设计研制，黄玉珊作为刚"解放"不久的专家在"群众监督下"参加工作。他和大家一样挑灯夜战，加班加点，用手摇计算机算飞机强度，出图纸。对样机做了部件的强度试验（机翼和机身等），在做后机身强度试验时，大家很紧张，因为大开口大大削弱了它的强度，大家没有经验，等加载到85%载荷时许多人攥紧拳头，手心都出了汗。可是当大家的目光转向黄玉珊时，却发现他并不在现场。这令工宣队领导很为不悦，叫人去找，结果说他上街玩儿去了！回来后，对他一顿训斥，得到的回答竟是，没有人通知他，他以为自己属于另类（即所谓"帽子"拿在群众手里的另类人），没资格参加关键部件试验，所以心情不好上街散心去了！真是叫人啼笑皆非。

当时南昌物资供应远比西安好，所以经常看到他左手拿着荔枝吃着，右手摇动计算机手柄。到9月中旬因为林彪出事，说"井冈山一号"是为了他南逃准备的飞机，所以就匆匆散伙（实在可惜）！他回到西安对我说，南昌之行过好的伙食使他发福，皮带松了两个扣，连颈围都增加了几个厘米。

政治上的"老运动员"黄玉珊，一直平安地从各次政治运动中走过来。因为他实在是心中无愧，对什么情况都能应付自如！那种坦荡和从容不是所有人都能具有的。

诙谐黄玉珊

当年政治气候正常时，到了年终，教研室都要开一次茶话会贺新年，最后每人要表演一个自己的节目。轮到黄先生时，则是他年年不变的"笑话"——《我的名字叫黄玉珊》。说的是，1939年他从英国伦敦大学帝国理工学院航空工程系学习，获得硕士学位后乘轮船西渡美国，去斯坦福大学攻读博士学位。在漫长旅途中，去餐厅就餐，常遇见一位法国朋友，每次他餐毕均要用法语祝黄先生胃口好，黄先生不懂法语，以为是问他姓名，所以有礼貌地起身答"黄玉珊，黄玉珊"。后来每每就餐遇见他都这样问答，引起他的怀疑，怎么那个法国佬记性那么差？问了懂法语的同舱朋友，才知道原来是个误会。一次又在餐厅遇见了，这次是黄玉珊先吃完，于是走到那位法国朋友面前用刚学会的那句法语祝他胃口好，不料，那位朋友却用中文回答："黄玉珊，黄玉珊！"回到船舱，黄先生笑了半天，并告诉邻友，大家也笑得流出眼泪。他年年重复这个笑话节目，后来除了新人外，我们听了是面无表情了。

再有，1978年夏天他和我去上海参加"运十"大飞机气动和结构强度项目评审，住在上海华东军区专属的"延安饭店"。一天晚上，上海交通大学杨槱教授（中国科学院院士，著名船舶与海洋结构设计制造专家，黄玉珊的妹夫）请他吃饭，时任上海交大党委书记邓旭初也在座，邓曾是华东航空学院筹建时的政治辅导处主任，参加学院筹建工作。黄先生去赴宴时我叮咛他要把出入证带上，因为饭店管理很严，无出入证是不让进的。宴请后邓书记派车把他送回饭店，结果他一摸身上的出入证不见了，门卫要他打电话由我去接他进来，到了房间摸遍全身衣服口袋就是找不见证件，最后自己笑瘫在床上——原来天气太热（那时房间都没有空调），吃饭时大家都脱了短袖衬衫，临走时他把身材相似的邓旭初的衬衫穿走了。果然片刻后，邓书记派车把他的衬衫送回。出差快结束时，他高兴地说上海音乐厅有场音乐会要请我一起去听，原因是前一天我请他吃了一次冰砖。但是音乐会中间他却呼呼大睡，回来还问我后来演出了一些什么节目。时年黄先生60岁，还是像孩子一样不拘小节，大大咧咧。

父亲黄玉珊

黄玉珊有四个女儿，我最熟悉的莫过于他的二女儿黄其惠，因为1981年春我去美国马里兰大学做访问学者时，她已经早我一年在那里读物理系硕士。尽管我年龄大于她多岁，但因人生地不熟还是处处受她的照顾。我赴美临行前，问黄玉珊老师是否要带点什么，回答是不需要了。黄其惠非常能干，从小就是优秀生，初二从北京师范大学二附中直接保送上高一，有过"黑五类"和"上山下乡"的经历，1972年起在陕西师范大学物理系就读，毕业，工作。但是"文革"一结束，她就重整旗鼓，不久就第一批出国留学。她的能力不能不说是受到黄老师的基因影响。记得出国要考英语，大家对口语关（当年还是面试的形式）十分头痛，她却顺利过关，从考场笑嘻嘻出来后，大家问她有何诀窍，她说："告诉你，口语考试每人就是十分钟，如果十分钟掌握在考官手上，那就死定了，所以考官问我一个问题我就主动掌控，滔滔不绝，不让他插话，把十分钟用完就行了。这样既掌握了主动权，又给了考官很好的印象。"这不是很聪明的办法吗？因为她是最早到美国的留学生，加上又在华盛顿特区，大使馆把她作为留学生和使馆联络的纽带。而她虽然学业紧张，还是对整个华盛顿地区的留学生都非常关心。

小女儿，老四，黄其青，也算是我熟悉的，"子继父业"，一直在航空结构强度战线奋斗，主要研究结构疲劳、断裂、可靠性分析。她不靠两个姐姐在美国的影响而出国，一切也有自己独立的想法，问她为何不出国，她回答，"在国内发展也很好"，脾气也像其父。她在西工大航空学院当教授，还当过航空学院副院长，任劳任怨办事，一副和蔼可亲的样子，学问也做得很好。

黄玉珊先生身为我国航空结构强度的研究前驱，不仅留学英美学成后毅然回国，还毫不犹豫地远离富饶的故乡南京来到当时艰苦的西北创业，一辈子无怨无悔地把自己的学识贡献给西安航空学院和后来的西北工业大学，他的行动就是西迁精神的最佳体现。他离开我们快30年了，他是值得我们航空人心里永远铭记的一位长者，一位贡献突出的航空航天结构强度专家和教育家。

（执笔：姜节胜）

    王宏基（1912—1996），江苏吴江人，发动机专家，航空教育家，超音速燃烧研究的学术带头人。1933 年毕业于上海交通大学电机学院电力门，1934 年公派意大利都灵皇家工学院攻读航空工程，1937 年抗日战争开始不久回国。曾任成都空军机械学校教官，1940 年在贵州遵义任国立浙江大学教授，1944 年应聘到昆明西南联合大学任教授。1947 年任交通大学航空工程系教授、系主任。1952 年后任华东航空学院、西安航空学院和西北工业大学航空发动机系教授、系主任。

    他毕生致力于航空工程教育，在内燃机、航空叶轮机、航空发动机原理和燃烧学的教学和科研方面有突出的成就，培养了一大批航空发动机工程技术人才，著有《内燃机》《航空叶轮机原理》等专著。在我国航空发动机专业建设和科学研究方面起了重要作用，为中国现代航空工程教育事业的发展做出了重要贡献。

航空发动机工程教育的泰斗：王宏基

    航空发动机被誉为"工业之花"和飞机的"心脏"，是一个国家科技、工业和国防实力的重要标志。中国航空发动机工业是在一片空白的基础上发展起来的，从最初的仿制、改进到可以独立设计制造高性能航空发动机，走过了一条布满荆棘的发展道路。提到航空发动机，就不得不提到我国著名航空发动机工程教育专家、超音速燃烧研究的学术带头人、首批博士生导师王宏基教授。

少年立志工业救国

王宏基教授，1912年1月26日生于江苏省吴江县，中学毕业后投考交通大学电机学院。录取后入交大电机学院电力门学习，1933年毕业，获工学学士学位。先后在无锡戚墅偃电厂、上海亚光电器制造厂任工程师。1934年公派意大利留学，在意大利都灵皇家工学院攻读航空工程。1937年抗日战争开始不久，他回国到成都空军机械学校任教官。1940年赴贵州遵义任国立浙江大学教授。1944年应聘到昆明西南联合大学任教授。在浙大和西南联大期间，主要为高年级学生讲授空气动力学和实用空气动力学，并指导空气动力学实验。

抗日战争胜利后，1947年，王宏基担任交通大学航空工程系主任，组织建立了中国第一个活塞式航空发动机试车台，该试车台后来在华东航空学院、西安航空学院和西北工业大学成立初期都发挥了很大作用。

1952年国家院系调整时，由交通大学、南京大学（原中央大学）、浙江大学三校的航空工程系合并成立了华东航空学院，王宏基教授担任华航航空发动机系主任。

1956年秋，华东航空学院奉国务院之命由南京迁往西安，改称西安航空学院。1957年夏，第二机械工业部和高等教育部决定西安航空学院和咸阳的西北工学院合并成立西北工业大学，王宏基教授是筹建委员会成员之一。从西安航空学院到西北工业大学，王宏基教授一直担任航空发动机系主任，1980年起任名誉系主任，直至1989年退休。

内燃机专业方面著述颇丰

新中国成立初期，高等学校特别是理工类院校，一般都选用国外现成的教科书作为教材。从长远考虑，要发展我国自己的高等教育，就必须有适合自己国情的、高水平的教材。王宏基教授花费了很大精力，编著了《内燃机》一书，该书1951年由上海龙门联合书局出版发行，颇受内燃机专业界的欢迎。当时被清华大学、天津大学、山东大学、江南大学等院校的相关专业选用，一些内燃机制造厂也把该书作为设计参考资料。

1952—1953 年，为着手我国高等院校的教材建设，高等教育部选择了一批苏联教材分给各院校组织翻译，并将译本择优推荐为高等学校教材试用本。其中 A.C.Орлин 等著的《内燃机》一书，高教部指定要王宏基翻译。王宏基凭借他在内燃机专业方面深厚的造诣，顺利译完了这部专著，并于 1953 年由上海龙门联合书局出版。王宏基的译本被高教部推荐为高等学校教材试用本。

1959 年冬，西工大等几所国防高等工业院校划归原国防科委领导。国防科委在航空工程类院校选聘部分专家学者组成航空技术委员会，王宏基被聘为该委员会成员。翌年，国防科委组织选编各专业教材。王宏基受命主持了航空发动机专业教材选编会议。会后，王宏基又负责编写了《航空叶轮机原理》一书，并于 1961 年由北京科教出版社出版发行。该书成为各航空院校的主要教材，后来也成为各航空发动机制造厂和设计部门的主要参考资料。

"文革"期间，王宏基虽然受到严重冲击，但他不计个人恩怨，仍于 20 世纪 70 年代初欣然参加了对美国 NASA SP—36 修订版《轴流压气机气动设计》的翻译工作。该书于 1975 年由国防工业出版社以"秦鹏"的笔名出版发行，受到航空科技界的好评，被公认为是一部高质量的好译本，也是一部很有价值的教学和设计参考资料。

在西工大航空发动机系，王宏基总是想方设法帮助年轻一代教师更快更好地成长。为了提高教师的英语水平，王宏基组织他所在的航空发动机研究室教师翻译了《燃烧空气动力学》和《燃气轮机燃烧室设计和性能分析（设计方法和研制技术）》两本书。王宏基对译稿做了耐心细致的修改。后一本书于 1982 年由航空工业部承印内部发行。该书对燃气轮机燃烧室的设计和研制具有很大的实用价值。

王宏基一贯重视高等学校的教材建设工作，他曾任航空工业部、航空航天工业部航空院校教材编审委员会副主任，为航空高校教材建设做出了贡献。

创建西工大喷气发动机试车台

对于工科教育来说，实验是重要的环节，要实验就要有实验室和实验器材。1957年，西工大建校不久，还没有完整配套的实验室，这将会严重影响教学工作和科学研究的开展。于是，王宏基着手在航空发动机系筹建实验室。当年，他筹建了喷气发动机试车台。为保证试车台顺利建成，从联系设计单位，到订制消音砖等事宜，他都亲自负责。试车台架建成后，他又亲自组织人员进行技术验收。喷气发动机试车台为进行教学实验、喷气发动机喘振试验和科学研究创造了条件。在他的亲自组织和关心下，航空发动机系先后建成或购置了单、双级轴流压气机试验器、扭力测功仪，激光测速，激光全息测试等实验设备。为了开展对燃烧理论的试验和研究，王宏基参与了专门用于研究发动机燃烧情况和燃烧学实验的D-72燃烧试验器的设计、建造和调试工作。

这批实验室在教师从事科学研究、本科生实验技能的培养以及研究生进行课题研究等方面发挥了重要作用。

注重航空发动机人才培养

1958年秋，应沈阳黎明机械厂设计所邀请，王宏基带领一批专业教师和毕业班学生赴该所参加"红旗二号"涡轮喷气发动机的设计工作。王宏基认为，这是让青年教师在实践中锻炼提高和毕业班学生理论联系实际、真刀真枪练习的极好机会。他要求教师和学生都要珍惜这次机会，认真对待设计。王宏基言传身教，使大家都得到了理论联系实际的锻炼。

在他的倡议下，航空发动机研究室教师集体学习计算机语言，为掌握计算机程序设计打下了基础。他还组织教师们轮流讲授环形燃烧室的计算机程序设计，使大家更好地熟悉了这门技术。

王宏基是国务院学位评审委员会第一批批准的博士研究生导师。为了扶掖后辈，他聘用学术造诣较深的中青年教师为博士研究生副导师，这些副导师后来均被批准为博士研究生导师。在燃烧学、发动机原理和航空叶轮机原理等方面，他为国家培养出了一批合格的博士。

为了让出类拔萃的硕士生和博士生了解世界科学技术发展的水平和动态，他总是尽力推荐，并多方为他们联系和落实接收单位与指导教师。如现任总装备部副部长、十八届中央候补委员刘胜中将就是王宏基教授推荐到美国马里兰大学与西工大共同培养的博士。凡在他名下录取的直接派赴国外攻读学位的硕士研究生，他也总是热情地为他们联系并落实导师。

蔡元虎是王宏基培养的第一位航空发动机专业博士，也是我国自己培养的第一位航空发动机专业博士。蔡元虎现任西工大教授、博士生导师，曾任西工大动力与能源学院院长。

蔡元虎是这样回忆王宏基教授的："在教学、科研、论著撰写和管理工作中，王老师始终坚持和倡导实事求是、认真严谨、一丝不苟的治学态度和工作作风。我至今清楚地记得，王老师曾把我的博士论文先后修改过三次，每次修改都很认真。他要求论文中的全部公式都必须自己亲自推导一遍；引用他人的每个结论、每条曲线、每一句话，都应注明是哪一本参考文献；甚至连标点符号也予以纠正和修改。因教学需要，我曾细心拜读过王老师编著的《内燃机》一书（1951年龙门联合书局出版），深为王老师严谨治学的学风所折服，书中的每一句话、每一个词、每一个字使用得恰如其分、合情合理；在本书中，除每章附有习题和答案外，还专门加写了一节如何求解工科专业习题的思路和方法。遗憾的是，这本书还回图书馆后，第二次去借，再也没有找到。我身边珍藏着王老师主持翻译、审校的《轴流压气机气动设计》一书，共76万字，书后附有365篇外文参考文献，译著文笔流畅、信雅达准、图文并茂、朴实无华、令人折服。"

航空发动机燃烧科研成果卓著

1961年，王宏基开始从事燃烧学的科学研究工作，撰写了《空气喷气发动机中燃烧室的模化问题》的论文，从而在国内航空界率先开始了这一领域的科研工作。

党的十一届三中全会以后，王宏基乘改革开放的大好形势，综合了国外大量的科技信息和资料，预见到超音速燃烧冲压发动机在空天飞行器上应用的可能性和有利因素，于 1979 年提出"瞄准世界科技前沿，开展超音速燃烧研究"这一有远见卓识的建议。

1984 年王宏基在中国航空学会第四届燃烧学术交流会上，应邀做了《当前航空发动机中燃烧科研的发展趋势》的报告，着重阐述了计算燃烧学的问题。

王宏基支持并组织航空发动机研究室的教师、研究生赴国外研究超音速燃烧问题。在王宏基的倡导下，西工大从 1984 年在国内率先开始招收超音速燃烧研究方向的硕士研究生，1987 年在航空发动机博士点内设立超音速燃烧研究方向并招收博士研究生。在经费少、各方面都很困难的条件下，王宏基创建了国内第一个"超音速燃烧"课题组，更深入地开展有关超音速燃烧的研究。他与原航天工业部第 31 所协作，在国内率先完成了超音速气流中氢气自动着火与燃烧的实验研究。超音速燃烧课题组艰苦奋斗，自力更生，经过十余年的努力，终于获得了大量的研究成果。1993 年 1 月，由课题组成员刘陵主笔撰写出版的专著《超音速燃烧与超音速燃烧冲压发动机》获 1994 年第四届中国图书奖，1995 年又荣获国家教委第二届全国高校出版社优秀学术著作特等奖。而课题组的"超音速燃烧技术"和"超音速燃烧机理研究"分别获 1995 年度国家教委科技进步三等奖和 1995 年度航空科学基金二等奖。

高风亮节，赤诚之心

蔡元虎是这样回忆王宏基教授的，王老师从 1947 年起担任交通大学航空工程系主任，后任华东航空学院航空发动机系主任、西安航空学院航空发动机系主任、西北工业大学航空发动机系主任，几十年身处领导岗位，从来不说一句违心的话，不做一件违心的事，句句话实事求是，件件事实事求是。就是在"反右运动"和"文革"运动中也是如此。这种实事求是、严谨认真的作风是多么难能可贵、崇高伟大！

在王宏基重病住院和病危之际，蔡元虎曾两次去上海看望他。每次去王宏基都要同他谈系里的教学、科研、学科建设和教师队伍建设，蔡元虎从内心深处感受到，王宏基的一生与祖国的航空教育事业紧紧连在一起。

王宏基不仅具有爱祖国、爱人民、热爱航空事业的赤诚之心、认真严谨的治学态度，而且他崇高的道德风范在国内航空界亦是有口皆碑。

他的亲戚、朋友、学生中，有许多是政府要员，如费孝通是他的亲戚，钱学森、梁守槃院士是他的朋友，原国家教委主任何东昌教授、上海交通大学校长翁史烈院士、总装备部军兵种部部长刘胜都是他的学生，但王宏基一生淡泊名利，从不利用这些关系为自己办一件事，也不向外人宣扬。

蔡元虎说，师从王宏基教授15年，从来没有听到王老师有贬他人之言，对任何人，他都以诚相待、公正坦率。他一生正直、宽厚、善待他人、乐于助人。蔡元虎还提到自己对某些人的言行有意见，向王老师反映后，他总是从正面和积极的角度去看待这些人的言行。事实证明，王老师这种分析和处理矛盾的做法是正确的。以宽大的胸怀、厚道的心理去处理人民内部矛盾，必然能化解矛盾，有利于团结。

作为王宏基的学生和晚辈，蔡元虎等人有时在王老师过生日时给他送一点生日礼物，但事后王老师总是变着花样加倍偿还给他们。"文革"初期，由于极"左"路线的影响，王宏基主动交出了家中所有的金银首饰等财物。党的十一届三中全会后，党组织多次要他呈报上交的财物数量，以便退赔。王宏基认为国家尚不富裕，自己的生活已有保障，坚持不要政府退赔，学校在西工大校报上专门宣传了王宏基的高风亮节。"文革"中，王宏基被下放到西安郊区小新村劳动，当他看到村里的社员缺乏衣服时，就把自己家许多衣服送给社员。

王宏基为祖国的航空和教育事业默默耕耘了一生，留给我们永远的思念。他爱祖国、爱人民、爱学生、爱航空事业的赤诚之心，认真严谨的治学态度，崇高伟大的道德风范，永远激励他的同事们和学生们为祖国的航空事业而努力奋斗！

（执笔：刘银中　王一宁）

谢安祜（1911—1990），江苏武进人，航空航天发动机专家和教育家，西北工业大学成立初期著名的八位二级教授之一。

西工大航天学院创建人之一：谢安祜

从教一览

谢安祜 1935 年毕业于交通大学机械学院铁道机械系，1937 年至 1938 年在重庆中央大学航空工程训练班（研究生班）学习。1939 年谢安祜在中央大学航空工程系任助教期间，以优异的成绩考取了第七届中英庚款公费留学生，但因欧洲战火不息，改赴北美留学（与郭永怀、钱伟长等人同届）。1940 年至 1941 年谢安祜在加拿大多伦多学习，1941 年转入美国，先后在麻省理工学院和加州理工学院攻读研究生。

1944 年至 1946 年，谢安祜在美国诺伊顿大学航空工程系任助教、副教授。1947 年初返回祖国，在国立中央大学（新中国成立后易名南京大学）航空工程系任教授，在国内率先开设了当时为学术前沿的"喷气推进原理"。从 1948 年秋至 1952 年夏，他一直担任南京大学航空工程系主任。

1952 年秋全国院系调整，南京大学、交通大学和浙江大学三校的航空工程系在南京组成华东航空学院，谢安祜任航空动力学教学小组负责人。1956 年，华东航空学院西迁成为西安航空学院。1957年，西安航空学院和西北工学院合并成立西北工业大学。他和王宏基教授一起筹建了七系（航空发动机系），并担任副系主任。除了行政工作，他始终坚持教学，讲授高等数学、实用气体动力学和叶片机。

1956年，谢安祜加入中国共产党。1959年，他受命和另两位教授一起创建八系（导弹工程系，后易名为宇航工程系），并担任火箭发动机教研室主任。

进步教师

谢安祜为人坦诚，富有正义感。1947年他留学回国时，正值国民党在军事上开始失利，社会上腐败盛行，通货膨胀，民不聊生。他不满国民党的反动统治，对地下党领导的中央大学学生运动表示理解与同情。当学生们为参加"5·20"反饥饿、反内战、反迫害的游行在学校操场集合时，作为进步教授之一的谢安祜也去看他们，并谈话表示支持。

新中国成立初期，南京大学在共产党领导下所开展的一系列活动中，谢安祜都积极参加。教学工作中，他认真负责，看到助教人少事杂，他尽量自己多做些，以减轻助教们的负担。鉴于谢安祜在群众中很有威望，学校成立校务委员会时，他被任命为校务委员。

开创奠基

谢安祜在西工大七系任系副主任期间，主管教学，他竭尽全力狠抓教学。他既重视发挥教师的积极性，又很注意调动学生的积极性。五三级学生班班长回忆说，当时有一批年轻教师指导他们班的毕业设计，个别教师不负责任（每周只来教室一两次，且看一眼就走）。为此，同学们就向系里反映，谢安祜得知后，马上约谈了那位老师，使那位老师的教学工作有了明显的改进。除了负责系里的工作，他尤其为航空发动机专业的建立做出了开创性、奠基性的贡献，并使该专业与相应的教研室迅速成长。

1957年，学校领导高瞻远瞩，从五系（飞机系）和七系（航空发动机系）等系分别抽调多名年轻教师和学生去北京航空学院学习火箭专业，同时成立了八一研究室(动力研究室)。1958年,学校又从五系、七系等抽调几届部分师生(包括五五级一些学生)进入该研究室,开始研制西工大第一枚探空火箭。1959年,学校正式成立了八系(导弹工程系)。为了尽快出人才,当年三年级、四年级一个小班从七系转入八系。早在八系建立初期,谢安祜和许玉赞教授、陈士櫓副教授分别从七系和五系调入,被寿松涛校长称为"三个老母鸡"的三位专业负责人,在建设和发展(导弹工程系、宇航工程系)的过程中发挥了不可替代的中流砥柱作用。谢安祜也不负众望,孵出了小鸡——创建了火箭发动机专业,担任教研室主任。

严师益友

和我国老一代学者一样,谢安祜治学态度严谨、严密、严格,对工作极其认真,一丝不苟,且秉性耿介、不苟言笑。初次和谢安祜接触,也许会感到敬畏,不可接近。确实,谢安祜对年轻师生要求严格,遇到问题绝不含糊。这里可举一例:一次,谢安祜检查他所指导研究生基础课(数学)的学习情况,问学得如何,一位研究生不经意(也是习惯)地回答说"稀里糊涂"。这可把谢安祜急坏了,马上严厉地说,"国家急需人才,你们有这样好的学习条件,必须珍惜,一定要学好……"这件事给这位20岁出头的年轻人震动很大,他也充分理解谢安祜的良苦用心,从此以后就更加刻苦扎实地学习,同时说话也开始注意,不再任性。但和谢安祜接触稍多一些就知道,谢安祜待人宽厚善良,没有一点架子,同时十分关心爱护年轻师生,许多例子说明了这一点。还是在七系时,有次开师生座谈会,有把椅子脏兮兮的没人愿坐。谢安祜说没关系,这和粉笔灰一样,我来坐。到了八系,谢安祜对年轻教师说,你想要学什么课程,我可以给你们讲授。谢安祜也经常深入教学、科研一线。有段时间年轻教师正在热火朝天地研制探空火箭(1959年发射成功),那时一穷二白,大家不等不靠,没条件就创造条件上。为了抢时间,经常是昼夜设备不停,人员轮换。一次,几个年轻教师正在用自己制造的设备往探空火箭发动机内壁涂绝热材料。谢安祜看到后,高度赞扬了他们自力更生、土法上马的精神,对他们不怕困难、自己动手解决技术难题的做法给予了充分的肯定和鼓励。这对年轻人来说是莫大的鼓舞，多年后仍记忆犹新。谢安祐多次来教室检查本科生的毕业设计，还到本科生论文答辩现场评述指导。为培养与训练学生的工程实践能力，谢教授还鼓励本科生参加火箭模型科技小组。一位学生（后来成为他的研究生）清晰地回忆道，有一次，谢老师像长辈一样牵着他的手，带他去七系争取他们的协助（最后我们去咸阳原西北工学院所在地成功地进行了火箭模型试飞试验）。还有一件小事，也充分体现了谢安祐不以老教授和恩师自居而平易近人的一面。那是在 1969 年左右，谢教授的一名研究生（已留校为老师）在校农场大田班劳动（当时校内原家属宿舍北 7 到北 15 为一片麦地，此外还有鱼池）。有一回，鱼池收网捕到很多鱼，那名研究生也分到一条（约有 2 ～ 3 斤重，那时新鲜活鱼可是难得的食材），就随即送给了谢教授。谢教授夫人彭少珍老师（武汉人）也是烹调高手，没想到她做好可口的红烧鱼之后，谢教授又盛了一碗中间一段最好部位的鱼，回送给了那位研究生了，为此这位研究生很不好意思，也深受感动。

谢安祐学识渊博，阅历丰富，早被高等教育部批准为研究生导师，并于 1961 年招收了三位研究生：杨梅生（论文题目《固体火箭发动机不稳定燃烧》），陈福连（论文题目《液体火箭发动机在大干扰作用下的稳定性分析》）和赵嵋麟（论文题目《波纹板连接的液体火箭发动机推力室强度计算》）。1962 年，西北工业大学成立了第一届列入教育部全国统一招生计划的研究生班（全校 20 名），谢安祐招收了两名：陈越南（论文题目《液体火箭发动机的高频不稳定燃烧》）和汪亮（论文题目《液体火箭发动机喷管喉部的传热分析》）。1963 年，谢安祐还招收了一名：葛李虎（论文题目《火箭式飞行背包发动机研究》）。后来，这些研究生大多成为火箭发动机专业的骨干教师。唯一不在高校工作的葛李虎则是航天部有特殊贡献的部级专家，先后任某型号（其衍生品即长征 2，3，4 号运载火箭）和另一型号（相应为长征 5，6，7 号）一、二级液体火箭发动机的副主任设计师和早期主任设计师。葛李虎研究员回忆说，谢教授原先给他拟定的题目是"大推力液体火箭发动机头部设计与燃烧稳定性研究"。虽因故改题，但谢教授当初提出的研究方向以及研究思路与方法对他后来几十年的大推力液体火箭发动机的研究工作有很大的启发与帮助。

令人叹惋的是，后来谢安祐身体有恙，逐渐淡出了他所热爱的教学与科研工作。即便如此，谢安祐始终牵挂着年轻教师的成长，仍十分关心学术动态（例如关注着激光武器的发展），还特别重视理工结合，对校内应用物理系的建设提出了很多宝贵的建议。

教学大师

这里再讲一些谢安祐给本科生讲授"液体火箭发动机原理"的逸事。为了尽早培养出我国自己的火箭技术人员，当时八系实施了"三四五一锅煮"的措施，也即三、四、五年级学生由同一个教师上专业课。不言而喻，对我们这些三年级的学生来说，能和高年级学长在一起听课，本来已经很得意了。又听说，讲课老师正是我们慕名已久的谢安祐教授，那种兴奋之情真是难以言表。

那时新华书店和校图书馆已提供有美国的《火箭推进》和苏联的《火箭发动机原理》等影印版、原版和中译本书籍。此外，系里也有基于苏联专家讲课笔记整理成的内部讲义。但谢安祐另辟蹊径，自成体系（从这点上说，谢安祐是国内开设"液体火箭发动机原理"课程的先驱者）。谢安祐学富五车，每堂课上他给我们讲授的"一杯水"内容，正源于他"一桶水"的知识储备。因此，他讲课总能旁征博引，循循善诱，并唤起我们的求知欲。翻开珍藏的听课笔记本，谢安祐当年给我们讲课的情景仍历历在目，宛如昨天。

以"液体火箭发动机原理"第一章绪论为例，谢安祐首先开章明义，阐明学习目的概括为学后解决的问题，如已知推力等参数计算发动机的尺寸等，交代所用知识，然后展开依次讲述。最后为了引导我们独立思考，养成读书、自学的习惯，激励我们关心国家大事，他给我们出了四道思考题，后两道是：①苏联多次发射的地球卫星、宇宙飞船和弹道火箭的意义如何？技术上的成就如何？②我们的雄心壮志。

谢安祐数学功底深厚，讲起课来总能用简明的数学语言，推理缜密，论证充分，结论明确。这在第三章燃烧室参数计算中表现得淋漓尽致。谢安祐在"圆柱形燃烧室参数间的主要关系式"一节中，给出基本假设，针对一元流运用四个基本方程来求解，推导过程中步步深入，引出许多概念和基本关系式。然后不失时机地让我们课堂讨论，原来，燃烧室末端速度表达式的根号前有正负号，谢安祐便以讨论互动的方式，启发我们一起思考，如何取舍，并解惑释疑，最后让大家明白了取负号的道理。再如，谢安祐在阐述"圆柱形燃烧室的临界状态"时，又顺势引出热力喷管的概念，并对两者加以比较。因概念清楚了，参数的变化及相关性也初步了解了，一些结论也自然就印在脑海了。如圆柱形燃烧室的极限是半热力喷管燃烧室，其他燃烧室一般都可当作压燃烧室等，同样，本章结束，谢安祐提出了复习要求，还给出七道独具匠心的思考题。

值得一提的是，课程结束，为了让我们融会贯通、综合运用所学的知识，同时也为了检验学习成果，谢安祐给我们布置了一个大作业：在已知推进剂、氧化剂剩余系数、燃烧室压力和喷管出口压力的前提下，设计一台地面推力为25吨的液体火箭发动机。考虑到学生们时间有限，他帮我们梳理了详尽的计算步骤，并提供了相应的参考书籍。谢安祐特别强调，参数的选择与设计者的经验以及掌握现有统计资料的多寡等因素有关，勉励我们，原理课学习只是开始，还要到工程实践中去历练。

写到这里，我又想起谢安祐给我小班讲授数学（重复函数等）和专题的情景。他讲课仍是那样深入浅出，执简驭繁。以固体火箭发动机不稳定燃烧课题中的燃烧过程来谈，响应着燃烧表面的微小压力（P）变化，固体推进剂生成燃气离开燃烧表面的速度（V）也必然有微小的变化。两者间有一定的关联，但非同相位，故用其复振幅的比值来表示。于是，$Y=\overline{V}/\overline{P}$ 即被定义为燃烧表面声导纳……一言以蔽之，听谢安祐教授讲课乃是一种享受，听了这次，又盼着下次。既增长了知识，又初步学到了自学、做学问的方法，也更加坚定了有的学生立志当教师的心愿。

深切怀念

谢安祐教授为我国航空工程教育、创建航空和宇航工程系以及航空和火箭发动机专业、指导研究生培养青年教师等付出了大量的心血和劳动，同时也为西工大火箭发动机专业硕士点和国内第一个固体火箭发动机专业博士点的建立奠定了坚实的人才基础。此外，在当时"航空活塞式发动机"还是主流课程时，谢安祐教授在国内率先开设了"喷气推进原理"课。后来，谢安祐教授又与时俱进，在国内率先用自己的讲稿为本科生讲授"液体火箭发动机原理"。为了这一切，谢安祐教授尽心竭力，无私奉献。作为他的学生受益终生，难以忘怀。

（执笔：汪　亮）

胡沛泉（1920—　），江苏无锡人。16 岁考入上海圣约翰大学土木系，20
岁获土木工程学士学位。毕业后赴美国密歇根大学深造，21 岁获土木工程理学
硕士学位，24 岁获得工程力学哲学博士学位。1944 年受聘于美国著名的航空咨
询委员会——兰利航空研究所，3 年中，以优异的工作成绩从副工程师、工程师，
升至高级工程师，时年仅 27 岁。

1948 年，胡沛泉放弃美国优越的条件，回到母校上海圣约翰大学，成为土
木工程系教授。1952 年，全国院系调整，胡沛泉在华东航空学院任材料力学教
研室主任，华航西迁后，任西安航空学院材料力学教研室主任。1957 年，任西
北工业大学数理力学系主任。1960 至 1964 年，任西工大基本理论研究委员会
副主任。1962 至 1964 年，担任科研工作委员会副主任。1964 至 1978 年，任西
工大教务部副部长。1979 至 1989 年，任校学术委员会副主任。1983 至 1988 年，
兼任陕西省力学学会副理事长等职。

一湖清泉润西岳　沛然无声映北斗
——记《西北工业大学学报》主编胡沛泉

在一个阳光如鎏金般镀满大地的夏日清晨，我们来到胡沛泉先生简朴的家
中，他瘦弱的身躯躺在床上，让人不禁有些担忧。可是，当先生刚一开口，我
立刻就意识到，这样的担忧是多余的。他有力地挥着手臂招呼我们："欢迎你们！

请坐在这里，我们慢慢聊。"

尽管已是 96 岁高龄，尽管卧病在床，胡老先生仍然精神矍铄，满面红光，炯炯的目光似乎能洞察一切，洪亮的嗓音伴随着思路清晰的话语，让人忘记了他的年龄。

与胡老先生交谈，自然离不开学报。他让我们在早已准备好的纸袋里，拿出两本《西北工业大学学报》，绿白套印的学报分别是 2016 年第 1 期和第 2 期，翻开封面，目录的下方写着"英文摘要修改：胡沛泉"。

自 1955 年在华东航空学院创立至今，学报已经成为胡沛泉生命不可分割的一部分。如今，卧病在床的他仍然坚持担任西工大学报主编，并承担英文摘要的修改工作。

生于望族，围棋和孔孟之学是他的启蒙教育

胡沛泉出生于江苏无锡一个大家族。由于祖父的重视和支持，父亲胡鸿猷从小就受到了良好的教育。清末，胡鸿猷就读于上海南洋公学，并以优异的成绩考取了留学美国的名额，在宾夕法尼亚大学沃顿商学院取得工商管理硕士学位后回到祖国。当时，国内工商管理人才奇缺，胡鸿猷回国不久就成为江苏银行南京分行的经理，之后，还担任过北洋政府路政司营业科的科长，负责总揽全国铁路经营工作。1930 年，胡鸿猷带着全家回到南方，从此便一直在上海盐务稽核总所工作。

1920 年 6 月 19 日，胡沛泉在江苏无锡出生了。因为父亲工作变动，他先后在南京、北京、上海求学，也因深受父亲影响，他很小就能说一口流利的英语。在胡沛泉看来，6 岁开始学习围棋，对塑造他的思维方式产生了重要影响。

"一开始，我跟着家中的长辈学下棋，很快，我的棋艺就超过了长辈。"对于自己在围棋上的天分，胡沛泉丝毫不掩饰，"围棋需要下一步、看十步，这就很好地培养了我的全局观。"

对胡沛泉一生产生深远影响的，还有他儿时接受的中国传统教育。"我的母亲非常重视子女教育，我从小就学习孔孟之道。长大后我的人缘一直很好，这

就得益于孔孟学说。"孔孟之学，成为胡沛泉为人处世的基本原则之一。

16 岁，高中连跳两级的胡沛泉考入上海圣约翰大学土木系，20 岁，他本科毕业，获土木工程学士学位。同年，胡沛泉赴美国密歇根大学深造，21 岁获土木工程理学硕士学位，24 岁获得工程力学哲学博士学位。

谈起自己在美国的求学经历，胡沛泉自豪地说："在美国我没有花过家里的钱，都是自己一边读书，一边打工挣钱。"他在密歇根大学担任过讲师，还在建筑师事务所打过零工。

仅用3年时间就成为NACA的高级工程师

1944 年，博士毕业的胡沛泉受聘于美国著名的国家航空咨询委员会（National Advisory Committee for Aeronautics，NACA）兰利航空研究所，成为副工程师。一年半后，他就从副工程师升为工程师，之后，又用了一年半时间，成为高级工程师，不到 27 岁的胡沛泉成为当时 NACA 中最年轻的高级工程师。

说起自己快速成为高级工程师的原因，胡老先生说："首先，当时处于二战时期，美国对航空人才的需求量比较大。其次，我在待人接物方面受孔孟思想影响很大，这让我在 NACA 中人缘很好，虽然同事们来自世界各地，但是大家都很喜欢我。"

胡沛泉说的这两项原因固然很重要，但是如果没有扎实的学术功底和优异的工作成绩，以 3 年时间成为 NACA 的高级工程师是绝不可能的。

在此期间，胡沛泉曾与美国的布狄安斯基等人共同发表《获得固支板临界应力上限及下限的拉格朗日因子法》等 5 篇论文。胡沛泉还曾给布狄安斯基讲过课，布狄安斯基后来成为国际著名的应用力学家。

"1948 年，他放弃了美国优越的工作条件和丰厚的生活待遇，回到他的母校上海圣约翰大学任土木系教授。"胡沛泉个人简介中这样写道。

对于自己回国的原因，胡沛泉打趣地说："我在美国发展得一帆风顺，毅然回到祖国，其实是对自己非常有信心，觉得自己在祖国能有更好的发展空间。"年近百岁，胡沛泉言语间时常流露出自己的真性情，幽默且率性，让这位可敬的老人更多了一分可爱。

回到祖国的胡沛泉，成为上海圣约翰大学的一名教师。从 1948 年直到 2016 年，胡沛泉投入到祖国的高等教育事业中，一干就是 60 多年。

服从国家安排随华航西迁

1952 年，是胡沛泉生命中重要的一个年份。这一年，国内高校迎来了第一次院系调整，由交通大学、南京大学、浙江大学三校的航空工程系，合并成立了华东航空学院。因缘际会，胡沛泉也成为华航的一员。

"大家都知道华航脉源三支，其实，华航还有一小支，就是圣约翰大学，而当时从圣约翰大学被抽调到华航的教师，只有我一个人。"胡老先生说。正是因为在 NACA 成为高级工程师的经历，1952 年成立华航时，胡沛泉被从上海圣约翰大学抽调了出来。

华航最初成立时，共有飞机系、发动机系两个系，此外还有一个负责学校基础课程教学工作的"基础课"，胡沛泉与季文美等教授就在基础课。从华东航空学院到西安航空学院，胡沛泉一直担任材料力学教研室主任。

汇集各校优势资源，华航的师资力量非常雄厚。不过，刚成立时，由于没有固定的校址，华航师生只能借用南京工学院的一小块校园来维持日常的教学工作。1953 年，寿松涛来到华航担任书记和院长后，为了学校长期的发展，申请到南京卫岗中山陵附近的一块地方作为校址。从此，华航走上了快速发展的轨道。

1956 年，华航的一次历史性的抉择，再一次改变了胡沛泉的命运。当时，党中央、国务院根据国际形势和社会主义建设的需要，批准华航内迁西安。

面对西迁的决定，华航内部有一些反对的声音。时隔 60 年后，胡沛泉回忆当年时笑着说："我也是反对的人之一，因为那时我的女友在上海。"

尽管有不同看法，寿松涛、范绪箕等一批领导和教授仍坚决认为，西迁对华航的发展大有好处。胡沛泉至今还记得寿松涛说过的一句话："我认为华东航空学院最主要的，不是要生活得好，而是要发展得快。"

说起西工大首任校长寿松涛，胡沛泉充满了敬意，"在长期的军事斗争中，寿松涛锻炼出坚强的意志和当机立断的做事方式，并拥有非同常人的远见。可以说，没有寿松涛的果决，就没有华航和西工大后来的发展。"

后来华航飞速发展，印证了寿松涛的话。寿松涛接到西迁任务不久，国家在政策上就对华航有所支持。当时，全国抽调100名高校教师到苏联进修，华航就获得了12个名额。

虽然内心并不认同，但胡沛泉还是服从了国家和学校的安排，"买了火车票，从南京来到了西安。"来到西安后，经过从华航到西安航空学院，再到西工大的发展，胡沛泉逐渐深刻地意识到，华航西迁的决定是非常正确的。在西安工作生活了一个甲子，胡沛泉用自己的实际行动证明了他对"西迁"的认同。

鼓励学生对名家提出合理质疑

1956年，迁至西安的华东航空学院改名为西安航空学院，也是在那一年，胡沛泉评上了二级教授。1957年，西安航空学院与西北工学院合并成立西北工业大学，从此，胡沛泉在西工大的教学科研与教育管理岗位上奉献了自己的一生。

早在华航成立之初，胡沛泉看到国内采用的苏联材料力学教材中译本内容庞杂、文字晦涩，便发起并主编了《材料力学简明教材》，其内容扼要，文字通畅，试用时教学效果良好，受到师生欢迎。随后，在此基础上，他与上海交通大学和南京工学院材料力学教研室的同志对教材进行了修改。后来，全国30多所院校都采用了这部教材。1958年，胡沛泉在这部教材基础上编写了《材料力学》，由机械工业出版社出版发行。

西迁后，胡沛泉与季文美等教授一起，在西工大创办了工程力学专业，这也是全国最早的工程力学专业之一。创办伊始，师资、教材缺乏，胡沛泉亲自制订教学计划，组织主要教学环节，讲授工程数学、高等材料力学、弹性稳定理论等课程，并编写了两门课程的讲义。这些讲义内容丰富、文字简洁，至今还是力学班同学的参考书。

1959年后，作为西工大最年轻的二级教授，胡沛泉着力于研究生的培养工作。他严谨认真、一丝不苟的治学态度，让学生受益终身。胡沛泉要求学生必须每周一次定期汇报学习进展，他还告诉学生学习要积极主动，既要重视书本知识的学习，又要敢于提出问题，不迷信书本和权威。有一次，研究生张开达发现，苏联力学家伏拉索夫的名著《壳体一般理论》第一章的推导有错，胡沛泉就鼓励他写出学习心得，并给予表扬。

胡沛泉总是逐字逐句地审阅和修改研究生论文，他要求学生的计算结果百分之百正确，公式推导准确无误，对于理论中的一些假设，一定要做出符合物理概念的解释，并对由这些假设造成的影响确切分析。胡沛泉严谨的作风培养了学生扎实的学术功底，让学生受益匪浅。

胡沛泉不仅善于通过课堂检查学生的学习进度，还常与学生一起用餐、一同聊天，给同学们讲中外科学家勤奋好学的故事，鼓励学生努力学习。他注重因材施教，着力培养学生分析问题、解决问题的能力，并吸收优秀学生参加教研室的科研活动。当年参加过学生科研活动的林超强，后来成为空气动力学专家，被破格提拔为教授。

1960年，胡沛泉担任西工大基本理论研究委员会副主任，他结合当时学校发展需要，提出要按研究生培养方式培养青年教师。1961年，除高教部下达招收的11名研究生外，西工大通过考试录取了50名青年教师，并按研究生方式培养。当时，这在国内是一个大胆的尝试。

1961年至1965年，西北工业大学共招收研究生107人，按研究生方式培养的青年教师53名，总计160人。现在，其中的许多人已成为西北工业大学、南京航空航天大学等学府的骨干力量。

形成"研究促进论文撰写——论文撰写促进研究"的良性循环

胡沛泉不仅在教学工作上尽心尽职，还用60多年的时间，为办好《西北工业大学学报》做出了卓越贡献。1955年，胡沛泉在华东航空学院首先提出了要办学报的理念。

这一理念的产生，源自胡沛泉青年时代在NACA的工作经历。"NACA对论文的写作和出版工作非常重视，要求也非常严格。每一个词都要求精准，决不允许含糊。"胡沛泉深刻认识到，严格的论文撰写和高水平的学报对于科学研究的重要意义，在 NACA 的经历也训练了他严谨的、具有世界一流水平的论文撰写功底。

1955 年，胡沛泉建议华航创办《航院学报》，并被委任为主编。其后学校虽几经迁并，他始终兼任学报主编至今。

回忆学报创办时的情境，胡沛泉说："当时，有支持的声音，也有反对的声音。有老师认为，我们办学报没有基础，文章质量难以保障，没有太大的意义。我就说，我们可以从低到高、循序渐进地办学报，尽管我们刚开始水平不高，但经过不断努力，水平一定能提高。不怕水平低，就怕不开始。寿松涛校长同意我的看法，他认为我的话符合唯物辩证法。"

60 多年来，从拟定办刊方针，到选稿审稿、改写英文摘要，再到检查出版各个环节；从华航的《航院学报》，到在学术界颇有影响的《西北工业大学学报》，胡沛泉为学报付出了常人难以想象的辛劳。

1979 年，西工大按胡沛泉的建议，编辑出版了《西北工业大学论文选》上、下册。这套论文选几乎全部被《国际航空航天摘要》于 1981 年报道。

1983 年 7 月，《西北工业大学学报》改为对国内外公开发行，当年的第 1 卷第 1 期，就于 1984 年被 IAA（International Academy of Astronautics）报道。截至 1990 年第 8 卷第 4 期，学报发表的 387 篇论文中有 234 篇被 IAA 选报。

1987 年，《西北工业大学学报》进入国际工程学术界最具权威的文摘刊物《工程索引》。1986 年学报第 4 卷第 1 期至 1989 年第 7 卷第 4 期，共计 211 篇论文中有 200 篇被《工程索引》报道，摘引率达到 95%。

为了扩大学报的国际影响力，对每一篇学报论文的英文摘要，胡沛泉都要和作者共同研究，按照国际惯例，鲜明地提出论文的具体贡献，并以他娴熟的英语写作技巧加以修改，做到精益求精。

在调动教师撰稿积极性的同时，胡沛泉鼓励研究生向学报投稿。他花费大量精力帮助学生写好论文，成为众多研究生导师的教学"助手"。在胡沛泉的努力下，西工大研究生写出不少高质量的论文，这不仅大大地提高了学报在国际工程界的地位，还调动了学生的撰稿积极性，一时间，西工大高质量的论文层出不穷。

胡沛泉认识到，不仅要发表学术性强的技术科学论文，还要注意发表有价值的工程技术论文。他建议西工大在工程技术上颇有成就的张立同、周凤岐等教授撰写论文。论文发表后，教授们都深深地体会到论文写作过程对其研究认识的深化，并一致认为严谨、科学地撰写论文，对于指导今后的研究是很有好处的。

经过胡沛泉的不断努力，《西北工业大学学报》成为具有世界知名度的学术刊物，同时，通过"研究促进论文撰写—论文撰写促进科学研究"的良性循环过程，学报推动了西工大的科学研究和教学水平的提高，可谓是一箭双雕。这一过程中，胡沛泉功不可没。

采访最后，胡沛泉用"一帆风顺"来形容自己的人生。在我们这些外人看来，经历过战乱和颠簸，白手起家创办学报，其过程一定是充满艰辛的。然而，胡老先生总能以乐观、豁达的精神来面对，并运用智慧来克服种种困难。

顺应时代的发展，跟随时局的变化而变通。童年时期学习孔孟之学，青年时期研读毛泽东著作，中年时期学习马克思主义哲学和黑格尔的逻辑学，这些跨越古今中外的不同学说，胡沛泉都有所涉猎。通过一生不断的学习和总结，他提炼出了一套独特的思维方式和处世哲学。

"这些思想虽然有很大不同，但在某些方面是有共通之处的。所有这些思想中，对我影响最大的，还是辩证唯物主义和历史唯物主义。"胡沛泉说。

（执笔：赵　珍）

许玉赞（1909—1985），浙江嘉兴人，航空航天固体力学家和教育家。1932 年毕业于交通大学机械系，1934 年公费留学赴意大利都灵大学学习航空工程，1936 年获博士学位。1937 年回国后，曾在南昌飞机制造厂等任工程师。1942 年 5 月后，先后任西南联合大学、交通大学、华东航空学院、西安航空学院和西北工业大学教授。他编写了中国第一本有关飞机结构的中文教科书《飞机结构学》，1978 年荣获全国科学大会奖。1980 年任中国航空学会结构与强度专业委员会委员，兼任《航空学报》编委。

许玉赞从事科技和教育工作 50 余年，为推动和发展固体力学在航空航天工程中的应用做出了具有开拓性和创造性的贡献，也为中国航空航天工程教育辛勤耕耘，贡献了毕生精力，培养了大批有用人才。

航空航天固体力学专家：许玉赞

人生经历

许玉赞，1909 年 3 月 2 日出生于浙江嘉兴南堰镇，自幼家境贫困，父母早故。1924 年初小毕业后无力继续求学，赴嘉兴一家南货店当了一年多学徒。在此期间，少年许玉赞并没有放弃学习念头，反而更加珍惜时间，努力自学文化课程，利用旧包装纸演算数学题并练得一手好字，借此为将来有机会再进学校学习或谋生创造条件。后来，依靠一位过继给富家为子的兄长的资助，许玉赞得以返校复学。经历过这一段艰苦生活和饱尝失学的痛苦后，他深感复学机会来之不易，更加发奋苦读。凭借优异的学习成绩，通过跳级和转学插班，在短短三年半（1925—1928年）时间内许玉赞完成了高小和中学学业，之后顺利考进交通大学机械系。毕业后他先去唐山机车厂见习工作一年，1933年往南京社会局工作。1934年，当时教育部受航空委员会委托，公开招考西欧公费生赴意大利学习航空工程，许玉赞从200余名考生中脱颖而出，成为被录取的25位考生中的一员，赴意大利都灵大学航空研究院学习，1936年获博士学位。

为抗日救国，许玉赞1937年回国即赴中意合办的南昌飞机制造厂任工程师。1938年许玉赞不甘当亡国奴，毅然随工厂内迁继续为"航空救国"做贡献。到内地后，他辗转汉口、昆明和中缅边境一带，在中美合办的中央杭州飞机制造厂工作，在西南大通道航线上辛勤奉献。时常遭遇日军战机狂轰滥炸，工厂只好后撤。保山浩劫，让工厂器材受到摧毁性损失。那天中午，许玉赞因一闪念去了另一家饭店用餐才幸免于难。战争的残酷和技术落后让他毅然决定从事航空教育和科研工作。1942年5月起，许玉赞在昆明西南联大出任教授。同年8月，上海交通大学重庆分校改名为交通大学，航空系主任曹鹤荪教授邀请了包括许玉赞等一批具有真才实学、倔强精神的年轻教授加盟。1949年上海解放前夕，他毅然拒绝了招商局中兴轮船公司邀请他携带家属前往台湾工作，选择留下来迎接上海解放，并满腔热情要为祖国建设事业做出贡献。1951年抗美援朝期间，祖国人民掀起捐献飞机大炮高潮。许玉赞与夫人商量后，决定将自己包括在校外兼职积蓄下来的几十根金条捐献出来，体现了崇高的爱国情怀。从1942年到1952年十年间，交通大学航空工程系共毕业180余位学生，其中40余位在国内外航空工程界享有盛誉，其业绩归功于交通大学的优良传统，也归功于包括许玉赞在内的教授们的教导有方。

1952年全国院系调整，交通大学航空工程系与南京大学、浙江大学的航空工程系合并，在南京成立华东航空学院。他从繁华的上海来到宁静的紫金山麓。四年后学院西迁改名为西安航空学院，他又举家从祖国的南方来到当时还较荒僻的大西北，并于同年加入中国共产党。许玉赞经历过新旧中国两个截然不同的时代，对两种制度有着深切的体会，有着鲜明的爱与憎，在大是大非上态度明朗。他一次又一次听从党的召唤，不讲条件，一心一意地为祖国航空航天教育事业辛勤耕耘。1957年，西安航空学院与西北工学院合并成立西北工业大学。1958年，西北工业大学自行设计和制造的"延安一号"飞机成功上天，他担任了"延安一号"飞机的总设计师。"文革"中他厄运难躲，恢复工作后他将扣发的工资作为党费全部上缴。经历"文革"后，他身心备受摧残，但没有影响他的信念，带病坚持工作，立即投入"翼面矩阵分析"的科研课题工作之中。

许玉赞在西工大先后出任飞机设计、飞机强度、导弹设计和导弹强度等专业的学术带头人。主持筹建航空和航天静动力实验室；主持编写和翻译中国首批航空和航天结构强度方面的教材；主持并亲自参与完成一批固体力学及其在航天工程中的应用等重大课题；亲自执鞭给本科生和研究生上课，并悉心指导青年教师和国内访问学者，为创建和发展壮大这些专业学术队伍做出了重要贡献。西工大飞机强度专业水平高、力量强、贡献大，多年来重点学科地位没有受到动摇，而导弹设计与强度专业一直以来承担并完成来自航天等部门多个重大课题，给航天部门研究院、所等输送了一大批科技人才。饮水思源，这些成就的取得，与许玉赞等老一辈科学家和教育家的开创性工作是分不开的。

学术生涯

许玉赞的学术生涯可谓是固体力学在航空航天工程中应用发展史的缩影。

20世纪50年代，飞机结构多涉及杆系结构，许玉赞从事采用刚度法分析杆系结构和压杆稳定性等研究。20世纪60年代，许玉赞转入宇航工程系后，重点转移到板壳结构受力分析和稳定性分析等研究。1966年前完成了国防部五院提出的两个重要课题。第一个是夹玻璃纤维材料截锥壳在轴压和外压联合作用时的稳定性分析。当时国外文献只有少量关于缠绕结构玻璃钢的弹性模量确定的报道，如何应用于夹玻璃纤维材料之中尚无文献可供借鉴。许玉赞及其助手在分析大量英俄文献基础上，从最基本的弹性理论出发，通过一些工程认可的假设，推得适用于不同弹性模量的平衡方程。许玉赞及其助手的贡献是在方程中引进了一个体现壳体几何特征的几何参数，这样方程可适用于分析不同形状的壳体，使之具有普遍意义。当时计算手段比较落后，只有电动计算机可供使用，经过整整两个多月的日夜计算终于求得临界曲线，其几种特例与已有文献结果相符，以此旁证该研究成果的可靠性。原计划采用金属锥壳进行实验验证，可惜加载测试设备难以落实被迫中止。此项目前后历经一年有余。与课题相关的论文在1963年中国航空学会成立大会上宣读，与会者对该论文很感兴趣，并进行了热烈讨论，评价较高。第二个是局部固定变厚度板的静动力分析。许玉赞及其助手认为采用解析法求解是不可能的，而数值法中的差分法是可取的。但在当时手摇、电动计算机一统天下的年代里，要实现差分法求解难度很大。许玉赞主持的课题组成员与国防部五院研究人员、中国科学院西北计算技术研究所研究人员和西北工业大学计算数学专业师生通力合作，建立了符合当时计算条件的力学模型、计算方法，并编制计算机程序，在西北计算技术研究所刚建成的一台大型电子计算机上算得满意结果，受到委托单位的好评。这个课题，为以后自行研制新产品提供了可行途径，同时也提高了参与人员的业务水平。

20世纪70年代初期，许玉赞虽身受"文革"的难磨，但他不计个人恩怨，对党仍忠心耿耿，全力投入科研与教育事业中去。他接受了某厂强度组提出的"弹翼应力分析"课题任务。该弹翼是由上下面板中间夹有射线型分布加强梁的变厚度面板，局部嵌入式固持于弹身上，由两块板通过铭铣后热弯合成。此时有限元法和计算机应用已开始在中国各行业中推广和使用。许玉赞主持的课题组与北航的老师以及厂技术人员通过充分讨论提出了两种有限元模型，即由上、下面板和梁组合的平面应力元和梁元组合的模型和由板和梁组合的中空三层板的板弯模型，推导了变宽度、变高度的梁单元刚度矩阵。此时计算条件也明显改观，课题组成员可以自编程序，穿孔并调试程序，赴航空航天部所属研究所计算机上算题，经过近两年努力，圆满完成该课题。计算结果与工厂实验之差在5%之内。厂方对此课题成果很满意，由厂方主动提出共同申报全国科学大会奖。研究表明，对于比较刚硬的翼面宜采用板弯模型，而比较柔软的里面可采用平面应力模型，分析方法和相应程序可适用于实心板和各类夹层板的承弯分析。该项目的相关论文在 1976 年中国航空学会学术会议上交流。《翼面矩阵分析》论文在 1979 年《西北工业大学论文选》上登载。1982 年，美国空军将其译为英文，并作为 NASA N82-l0996 报告发表，美国国防技术文献中心也以 AD-A115866 报告转载。此项目荣获 1978 年全国科学大会奖。值得一提的是，改革开放前，高校科研课题来源与经费、成果、出版等方式与现在不可同日而语，加之航空航天课题成果和出版更受到一定限制，能得到上述殊荣实属不易。

20 世纪 80 年代，随着有限元法和计算机技术不断发展和完善，许玉赞开始研究板壳非线性有限元分析。1983 年他获得中科院科学基金资助立项"板壳非线性分析"。该课题采用有限元法求得考虑材料、几何非线性板壳结构在外载荷作用下全程载荷位移曲线。内容包括前屈曲非线性路径描述，临界点（分叉点和极值点）的确定和屈曲后路径求解方法的探讨等。课题涉及的一些难点，例如组合弧长法求解非线性有限元方程、临界点位置的判定方法和分叉路径描述等都是当时计算力学中的研究热点。课题组在由国外引进的专供建文非线性板壳单元用的程序系统基础上，修改并插入了上述功能，完成了预期指标。课题组撰写了三篇论文，相应的程序也被航空工业部某大型分析程序系统采纳使用。后期课题组成员赴德国、荷兰讲学，部分内容取自该课题研究成果，获得了包括提供板壳分析系统的国内外同行等的一致好评。

教育成就

许玉赞编写了中国第一部有关飞机结构的中文教科书《飞机结构学》。1952 年，许玉赞取材于当时风行美国，由 Niles 与 Newell 合著的《飞机结构》，编写了《飞机结构学》，由中国科学图书仪器公司出版。全国院系调整前，国内工科大学教材大多选自英美教材，华航成立后，苏联教学计划、教学大纲陆续到校。结构强度专业意外得到一本苏联原版《飞机结构力学》。许玉赞利用自己的俄文基础，组织并亲自参与翻译，很快译出，并于 1954 年 6 月由高等教育出版社出版。次年 5 月，他与人合译的《飞机各部件设计》出版。这些教材是新中国成立以来问世最早的有关航空结构强度方面的苏联教材,所起的作用不可小觑。1959年,随着航天工业的兴起和发展,西北工业大学新建导弹系。许玉赞由飞机系调入该系,当时面临的首要任务又是教材的选编。根据国防科委的指示,航天结构强度方面的系列教材编选由许玉赞和北航王德荣教授主持组织。他又一次承担起组织编写有关导弹构造设计和强度方面系列教材的任务,在中国亦属首次。

许玉赞作为一位老教授,对新生事物十分敏感并积极投入,精神可嘉。他重视固体力学在工程中的应用,一直很关注弹性力学中的数值解法。早在20世纪50年代,英美盛行采用力矩分配法、渐松法等求解静不定结构时,他由苏联教材中发现这些教材偏重于用力法求解,深思其由,认为电子计算机诞生会促使矩阵力学得到发展。于是他鼓励青年教师学习矩阵代数。在本科教学中,他也插入这部分内容。在筹建西北工业大学静动力实验室时,一位青年助教(该实验室主任)请教他如何设计地轨时,他竭力推荐采用差分法进行分析。自20世纪60年代初开始,在他给研究生制订的教学计划中,特别强调学习应用弹性力学,学习用数值方法求解弹性力学问题。到20世纪70年代,他就采用有限元法分析工程实践中的许多固体力学问题。20世纪80年代中期至90年代,许玉赞悉心指导下的一支学术梯队采用有限元法分析弹塑性接触问题、非线性结构稳定性、结构优化设计、热应力分析和结构动力学,完成了某战机全机分析、固体发动机优化设计、发射架静动力分析、翼面屈曲后承载能力、轮胎分析等众多工程实践课题,编制了包括航空航天结构分析系统、接触应力分析等程序系统,供设计、研究单位使用。

许玉赞认为科技的进步需要注重高校的基础教育。他亲赴教学第一线,上讲台给本科生上课。20世纪50年代,他利用课余时间,与大学生座谈,讲述自己在艰苦条件下勤学苦练,勉励大学生珍惜大好时光,好好学习,为祖国航空事业做出贡献。许玉赞自1956年开始招收飞机设计专业两年制的研究生,1958年起招收直升机、导弹、火箭等专业两年制的研究生,1961年起对导弹设计与强度专业研究生进行指导。此外,许玉赞还接待来自地方和军队院校的访问学者,通过交流,共同进步。这些访问学者后来大都成为院校的业务骨干。

与此同时，他十分注重学术梯队建设，先后培养出一批又一批高水平的学术骨干。许多年轻教师在专业、基础科学和外语等方面得到他的具体指导和帮助。

严谨踏实，平易近人，用高尚品质深刻地影响他的同事和学生。许玉赞要求研究生要阅读经典名著，例如铁木辛柯的《板与壳学》和《结构稳定理论》原版，要求学习全部内容。同时他又十分重视应用性的学习，例如选用王启德编著的《实用弹性力学》英文原著，强调弹性理论中数值解法的重要性。当研究生完成论文时，他一定会亲自逐字逐句进行审查修改，严格把关。平时答疑时，他会先要求研究生对该问题提出自己的看法，充分发挥研究生学习的主动性和积极性，然后再给予指点。他要求论文中引用的公式必须自己推导证实后才能应用。对研究生要求严格，但当研究生遇到困难时，他会全力以赴协助解决。例如某研究生在推导充有弹性介质圆简壳在外载作用下的反力项遇到困难，许玉赞花了几天时间，用了320多页纸一步一步列出演算过程求得结果，可见许玉赞基础知识功底深厚，加之字迹十分端正，研究生十分感动。这足见许玉赞处事十分认真，言传身教。许玉赞能恰到好处地提出涉及方向性的指导意见。记得1984年的一天，许玉赞身体欠佳，行走困难，为了让研究生按时进行论文答辩，他将答辩委员们请到家中来完成答辩过程。由此足见他办事严谨、认真负责的作风。许玉赞在学术上是一位非常严格的导师，但在生活上则是研究生们的朋友，可谓严师益友。他对待青年教师和学生谦和、亲切，台上是老师，台下不论年龄差异，是朋友。他在赠给他的助手第一本书《飞机结构学》扉页上写着："××兄指正，弟许玉赞敬赠"，论年龄先生是他长辈，论学识先生是他师长，这让这位老师内心马上涌起一股莫名的感动，眼泪都要流了出来。许玉赞经常亲自走访研究生宿舍，但由于患气喘病，上楼梯时总是迈着艰难步伐，要休息几次，此番情景令研究生们十分感动。难怪不少人对他的研究生们说："你们真幸福啊！"记得1980年初，得知一位青年教师拟赴国外进修，他十分高兴，并翻箱倒柜找出西装送给他，令人感激。他还经常给有困难的青年教师和学生们物质帮助，平时问寒问暖，犹如长辈一般。他为人低调，从不与人争名争利，从无贬人之言，甘当老黄牛。

许玉赞的一生是艰苦奋斗的一生，是为他终生奋斗的航空、航天科研和教育事业鞠躬尽瘁的一生。他出身清贫，苦难的历程促使他不断钻研，奋发图强，获得了事业上的成就。他为人谦和、正直、真诚，待人厚，处己俭，日常生活中平易近人，大家都说他是平民教授。他治学十分严谨，一丝不苟，数十年如一日，是一位杰出的航空航天专家和教育家，值得我们永远怀念。

（执笔：竺润祥　顾松年　焦景广）

姜长英（1904—2006），江苏人，生于上海，航空教育家，中国航空史专家，中国航空史学科的创立者和航空史研究的奠基人。于20世纪20年代留学美国，并参与美国三种新飞机的设计，均获成功。回国后，曾成功用国产材料仿制美国降落伞。自20世纪30年代起从事航空教育和航空史研究70载，为中国航空事业培育了大批骨干人才，编著成第一部《中国航空史》专著，创立了中国航空史学科。对中国古代航空技术创造也有深刻的独创性研究。

中国航空史学科的创立者：姜长英

苦难中的坚守

姜长英在八年抗战中虽然历尽战乱颠簸、贫困煎熬，但他没有放弃航空史料收集。他在交大航空门每期毕业后奔赴四面八方的学生中，建立了收集史料的信息网络。他尽可能与他们联系，了解各个飞机工厂、飞机修理厂、航空培训和教育机构的资料，这使得他在《中国近代航空史稿》（简称《史稿》）中收集的有关材料非常翔实。

姜长英通过学生的关系收集史料可以说是达到千方百计、"无孔不入"的地步。如学生王启德比较活跃，和有名的上海文人陈蝶仙、陈小仙有亲戚关系，而他们又和《申报》有影响的文人周瘦鹃熟悉。为了收集航空史料，姜长英请王启德通过陈蝶仙，陈小仙转请周瘦鹃写了介绍信进入申报馆楼上的书库，查找清朝末年的老《申报》。一次，王启德还帮姜长英一起抄到了一些资料，但第二次再去时就遭到了拒绝。另一学生手中有一本航空方面的书，姜长英没看到过，为了收集这本资料，他提出与学生交换的建议，即用自己手中一本书与他交换，这个同学想了想后说："这本书我已看过，老师喜欢，我就送给你吧！"

收集史料，查抄资料，要用簿子、纸张。姜长英节约用纸，是寸纸寸金的。他用纸或用簿子写资料有时甚至是"顶天""立地"的。也就是天、地都写满字，密密麻麻，没有空白。为了省纸，他不怕累，把字写得很小，但写得很认真，如同学生的作业本那样整齐，每个字都方方正正的。字如其人，就像他这个人的性格，一点潦草也没有。

抗战时期，由于他去过抗日根据地，所以对革命根据地有较深的感情。因此在编写《史稿》时他一直念念不忘要写一章《革命根据地的航空》，即后来新版《中国航空史》第三部分、《史稿》中的第七章。这个愿望他考虑了很久，最后因年老体衰，力不从心而没有写成。他一直担心如写不出这一章将要抱憾终生了。幸好后来有位赵中先生鼎力相助，帮助他写好了这一章。他的喜悦之情无以言表。他说，有了这一章，终于使全书的出版内容更趋充实和完整了。

中国航空史的诞生

新中国成立后，姜长英生活安定，心情舒畅，经过 20 年航空史料收集，姜长英考虑撰稿了。他说，我自不量力，想写一本航空史。他在 1949 年的暑假就开始行动了。

在 1949 年暑假，七七事变纪念日后，姜长英开始撰写中国航空史。浩繁的资料，漫长的历史，从何写起？经过反复考虑他觉得还是先写古代航空史。这样可以缩小范围，先避开民国以后的混乱时期，专写我国四五千年以来的古代中国航空发展史。这个时期虽长，材料却有限，容易理出头绪。曾有人建议写战史、军史，但要涉及后来的军阀混战，还是写一般的航空史好，尤其是民国以前的航空史会有更多的爱国主义教育意义。这样定下后，他忙了两个多月总算完成。他准备将此稿作为中国航空史"全史"的第一篇，并在 1949 年 10 月 1 日开国大典那天给书写好自序，书定名为《中国航空史料》(简称《史料》)。

原本他已托了同事朋友把书稿送到上海商务印书馆出版的，哪知碰到 1950 年国民党飞机的"二六"轰炸，上海发电厂被炸，电力紧张，书稿被商务印书馆退了回来。后此书仅在华东航空学院的《航院学报》上零星刊出。

1957 年，该书铅印成小册子，参加学校第一次科学大会，作为论文发表。1958 年夏秋之际，遇到教育革命运动，姜长英的教研室把此书作为批判对象，口号是"拔白旗，插红旗"。当时姜长英正在外地出差，回学校后看到抄写批判该书的大字报底稿，他看不出批判的内容能说明此书是"白旗"，也未看到有什么"红旗"的内容来替代。当时面对一片批判声，姜长英很豁达，他认为一部作品受到批评未必不是好事，他除了看大字报外还戴着眼镜仔细阅读《大字报汇编》的油印材料。他带着一股执拗劲想从中找到一点有用的东西，好修改作品，或者与批判者商榷探讨一些值得研究的问题。可是这两个想法都落了空，大字报中没有什么有价值的东西，于是也就不了了之，由它去吧！

后来西北工业大学校部开大会，指出对这本书"拔白旗"是不对的。1959 年，姜长英收到《国际航空》编辑部为新中国成立十周年征文的约稿信，指定题目是《中国古代航空史话》(简称《史话》)。姜长英请示领导同意后又动笔写了《史话》。因为原来有过写《史料》一书的基础，写来并不困难，用了一个暑假就写完了。

姜长英的《史话》还是很有特色的。他写了中华民族自古就有天穹之梦。飞天之梦，古代人为实现梦想，勇于实践，以对空气动力的利用发明了轻航空器如降落伞、孔明灯，重航空器如风筝、竹蜻蜓，以及用喷气推进的火箭等，这些说明了中国人民的智慧。历史上中国许多发明早于其他国家数百年上千年，这些都为现代航空器如降落伞、气球、飞机、直升机的发明提供了启迪和基础。

但这本《史话》命运多舛。

它 1959 年完成，1 万多字，有 4 幅插图。后来在《国际航空》杂志 1959 年第 10 期上发表。

1963 年《航空知识》杂志要稿。姜长英略改旧稿,自己选用了 15 幅插图,编辑部添了 2 幅。这是第二稿,刊于《航空知识》1964 年第 2,3,4 期。

1965 年,《航空知识》编辑部把《史话》推荐给北京某出版社,准备出本小册子。姜长英就整理旧稿,由出版社配图,这是第三稿。1966 年春,版已排好,碰上了"文革",计划落空,连稿子也没留下。等到"文革"结束,出版社对《史话》已失去兴趣。

1982 年,西北工业大学把"中国航空史"定为一门选修课,由学校铅印成教材,分印为三册,其中一是《史话》,二、三是后来写的《史料》和《史稿》。对《史话》部分,姜长英又做了第四次修改,自选插图共 27 幅。

1983—1984 年,姜长英又用两个月时间把《史话》整理了一遍,增写了一节"罗盘",插图增到 34 幅,文字也从 2 万多字增加到 3 万多字。这是第五稿,刚写完就被某出版社要去。

1985 年 6 月,西北工业大学出版社成立,姜长英就把《史料》《史稿》交给他们,于是《中国航空史》正式出版了。其中没有包括《史话》。

但是拿去《史话》的出版社并未积极安排出版,而是空放了两年。后来姜长英知道了,就去把书稿要了回来。之后,台湾中国之翼出版社负责人来访,拿去了全部稿件和资料,说是很快可以出版。但最后《中国航空史》台湾版只印了第三部分,即《史稿》部分,而且把姜长英对旧中国政府的航空政策的评论也做了大量删节,所以台湾版并不完全代表他的观点。而《史话》《史料》两部分台湾出版社拿去后都未印,这样又空置了三年。到 1995 年 5 月,姜长英把《史话》《史料》等未用的稿子和资料再从台湾要回。

后来,《中国古代航空史话》终于由航空出版社出版,时间已到了 1996 年 4 月。

姜长英认为他的《史话》很有特点,但始终"未遇到识货的慧眼",所以一搁就是三四十年,才得到正式出版。他认为他的书,一是以航空动力学的基础理论来分析古代航空的理想、故事、传说,以现代科学的观点来评论、衡量这些传说、故事的真伪、价值。更重要的是,他对中国古代人民根据自己的航空航天梦想，在制作飞行器方面的探索和飞行尝试所取得的光辉成就给予分肯定，对现代航空器研究发明的重大影响和启迪有着充分的例证和阐述。

因为姜长英是航空科学的专家，他来写航空史自然有他的专业优势，他在写《史话》时充分地运用和发挥了他的优势。而且他具有强烈的爱国主义思想，《史话》充分肯定了中华民族在航空科技方面的重大贡献，以大量的实例说明中国有什么发明比外国要早几百年，有什么发明甚至要比外国早上一千几百年。此书批判了崇洋媚外思想，增强了国人的民族自尊心和自信心。尽管有些出版社认为它不赚钱，不肯出版，但《史话》确实是一本弘扬正能量的，具有科学性、可读性的好书。

在长达三四十年的时间里，姜长英对《史话》五次修改补充和完善，三次送进出版社而未被出版，可谓一波三折。可是姜长英对自己的研究成果充满自信。他不屈不挠地坚持数十年，不断推介到出版社，虽经挫折，但决不气馁、决不放弃。

近代航空史：中国人的航空救国梦

姜长英修航空史，从收集史料到撰稿（从《史料》到《史话》），从 1930 年起到 1960 年，一个人一干就是 30 年。30 年来，没有鼓励，没有认可，没有理解，没有宽容。下一步会怎样发展，修史的命运前途会如何，姜长英说不清楚。

1960 年春，清华大学教授刘仙洲来西安访问，刘教授约姜长英面谈，并委以编写中国航空史的重任。他感到任务重大，但没有辞掉，就接受了。

于是，姜长英根据中国科学院自然科学史研究室（后改为科学史研究所）的《中国交通工具技术史讨论提纲草稿》（其中有一定比例是有关航空的题目）来拟定撰写提纲。他们的提纲里对古代航空史不列为专门的章节，并写明现代史部分暂时也不要求编写，主要编写 1840 年到 1949 年的近代史部分。姜长英参考了这些意见后自己拟定编写了一份近代航空史的提纲：

（一）近代航空史的前期。

（二）飞行训练和飞机修理。

（三）航空工业。

（四）民用航空。

（五）民间航空活动。

（六）航空工程教育和研究。

以上第一个题目介绍从鸦片战争到辛亥革命70多年的事情，后5个题目介绍从辛亥革命到新中国成立三十几年的事情。这里除军事航空和航空测量以外，其他有关航空的题目可以说都包含了。

姜长英坚持认为，鉴古可以知今，了解过去可以指导将来，所以历史是必须研究的。可是，多年以来，中国航空史的编写工作一直没有人去做，学航空的没有做，学历史的没有做。他想，若是让外国人来先写，如像剑桥大学李约瑟研究编写《中国科技史》那样，就"真是使中国人太难堪了"，现在姜长英成了承担这个任务的第一人。写航空近代史就绕不开民国政府和国民党，这是个危险的禁区，可能会遭到更大的批判。但是姜长英认为这是"历史的必需"。一方面他以强烈的民族自尊心和大无畏的精神勇敢地承担了，另一方面他还是很清醒、很谦虚的。他在《史稿》前言中说：这是一次尝试。由于缺乏经验和参考，学识和政治水平也差，在史实、剪裁、编排、叙述、议论等方面都会有问题，尤其是观点是否正确，最无把握。这就要求读者们的积极指教了。

写近代史，实际上是写中国人的航空救国梦，这段天穹之梦很多史实他都亲身经历，比较熟悉。但在撰写过程中，他仍旧以一丝不苟的精神对一些重要的史实做考证核实工作。例如，1932年12月8日，日军大举进攻上海，十九路军奋起抵抗，菲律宾华侨捐赠30架飞机给十九路军抗日。此事发生在九一八事变之后，又是发生在上海自己家乡的事，姜长英自然是清楚的，但为了查证捐机的事，他特地给十九路军军长蔡廷锴写信求证，得到了蔡军长肯定的亲笔回信。又例如，40年前，杨仙逸曾制成一架飞机，孙中山和宋庆龄参加了试飞典礼，并给该机命名为"乐士文第一号"。姜长英专门给宋庆龄副主席写信询问"乐士文"的意思。1965年3月5日，中华人民共和国主席办公室"宋办"来了回信，解释"乐士文"乃宋庆龄在国外留学时所用学名"ROSAMONDE"的译音。可见姜长英修史的认真严谨。

1963年5月，也就是在姜长英动笔撰稿的中期，中国科学院自然史研究室有过一个指示，说由于种种原因，近代史部分暂时不要编了。后来分析，他们可能当时已经听到关于"阶级斗争为纲"的精神了。但姜长英对于政治斗争是不研究、不敏感、不考虑的，他也不会为保护自己而放弃撰稿。30多年收集史料，历史的责任感驱使姜长英还是不顾一切地继续写下去。

1965年《史稿》终于写成，并按章油印了出来。

不断开拓中国航空史研究新领域

1930年，姜长英在沈阳东北航空军司令部工作时，即开始收集航空史料，拍摄他所见到的飞机照片，记录飞机修理厂的组织机构和人员名单。1933年，航空署要出一本航空年鉴，其中包括中国航空史。"可是，多年以来，中国航空史的编写工作，一直没有人做，学航空的没有做，学历史的没有做。"姜长英说："我曾自不量力，想写一本中国航空史。"为此他节衣缩食，收集和购买航空书刊，置局势动荡或工作变迁于不顾，坚持不懈收集，并于1949年暑假末写出了《中国航空史料》初稿，1959年写出《中国古代航空史话》一稿，1965年又写成《中国近代航空史稿》。这三本史料内容，横跨上下五千年，一直写到新中国成立之前。这一漫长的历史时期，丰富翔实的史料，科学系统的分析，由姜长英一人独自完成实属不易。《史料》在1950年准备出版时，因遭"二六"轰炸而停，1958年"教育革命"中被拔"白旗"受批判。《史话》则五改其稿，三易出版社，接稿不印，四地出版社均拒绝接稿。《史稿》在"文革"中更受到史无前例的批判。但姜长英编史决心矢志不移，他坚信，"鉴古可以知今，了解过去可以指导将来"。他的著作"可以使读者了解我们祖先的巨大贡献，增强民族的自豪感，相信自己的聪明才智，能克服崇洋媚外的自卑心理，因而有助于中国的'四化'建设"。正是在这种崇高的爱国爱民之心的支撑下，他顶住了各方面的压力，坚持写作和研究，不断修改旧稿，增补新资料，撰写新稿。《史话》《史料》和《史稿》终于在1982年由学校分别铅印成讲义，作为航空史教材内部使用。但这本印刷质量很差的内部讲义，立即引起全国史学界的轰动，其史料之丰富，内容之翔实，已成为航空史研究者珍藏之宝，其内容被许多专家学者所引用。姜长英数易其稿，增添照片，一部积 60 年心血，又屡遭挫折的巨著《中国航空史》终于由西北工业大学出版社在 1987 年 6 月正式出版了。时任国防部长的张爱萍将军为该书题写了书名。这是一部由中国人自己写的中国航空史，也是当时唯一的一部最为全面、最为系统、最为完整和最为翔实的中国航空史料。它一出版立即受到航空史学界的高度评价："《中国航空史》以大量丰富、翔实准确的史料，说明了中国人民的创造才能与智慧及对世界文明在航空方面所做出的伟大贡献。"它不仅仅是史料，它"史论结合，观点明确，爱憎分明，对读者来说能得到比史实本身更多的东西"。"不仅史料翔实，考证周到，而且还有科学分析和精辟论断……早已超出了史料的范畴。因此，不论从哪个角度看，《中国航空史》都是一本经典性的航空史著作"。该书也奠定了姜长英在中国航空史研究领域里最高的学术地位。著名的航空史评论家陆永正指出："该书专业性强、资料性强，资料又丰富，注释又精细，还顾及技术史的发展脉络，为人们对航空史的深入研究提供了四通八达的线索，必将极其有效于促进深入研究的进程。……总起来说，该书能给人指南、给人钥匙、给人研究的资料库，确实具有'百科全书'的特色。因此，该书作者姜长英确实不愧为中国航空史的奠基人。"该书的影响不仅超出了航空界，甚至超出了中国。美籍学者朱永德先生已将这部著作介绍到国外。台湾出版社慕名而来，为它出版了国际中文版。2000 年 10 月，包括姜长英全部史稿的《中国航空史》（新版），由清华大学出版社正式出版了，终于在 20 世纪末了却了这位世纪老人的一生夙愿。

姜长英与钱学森的航空史情缘

钱学森是世界著名的科学家、中国空气动力学专家，中国科学院、工程院院士，中国两弹一星功勋奖章获得者之一。钱学森 1934 年毕业于交通大学机械工程系。1935 年获庚子赔款奖学金到清华学习培训，留美学习准备转学航空工程，因此曾到杭州笕桥航空军官学校实习。当时姜长英正在笕桥当教官，但并未与钱学森谋面。1947 年夏，钱学森回国探亲、结婚，曾回母校交大做过一次报告。姜长英听过他的讲演，此时，他们两人并不认识，可以说是素昧平生。

1982 年，西北工业大学铅印了《史话》《史料》《史稿》的教材。姜长英主动写信给钱学森，和他探讨撰写航空史的问题，寄给了他一套西北工业大学印的《中国航空史》教材，并托他送一套给国防科工委领导同志，还告诉他将在学校里开"中国航空史"讲座。钱学森专门给姜长英写信说："您多年来研究我国航空航天历史，很有成绩，发表论文多篇，今又把积稿印成教材三册一套，实可敬佩！我希望您能将讲义整理成《中国航空航天史》出版流传，以教育后代。"钱学森作为一位大学者、世界知名人物，却没有一点架子。他谦虚、客气，自称晚辈，按姜长英的要求帮助转送材料，并写了回信，从 1982 年至 1994 年前后共写过 6 封信。钱学森还完整地保存着姜长英寄给他的专著、姜长英主编的全套《航空史研究》杂志及有关资料。现在它们都保存在国家级的"钱学森图书馆"内。

钱学森在信中还提出他对编写航空史的建议："（一）写史不可无议论，不然成了流水账。史论当然要有原则指导，这原则是马克思主义哲学、辩证唯物主义和历史唯物主义。（二）论史的一个方面是人物评价，历史功过应有公论。总之，写史要敢于讲话，不要拘束。用中央三中全会以来的话就是'解放思想'。"

钱学森对修史的看法，姜长英自然是完全赞成的，也可说是具有共识的。"文革"前，姜长英从收集史料到撰稿，都是一个人在奋斗，没有哪个人和他探讨过修史的实质性问题，可以说是，没有鼓励，没有认可，没有理解，没有宽容。因此他对钱学森在回信中对他修史的关心和看法是十分高兴的，至少有一位重量级人物和他是"知音"。

在钱学森的鼓励下，姜长英又对教材进行了大量的史料补充和完善。1987 年 6 月，该巨著由西北工业大学出版社正式出版。

把中国航空史研究推向深入

姜长英收集来的书刊资料堆满了他的书房，还先后赠送给上海交通大学和西北工业大学图书馆 3 000 多册。西北工业大学图书馆专门为姜长英建立了"航空史资料查询室"，不少专家学者都曾来此查阅考证。他手头还有剪报 6 大本、手抄笔记本 23 册以及大量载有航空史料的书刊，可见他收集资料之艰辛，研究考证之功底。丰富的资料是研究之本，来之不易，考证更难。姜长英常常为查证一条资料，不顾年迈体衰，多次奔波于校内外图书馆，或发信去征询，或托人去查找。至于给书馆、报社、个人发信查询的更不计其数，往往得不到回音，姜长英为此感叹："航空史研究是不容易的。"但他仍乐此不疲，严谨考证。姜长英认为，"航空史料的收集和研究，一定要依靠群众的力量"，要开辟资料的汇集和研究的园地。为此，姜长英于1983年他80岁时创办了《航空史研究》学术刊物，供航空史研究者交流研究成果和经验，并积累航空史料。果然，刊物一出，各个历史时期的航空史料，特别是红军时期和我党早期珍贵的航空史料都纷纷寄来，同时也聚集了一大批航空史研究者和爱好者。

姜长英深知培养航空史研究人才的重要性，1982年，他给学生开了"中国航空史"课，1987年招收航空史研究生，1988年组建"航空史研究室"。1989年，姜长英86岁高龄时，创建了中国航空史研究会，并多次举行了学术交流会，现有海内外会员350多人，吸收了不少中国近代史的见证人，抢救了一批珍贵史料，也吸引了一大批中、青年航空史研究者。一个庞大的航空史研究队伍已经崛起，一批有水平的航空史著不断问世，姜长英的心愿实现了，这是他为中国航空史的研究，为中国航空事业的发展做出的又一突出贡献。姜长英也因此获得国家级"有突出贡献的专家"称号，第一批享受政府的"特殊津贴"。姜长英除任中国航空史研究会理事长、名誉理事长，《航空史研究》主编、顾问外，还兼任《航空知识》编委和《中国大百科全书·航空航天卷》编委。

（整理：宁生录）

主要参考资料

[1] 姜保年. 天穹之梦——中国航空史研究奠基第一人姜长英教授. 上海人民出版社,2016.

[2] 网络素材.

杨彭基（1913—1999），上海市人，航空工程学家，航空教育家，我国计算机辅助设计与制造学科的创建人。长期从事飞机设计、制造的理论研究和生产实践，培养了大批优秀的航空工程技术人才。在航空工程方面的主要成就是创建了计算机辅助设计与制造学科，为我国飞机设计、制造技术的发展做出了突出贡献。

航空工程学专家：杨彭基

战乱中立志走"航空救国"之路

杨彭基 1931 年从天津南开中学毕业，并考入清华大学。当时正值九一八事变，日本侵略军占领东北三省，向华北进逼。他和同学们一同去南京请愿要求出兵抗日，并到长城沿线慰劳东北军部队，下乡宣传抗日。那时有些同学投笔从戎，报考飞行学校，对他影响很大。他深感国家兴亡、匹夫有责，决心走"航空救国"之路。

1933 年 9 月，杨彭基去比利时学习航空工程。由于他学习勤奋，成绩优异，在比利时连年获得最高额奖学金。他的毕业设计是设计一架全金属低翼飞机。在 20 世纪 30 年代这是一种先进的设计。1939 年通过答辩，获得列日大学飞机设计工程师学位。为了获取飞机设计的实际知识，他到勒纳尔（RENARD）飞机制造厂任实习工程师。1939 年底，德国法西斯的侵略战争即将蔓延到比利时，战争爆发后欧亚海运势必中断，他当即决定回国。

当时我国半壁江山已经沦陷，杨彭基和夫人毅然同去抗日后方昆明。在昆明期间，他和留学国外学习航空工程的同学，共同编著了《英法德华航空工程名词》，同时，和西南联合大学航空系毕业的同学共同组成了"中国航空促进会"，探讨自行设计、制造飞机的路子。

1940年10月，杨彭基经过长途跋涉，到达中缅边境的垒允，任中央杭州飞机制造厂设计课工程师，主要负责修复大型运输机的设计工作，并抽时间和"中国航空促进会"会员一起设计一架小型飞机。1941年底，日军入侵缅甸，中央杭州飞机制造厂从垒允撤退，设计工作中断。杨彭基回到昆明西南联合大学航空系任教，讲授"飞机设计"课。

1942年秋，杨彭基应邀到中国滑翔总会工作，任总会第四组（技术组）主任干事，主要任务是确定总会所属各厂制造滑翔机的型号，掌握各厂制造进度，解决制造中的技术、材料问题。1943年，兼任总会所属成都滑翔机制造厂厂长，直接参与滑翔机的设计与制造工作。1944年秋，中国滑翔总会技术部门划归航空委员会管理，他应邀到重庆交通大学任航空工程系教授，1945年底随该校迁回上海。

创办飞机工艺专业

新中国成立后，1952年全国高等学校进行院系调整，杨彭基到新成立的华东航空学院任教授、飞机系副主任，1954年兼任飞机工艺教研室主任，筹办飞机工艺专业。他从编写教学计划、教学大纲和教材开始，直到讲课，指导学生做毕业设计，筹建实验室，同教研室教师一起走完了飞机工艺专业教学的全过程。

1956年，华东航空学院内迁西安，改名为西安航空学院。1957年西安航空学院与西北工学院并校成立西北工业大学。杨彭基任西北工业大学教授、飞机系副主任。1958年，拥有飞机设计、飞机工艺等专业的飞机系师生在"大跃进"的气氛下，创议设计、制造飞机并命名为"延安一号"。杨彭基由于始终怀有设计、制造飞机的愿望，并认为学生应当接受一定的实际锻炼，所以他支持这项创议并担任了总工艺师。1960—1966年间，杨彭基在飞机工艺教学和实践的基础上，开始考虑如何提高我国飞机制造工艺水平和飞机制造工业的发展问题。首先，他针对当时飞机生产中普遍存在的工件间以及工件和工夹具间配合不协调问题，研究了飞机生产中的准确度。其次，他认为我国除了要掌握苏联飞机工艺的理论和经验外，还应当吸收欧美国家的飞机制造技术，因而翻译并出版了法国吉贝尔教授所著《飞机和导弹制造》一书。此后，为了使飞机生产现代化，他注意到了自动化和数控技术在飞机制造中的应用。由于"文革"的影响，这些正确的设想都被迫中断。

建立计算机辅助设计与制造学科

1978年党的十一届三中全会后，杨彭基施展才能，把数控技术和电子计算机技术应用于航空工业，曾任西北工业大学计算机辅助设计与制造研究中心主任等。在他的倡导下，建立了计算机辅助设计与制造学科，组建了该学科的研究基地，培养了这一学科的硕士生与博士生，发表了大量著作与论文，开展了计算机辅助设计与制造的国际学术交流，并在他带领下完成了多项国家重要科研任务。为了表彰杨彭基在教学和科研方面所做的贡献，国家教育委员会授予杨彭基"全国教育系统劳动模范"称号，并颁发"人民教师"奖章；航空航天工业部授予他"有突出贡献专家"称号；1990年，首批享受国务院颁发的政府特殊津贴。

1978年，正当国内航空工厂与院校把注意力集中于计算机制图、数控加工和数控测量时，杨彭基却首先瞄准了图形显示器（又称图像仪）及其在飞机设计与制造中的作用，写了《光笔图形显示器及其在"一体化"中的应用》一文，随即亲自和几位教师一起掌握了图像仪的使用及其软件系统，编制了一套工夹具设计应用程序，为实现计算机辅助设计开辟了道路。他同时十分重视建立配备有图形显示器的实验室，于1982年在西工大建成了航空工业部第一个以国产设备为主的"交互式图形显示计算机辅助设计与制造实验基地"。1986年，在航空工业部的资助下，基地更新了设备，建立了以PRIME-550 II为主机的计算机辅助设计系统。系统的建立为研究生的培养和科研的开展起到了重要的作用。

1992 年获得世界银行贷款，在西工大建立计算机辅助设计与制造国家专业实验室。在筹建中，他亲自参加设备选型、软件选择的论证会，常提出重要的决策性意见。

1981 年，杨彭基担任了航空工业部"六五"关键课题"7760 计算机辅助设计、制造与管理系统"的顾问。这是一个由研究所、工厂、学校共同组成，有140 多位专家参与的大型集成化软件系统，1986 年完成，被《科技日报》和中央电视台共同评选为 1986 年全国十项重大科技成果的第一项，1988 年获国家科技进步奖。杨彭基自 20 世纪 80 年代初就指导研究生从事利用图形显示器编制多轴数控加工程序。经过 10 年的实践、提高、再实践、再提高，形成了完整而实用的 NPU（西北工业大学）计算机辅助设计与制造系统。这个系统于 1992年在国家科委组织的"全国自主版权软件"的考评中获计算机辅助制造项第一名，其代表作"大型水轮机叶片系列几何造型及多轴数控加工图像编程系统的研究"于同年获国家科技进步奖。十多年来，他还接受了如航空工业部某型号工程计算机辅助制造技术关键等多项科研任务。杨彭基对承担科学研究任务有个主导思想，即学术上既是国际水平的，又是国家的重大科技任务，同时要有较大经济效益。他还说过："对国民经济有重大作用、国防上需要的重要项目，哪怕赔钱也干。"

计算机辅助设计与制造学科的建立是杨彭基对我国科技事业的一个贡献，实现了他生平"从事航空工程、振兴中华"的夙愿。

对飞机制造准确度的研究取得重要成果

20 世纪 50 年代，我国航空工业发展很快，仿制了多种苏联飞机。杨彭基注意到当时各厂普遍存在的一个问题——生产中的"协调问题"，即在飞机组合件、部件对合时配合不良。经过思考，他认为"协调问题"主要是制造准确度问题，从而对飞机生产准确度开始进行研究。1961 年，他以新工艺讲座的形式讲了"飞机生产几何准确度"，并提出部件对接部位的尺寸误差是由该尺寸的形成过程所造成的，即由形成最后尺寸的各环节误差累积造成的。为此，他对累积误差问题进行了研究，查阅了大量资料，于1962年西北工业大学科学报告会上做了《飞机制造中累积误差之计算公式》的报告。在报告中，他分析了可采用的5种累积误差的计算公式后，认为在计算飞机生产准确度时，应以波洛达却夫公式作为基本公式。为了应用这一公式，他认为需要确定飞机生产典型环节的误差分布律及其不对称系数 α 和相对分布系数 k，为此，必须做大量的实际测量与统计工作。1962—1965年间，他的三位研究生在他指导下相继在累积误差公式的基础上对"以装配孔装配部件的准确度""在型架装配机中安装型架的准确度"和"以光学仪器安装型架的准确度"等课题进行了研究，并做了大量实测工作，取得了典型环节的分布曲线和 αk 系数。1964年，杨彭基提出了协调准确度的理论，作为飞机生产中解决"协调问题"基础的同时，他认为不同材料的热膨胀也对装配工艺中的尺寸协调产生重要影响，从而在我国首先提出了热膨胀协调误差问题并给出了计算公式。这样，就把实际存在的物理因素考虑到几何因素中去，更真实地反映客观事实。1965年，杨彭基在《航空学报》上发表了题为《热膨胀对飞机装配工艺的影响》的论文，阐述了他的观点。

努力培养航空工程人才

1976年，杨彭基带领学生在工厂对数控技术在飞机生产中的综合应用做了初步尝试。1977年发表了《飞机设计生产一体化实践报告》一文，基本上代表了当时我国在这一技术领域的水平，并提出了缩短我国和世界先进国家间差距的措施。为了缩短这一差距，他认为培养人才是最根本的途径，因而从工厂返校后，杨彭基即在本科生专业中增设了"程序算法语言"和"数学模型"等新课程并亲自讲授。1978年，他开始培养这方面的硕士研究生。1982年，杨彭基成为我国首批博士研究生导师，培养了我国第一位计算机辅助设计与制造学科的博士生。到1994年，他已培养出该学科的博士20人，在校正在培养的有10人。1990年国家批准该学科设立博士后流动站，他担任指导教师。

杨彭基及其同事们经过多年努力，在人才培养、实验基地建设、科学研究等方面取得显著成就，终于形成了计算机辅助设计与制造学科。1984年，杨彭基被正式任命为西工大该学科领导小组组长。1986年，西工大成立了跨系的计算机辅助设计与制造研究中心，他出任中心主任。1985年，他在《航空学报》上发表论文《计算机辅助飞行器设计与制造概况》，阐述了计算几何、交互图形显示学、数据结构和数据库、数控技术是支承计算机辅助设计与制造学科的四大技术基础，从而为这一新学科的建立提供了理论依据。1984年和1986年这一新学科连续被航空工业部确定为部重点学科，1988年被评为国家教委重点学科。西工大计算机辅助设计与制造学科一直坚持"老中青结合，建设人才梯队，团结一致共同奋斗"的精神，这也是该学科在国内享有盛誉的主要因素之一。

杨彭基自1942年起从事教学工作已半个世纪。他在指导研究生时，强调理论联系实际，强调提高理论水平，强调为国民经济服务。他一般要求完成论文分两个阶段：第一阶段结合实际任务，发现高难度问题，要求从理论上予以解决；第二阶段，针对所发现的问题进行深入研究，要求取得有国际水平的成果。研究生们用6个字概括导师的培育，即"管得严，放得开"。"管得严"是指要求研究生在业务上和思想品德上都要高标准；"放得开"是指在学术思想上广开思路，百花齐放。因此，他培养的研究生的水平，在后续学习和实际工作中得到国内或国际认可。博士学位论文《空间三角网格上的C和G插值》受到世界著名计算数学家波姆（W. Bohm）教授的重视并为论文作者申请到"洪堡奖学金"。博士论文《多结点布尔和曲面交互飞机外形设计》受到诺丁汉大学生产工程系系主任卡莱特（Carlett）教授的赞赏，邀请论文作者去该大学做博士后研究。1991年得到学位的两位博士生被国务院学位委员会授予"做出突出贡献的中国博士学位获得者"，同年被西工大破格提升为教授。

杨彭基对博士生在政治思想上要求同样严格，每次他们出国前都要对他们讲："我对出国深造是很支持的，但是总希望学成后回国。学完后多待一段时间，取得国外经验和技术，我也赞成，但希望最终能回来为国家出力。"在他所培养的20名博士生中有6名曾先后出国，已有5名回国。

学生对他都有深厚的感情。一位1991年破格提升为教授的年轻博士生在他的论文"致谢"中写道："整个论文工作的完成凝结着杨老师的心血。他那渊博的知识，严格的治学态度，以及言传身教的学者风范将使作者受益终生。"交通大学航空系 20 世纪 50 年代初毕业生、学部委员顾诵芬，1992 年 4 月撰文回忆老师教诲时仍然记得："在大学里最后一年杨先生教我们飞机设计，而且做了一个相当分量的设计作业，对我来说受益很大。印象最深的就是设计一定要有规范。我一接触到飞机设计就关心规范的收集。在设计教练机时，我们收集到英国的 AP-970、美国的 CAM0、苏联 1947 年的强度规范，避免了出大漏洞。这就不得不使我感激杨先生的教诲。"

良好的家教惠及子女

杨彭基教授的长女杨青回忆："我们家有 6 个孩子，我排行为二，是父母的长女。可能天生父女容易沟通，因此从小就养成经常和父亲交谈的习惯。在孩子中哥哥和我为大，从小父母对我们的要求相对也比弟妹们高，后来我又在高等学校从事和父亲同样的教学科研工作，因此和父亲有了更多的共同语言，在各方面受父亲的影响也较大。回想我们的成长道路，每一步都凝聚着父亲对我们的关怀、教诲和期望。"

"父母从小对我们在思想品德方面要求很严，特别注重对我们德、智、体全面发展的培养。父亲对我们的教育，可用他的研究生高度概括的'六字'教育思想来形容，即'管得严，放得开'。从小我们就知道，父亲最不能原谅的过失是'说谎和随便拿别人东西'，对我们诚信方面的管教非常严，而一般男孩子的调皮捣蛋、闯点小祸他却很少责备。父母亲还特别注重培养我们良好的劳动习惯，我们家孩子多，父母又都工作，因此在我们很小的时候家里就请了个老阿姨帮助母亲照料我们的生活。但父母从小就要求我们自己洗衣服、扫地、拖地板、修自行车，做各种力所能及的家务劳动，对待老阿姨如同对待自己的亲人一样。假期中，父母还经常让我们到西工大印刷厂去参加各种义务劳动，既培养我们热爱劳动的好习惯，又让我们懂得尊重普通的劳动人民。

"父母亲从小就教导我们，在工作学习上要向比我们高的人看齐，在生活享受上要向比我们低的人看齐，言传身教，使我们身上很少有一般教授家孩子容易养成的骄、娇二气。父亲对我们开放式的教育使我们受益匪浅，父亲从不把我们关在房子里死读书，他特别鼓励我们参加户外体育活动，注意将对我们能力与意志的培养寓于娱乐之中。小时候就听他说，当年他在清华上学时家住在天津，每年寒暑假总是和同学一起沿着铁路步行回家。还告诉我们，当年考入清华的新同学要经受的第一个考验，就是要被老同学扔到游泳池里，看你能否爬出来。意味着清华的学生不仅学术上要求精良，而且非常重视体育锻炼，因为只有强健的身体，才能健康地为祖国工作50年。小时候我身体较弱，性格沉静，不像哥哥那样身体健康，喜欢在外面玩，因此常常要被父亲赶到外面去玩。虽然他的工作总是非常忙，但他很注意劳逸结合。他常教导我们，学习工作的时候要专心致志、提高效率，休息的时候要彻底放松、好好玩。父亲喜欢散步的习惯一直保持到生命的最后一刻！从小父亲就喜欢带我们饭后出去散步。父亲的歌唱得很好，解放初我们住在上海交大，他常常一面带我们在校园散步，一面教我们唱歌，在散步中我们跟父亲学会了唱《国际歌》《国歌》《歌唱祖国》《我是一个兵》等很多革命歌曲。1954年在南京中山门外新落成的华东航空学院举行的一次联欢会上，我们家的孩子还登台表演了合唱，轮唱好几个歌。父亲工作再忙，也会抽出时间带我们步行到郊外去远足、登山，教我们划船、游泳、打羽毛球等运动，刻意锻炼和培养我们不畏艰险、互相帮助、勇于攀登的精神和意志。直到现在，每当我们兄弟姐妹聚在一起，都会回忆起这一段最幸福美好的童年和少年时代的生活。

"随着我们步入中学、大学阶段，父亲对我们思想品德、学业上的教育更加重视。作为子女，我们都非常感谢父母为我们营造了一个非常温馨、和睦、幸福的家，为我们的成长创造了一个良好的家庭环境。我们和父母之间的关系平等、民主，父母从来不强求我们按照他们的意志行事。父亲会根据我们成长的不同阶段，对我们提出具体的要求和建议，定期召开家庭会议，让我们充分发表自己的意见，也经常根据各个孩子的具体情况和我们个别谈心，帮助我们解决问题。在学业方面，父亲主要对我们在学习方法和研究思路方面进行指导，启发我们自己的主观能动性，自觉学习、刻苦钻研。他特别重视理论联系实际，强调动手能力以及工程实践能力的锻炼与培养。

"父亲热爱祖国，言传身教，经常用新中国成立前后亲身经历的对比，对我们进行爱国主义教育，勉励我们要为国家的富强而努力学习。当我们有出国深造的机会时，父亲会分别根据我们的不同情况提出具体的建议，要求我们早日学成回来报效祖国。1984年我有机会去英国伯明翰大学做一年访问学者，临行前父亲跟我说，国家给你们提供的资助是为你们的学习创造良好的条件，不要为了省钱老是和中国学生住在一起，尽量要和外国人住，有利于了解所在国家的文化背景，并提高英语水平。另外，出去时间虽然短，也要自己做一个完整的课题，哪怕一个较小的子课题，以便实践和掌握科学研究的全过程。还要充分利用到国外学习的有利条件，多到各处参观学习，并与相关领域的专家学者建立广泛的联系，以便于回国后的国际交流与合作。出国后，我完全按照父亲的要求去做，抓紧时间完成了一个从查阅资料、课题论证、方案设计、试验、数据处理、结果分析、论文撰写全过程的课题。并在1985年ASME国际会议上发表了一篇论文。这个实践过程为我以后指导研究生以及主持完成国家课题奠定了良好的基础。20世纪90年代初，组织上任命我担任学院院长，为了搞好工作，我回家时经常向父亲请教。父亲教导我，学院工作首先一定要下功夫抓好学科建设、人才培养问题，另外一定要围绕国家经济建设的重大需求，把科研水平搞上去。父亲的指点使我明确了方向，增强了信心。父亲一生都教导我们，任何时候都要站得高，看得远。他的教导不断鼓舞我们克服暂时的困难，向着既定的目标奋勇前进！

"随着年龄的增大和阅历的丰富，我越来越深刻地认识到，父亲身上所体现的那种'国家兴亡，匹夫有责'的爱国主义精神以及强烈的使命感与责任感，是我国老一辈爱国知识分子所共有的优秀品质和最宝贵的精神财富。他们不是一个个体，而是一个群体，是中国知识分子真正的脊梁。他们中的一些人虽然在历次政治运动以及'文革'中受到过不公正的待遇，但是他们热爱社会主义祖国、热爱中国共产党、忠诚党的事业的信念从未动摇过。他们为了国家的繁荣富强，不计较个人得失、无私奉献、呕心沥血、鞠躬尽瘁，为我们国家今天科学技术的繁荣奠定了基础。父亲就是这个优秀群体中的一员！

　　"父亲已经离开我们多年，在那不断攀登、永无止境的征途上走完了自己的一生。虽然他没有来得及给我们留下只言片语，却留下了对我们深深的爱，留下了慈祥可亲的音容笑貌，留下了最最宝贵的精神财富。回顾父亲对我们的精心教育和培养，我深知，他希望，无论我们在哪个工作岗位上，永远要做一个对国家、对人民有益的人，做一个正直的人。"

（整理：宁生录）

主要参考资料

[1] 张定华.纪念杨彭基教授专辑.西北工业大学出版社,2008.

许侠农（1909—1969），直升机专家，安徽芜湖人。1925—1927 年在芜湖民生中学学习，1928—1929 年在芜湖私立工业专门学校就读，1930 年就读于浙江大学电机工程系。1934 年毕业后，在通讯兵部工作。1935 年进入国立中央大学机械特种技术研究班（后简称机特班）学习。1937 年机特班毕业后，在南昌飞机厂先后承担了两型飞机的研制（甲-1 型教练机和驱-1 型驱逐机），做出了重要贡献。1938 年春，随工厂迁至四川南川县后，参与仿制苏联 И-16 驱逐机的工作。1941 年到广西大学机械系任副教授，后任教授。1944 年任浙江大学机械系教授。1945 年任中央大学航空工程系教授。1952 年，南京大学、交通大学、浙江大学三校航空工程系合并成立了华东航空学院，许侠农任机械零件教研室主任。1957 年，创建了中国第一个直升机专业并任教研室主任，同时任飞机系副主任。由他担任总设计师的我国第一架自行设计制造的直升机"延安二号"，曾获得全国科学大会奖。

中国第一个直升机专家：许侠农

中国直升机教育的创建者

1909 年 4 月 20 日，许侠农生于安徽省芜湖市一个普通职员家庭，自幼因家庭困难，经常没钱缴纳学费，他自立自强，靠努力学习取得的奖学金来维持在校读书。1920年起许侠农在芜湖圣公会学校学习。1925年为抗议帝国主义制造的"五卅"惨案暴行，他毅然退学，转入由著名的中共党员李克农等创办的芜湖民生中学学习。受老师李克农的影响，他加入了中国共产党外围组织"济难会"，后于1927年秋加入中国共产党，入党后主要进行救援入狱同志、跑交通、参加工人夜校教学和宣传等方面的工作。1928年2月，"济难会"被国民党破坏，他受牵连被捕入狱6个月，出狱后民生中学已经停办，老师也已转移，他和党组织失去联系。

1929年，许侠农进入芜湖高级私立工业专门学校就读，1930年大学预科毕业后考入国立浙江大学电机工程系，1934年毕业。期间一度经济窘迫，幸亏由于成绩优秀获安徽省奖学金，才不致辍学。1934年毕业后在通讯兵部工作，看到日本飞机在我国天空横闯，他立志要学习航空，为国出力。于是，许侠农舍弃了每月80多大洋的工作，重新进入大学学习航空知识。

1935年，他考入国立中央大学机械特种技术研究班（以下简称"机特班"），成为该班第一届学员，同班同学包括黄玉珊、李耀兹、柏实义等人。国立中央大学机特班是我国第一个航空技术研究生班，也是我国第一个航空工程系——国立中央大学航空工程系的前身。国立中央大学机特班共办了4届，培养学生34人。可以说，国立中央大学机特班是中国航空教育的起点。

1937年，从国立中央大学机特班毕业后，许侠农考取赴美留学名额，但由于抗日战争爆发，为了服务抗战，他转而先后在南昌飞机厂和第二飞机厂担任工程师，未能赴美深造。在南昌飞机厂，他先后承担了甲-1型教练机和驱-1型驱逐机两型飞机的研制工作，做出了重要贡献。1938年，南昌飞机厂搬迁到四川南川县海孔洞，作为先遣人员之一，许侠农参与了南川首批厂房的建设工作，克服了难以想象的困难。在南川，许侠农参与仿制苏联И-16驱逐机的工作。

由于不满飞机厂里国民党当局的管理和腐败，1941年，许侠农离开了飞机厂，到广西大学机械系任教，讲授航空工程和机械零件课程，其间先后获教育部颁发的副教授、教授证书，并成为"部聘教授"。在广西大学期间，他参加了中国工程师学会年会，在会上宣读了论文。

1944年，许侠农到浙江大学机械系任教授，讲授航空发动机课程。1945年，他到中央大学航空工程系任教授，先后承担飞机结构强度、机械零件和航空工程等课程。从1945年到1952年，他一直在国立中央大学（后更名南京大学）航空工程系任教授。

1952年，南京大学、交通大学、浙江大学三校航空工程系合并成立了华东航空学院，当时，南京大学领导曾邀许侠农留在南大任总务长，但许侠农因为热爱航空科学和教学工作，愿意随航空工程系调入华航执教。在华航，许侠农担任机械零件教研室主任。1956年，华航西迁，改名为西安航空学院，许侠农任机械零件教研室（909）主任，并兼任学校夜大校长。当年，经过组织审查，他重新加入了中国共产党。1957年，西安航空学院和西北工学院合并成立西北工业大学。1957年10月，许侠农在西工大创建了中国第一个直升机专业，并任505教研室主任，同时兼任飞机系（五系）副主任。

1951年，许侠农当选江苏省政协委员，并于1956年赴京参加全国政协大会。华航西迁后，自1956年起，许侠农任西安市人民代表大会代表。

创建直升机专业

第二次世界大战后，直升机逐渐成为广泛使用的新型飞行器，而在当时，我国航空教育从未涉及这一重要领域。直升机专业的创建难度极大，一切都要从零开始。许侠农主持创建了我国第一个直升机专业。他虽身患严重的高血压，但仍夜以继日地工作，为新专业的创建做了很大的贡献。

在团队建设上，他建议学校将赴苏联留学的王适存的学习方向改为直升机空气动力学，为专业的长远发展做准备。他招收并指导研究生为将来师资做准备，并不顾当时政治上的禁忌，指导了胡风的儿子张晓谷做研究生，这是别人不敢要的。张晓谷后来一直在直升机专业工作，成为专业骨干。"文革"前的几年里，直升机专业共招收了10名研究生，其中许侠农亲自指导了5名。加上在学校从应届毕业生中选留了若干人作为教研室专业教师加以培养，初步形成了直升机专业教师人才队伍。

在直升机教研室成立初期，既无专业教材，又无相应的教学实验手段。当时可供参考的书籍仅有苏联布拉图欣著的《直升机构造与设计》和尤里也夫著的《直升机空气动力学》，学生只能靠自学和讨论来理解有关直升机的基础知识。许侠农身负繁重的创建任务，还亲自授课，他在直升机强度和振动方面做了开拓性的工作。他编写了《直升机强度》《直升机振动》等教材，为青年教师开设了直升机旋翼强度、直升机地面共振等一系列专题讲座，为本科生讲授直升机强度计算课程，并指导研究生开展直升机"地面共振""旋翼颤振""扭转共振"等关键课题的研究，这些工作为学科的发展打下了基础。

1960 年到 1961 年夏，苏联莫斯科航空学院直升机教研室副主任达林副博士应邀来西北工业大学讲学，带来了不少资料，为以后编写直升机专业教材和直升机教研室的发展起了重要的作用。与此同时，许侠农还带病两次长时间深入研究所和工厂，了解他们对直升机教学的需求，并编制了国内第一个直升机专业的专业教学计划和专业课程教学大纲。

在直升机专业组建之初，实验条件一穷二白，尤其是没有直升机领域的专门实验设备。许侠农带领大家制定了实验室发展规划，并积极争取各方面的支持，建设关键的实验条件。经过坚持不懈的努力，在短短数年间，实验条件得到了较大改善。例如，建成了国内第一个十米旋翼台，当时是西工大屈指可数的大型实验装置。这也为学科承担国家重点研究项目奠定了基础。

由于在人才、科研和实验室建设等方面做出的努力，年轻的直升机专业得到迅速成长，尽管其间经历了三年困难时期，到了 20 世纪 60 年代中期，经过几年的奋斗，直升机专业在教学、科研、研究生培养等方面均得到全面提升，成为在国内有重要影响的学科。尤其是承担了总参谋部指令的研制小型直升机"延安二号"的任务，更显示了研究实力的强大。

1962 年国民经济困难时期，上级领导部门曾计划取消直升机专业，将它并入飞机设计专业。在这关系到直升机专业生死存亡的时刻，许侠农做了大量工作，多次上书并直面有关领导陈情，说明直升机专业的特殊性、必要性和重要性，终于说服了上级部门，保住了全国唯一的直升机专业。

在重重困难中研制"延安二号"直升机

1958年，在"大跃进"的形势推动下，西工大造出了"延安一号"小型飞机，并试飞成功。这激励了广大师生，提出了要造"延安二号"小型直升机。刚建立的直升机教研室承担了这一重任，许侠农担任总设计师。"延安二号"是我国第一架自行设计的直升机，研制难度之大是"延安一号"不能比拟的。大家夜以继日地努力，克服了许多技术难关，完成了直升机的设计和研制。由于当时已到了国民经济的困难时期，制造直升机的很多器材无法取得，最主要的是没有合适的发动机，设计时用的 AИ-14 发动机没有，只能用 M-11 发动机代替，但 M-11 发动机的功率只有 AИ-14 的 2/3，动力不足。加之国内经济形势的急剧恶化，项目最终未能进行下去。但是这一经历是我国在自行设计直升机方面的第一次尝试，为年轻的直升机专业积累了经验。

1965年，鉴于部队急需小型直升机以及西工大直升机专业研制"延安二号"的经历，由总参谋部正式下达命令，西工大负责研制小型直升机，任命许侠农担任总设计师。这架飞机的战技指标是原"延安二号"完全无法比拟的，完全是一架新的直升机了。开始它的命名是 YZ-1，但为了纪念那一段难忘的经历，将新直升机重新命名为"延安二号"，当然此"延安二号"已非彼"延安二号"了。

由于当时国际形势十分紧张，越南战争越来越激烈，因此上级对新直升机的研制时间要求很紧，要求1966年底要试飞，只有一年半的时间，远远少于常规的新飞机研制时间。作为该型号总设计师的许侠农所肩负的重任是可想而知的。他不顾身患疾病，带领研制团队一方面努力工作，夜以继日地加班工作，另一方面想方设法提出了新的研制流程，大大加快了研制进度。在研制过程中，他并没有因为时间紧迫而因循保守，采用陈旧技术，而是大胆采用新工艺、新技术，以期达到"延安二号"的技术指标。例如，由于当时我国的航空发动机动力不足，要满足军方要求，必须降低部件重量，提高性能，按当时我国的技术能力很难达到。研究团队在许侠农的领导下，从有关方面获取了在越南战争中被击落的美军直升机的残骸，经过分析、对比，参照这些残骸改进了我们的设计和工艺，取得了很好的效果。旋翼是直升机最重要的部件，以往我国生产的直升机旋翼是木质的，木质旋翼性能差，重量大。在"延安二号"的设计中，大胆采用了全金属旋翼设计，研制出了我国第一个全金属旋翼，极大地提高了我国直升机设计和研制的能力和水平。而全金属旋翼应用到其他型号国产直升机上，已经是多年以后了。所以说新的"延安二号"直升机，是我国第一架自主研制的，具有完全自主知识产权的直升机。

在研制团队的共同努力下，"延安二号"的研制进展非常顺利和迅速，到1966年5月底，已经全面完成了整机的设计，并基本完成了首架直升机的研制。但是就在这时，"文革"开始了，"延安二号"的研制中断。许侠农在"文革"中也受到严重的迫害，加上疾病，1969年4月6日，他在西安病逝。

1970年，直升机教研室迁往南京航空学院，"延安二号"的研制工作也随之转移过去。1975年，我国第一架自行设计研制的直升机"延安二号"完成了试飞工作，并获得全国科学大会奖。现在，直升机专业已经成为国家重点学科，原来的"旋翼台"已经发展成为"直升机旋翼动力学"国家级重点实验室。

1985年，在南京的9名直升机专业教师，写信给许侠农的夫人说："由许老师担任总设计师，我国自行设计制造的'延安二号'直升机在1975年胜利飞翔在南京上空，并获得全国科学大会奖。许老师是我国唯一的直升机设计专业的创建者。我们这些人都是在许老师的培养下成长的。"

（执笔：许家栋）

    万一（1909—1968），江苏省常州市武进县（今武进区）人。出生于普通劳动者家庭，早年虽穷困，不失其志，发奋苦读，1932年以优异成绩毕业于国立中央大学电机系，毕业后考取公费留学资格，就读于意大利都灵工学院航空工程专业，取得博士学位。1937年留学毕业回国后，先后任杭州笕桥中央航空学校学术教官，浙江大学航空工程系、华东航空学院、西北工业大学教授。引进介绍大量国外航空资料和设备，并在掌握前沿动态的基础上，提出自己的诸多新思想，为我国早期航空教育发展，在专业设置、人才培养、实验室建设、课程建设等方面做出了突出贡献。

立志航空救国的科技专家：万一

艰苦环境中发奋读书

    万一先生1909年出生，这一时期的中国内忧外患，百废待兴，劳苦大众生活在水深火热之中。从一个穷苦家庭的男孩，成长为一名航空专家，中间的路该有多么艰辛漫长。少年万一，在艰苦的环境中奋力挣扎，没有钱买书，就借书、抄书，每张纸顶天立地、正反两面用。早年的艰难不仅没有压倒他，反而在他心中形成了同情劳苦大众，为改变贫穷而奋斗的情怀。"三更灯火五更鸡，正是男儿发奋时"，这句诗伴随、激励了他的少年、青年乃至整个人生。

艰难的时代磨炼了他的意志，同时也催生了他航空救国的崇高理想。20世纪初，飞机刚刚诞生就在经济、军事等方面展示了巨大的影响，受到各国的广泛重视，也点燃了不少有志青年的蓝天情、航空梦。我国航空事业起步早，但在后来的发展中裹足不前，在设计、材料、动力等方面大大落后于美、俄、日、德等国。孙中山先生曾多次提到"航空救国"的伟大设想，在他草拟的《十年国防计划》书稿中共列出63个要点，涉及航空的就有9条。万一生前曾多次提到自己的航空梦，看到航空工业在满目疮痍的祖国发展中的重要性，以及中外发展的巨大差距。这些促使他形成了"航空救国"的伟大理想。一诺千金不回头，这一理想成为他终生奋斗的目标，千难万险，矢志不移。

1937年万一从意大利都灵工学院学成回国后，分配到中央航空学校担任学术教官。不久抗日战争爆发，学校内迁到广西，战乱中他与学校失去联系，流落到贵州省贵阳市。1938年经同学介绍受聘于当时内迁到贵州的浙江大学机械系任副教授，1940年起任教授。流浪期间，万一看到祖国处处是战火、灾民、死亡。战争中面对强大的日本空军，中国的航空力量微不足道。这些不断刺痛着满怀航空救国激情的青年学者的心，他更加坚定了航空救国梦。

创建浙大航空工程系

在浙大任教期间，万一教授和范绪箕教授一起，向当时浙江大学校长竺可桢申请成立航空工程系。航空工程系成立后，范绪箕为系主任，万一是第一任教授。当时经费十分紧张，人才、设备奇缺，在这样非常艰苦的条件下，他们完成了专业发展急需的资料、实验室基本建设。尤其是在无参考样板的条件下，他主持设计、参与组织施工，建成了浙江大学3英尺低速风洞。这座风洞在航空工程系以后的教学中起到了重要作用，后来随院系调整时迁出，继续在西北工业大学的教学中发挥作用。

1946年，浙江大学迁回杭州市。回迁途中，路上乘坐的是烧木炭的、不断抛锚的汽车，经千难万险，似唐僧西天取经。抗战结束，百废待兴。在这种非常艰苦的条件下，办航空专业所遇到的各种困难可想而知。

1947年，全国性的反饥饿、反内战学生运动开始后，国民党当局对各地学生民主运动实行高压政策，加紧制造白色恐怖。万一同情革命学生，痛恶当时的贪污腐化之风，积极投入到反饥饿、反迫害斗争中。在新中国成立前夕浙江大学的护校运动中，他坚决留在杭州不跟国民党逃到台湾。

万一在浙大教过的学生陈德元（后在西北工业大学任教）在回忆文章中写道："他（万一）性格直爽，是那种不为五斗米折腰的知识分子，更不会拍马屁。但教学很严格、认真。"

在万一教的"材料力学"第一堂课上，他这样告诉学生："学我的课，你们一定要认真、努力。学期结束时，不管全班成绩如何，都会有三分之一不及格，假期好好去补课。"后来，学生们才明白，万教授说这些话其实是激励学生好好学习的手段。

万教授上课，每次只是从口袋里拿出一张卡片，上面写着讲课提纲，然后就讲故事般把一堂课风趣地讲完了。学生学着不累，把要点都记牢了。

创建西工大公差和技术测量实验室

1952年全国院系调整，万一响应党的号召，到南京刚成立的华东航空学院七系任教。1956年，华东航空学院整体搬迁到西安市，改名为西安航空学院。1957年，西安航空学院和西北工学院合并成立西北工业大学。万一先后任航空发动机系机械制造组组长，703教研室主任。万一根据当时的教学急需，放弃教了很多年的空气动力学和结构力学，创建了公差和技术测量实验室（707教研室）。教研室成立初期既无专业教材及相关资料积累，又无相应的教学实验设备，万一带领大家引进、组装设备，翻译国外的最新科研成果，编写教材，开新课，顺利完成了新的实验和教学任务。经过坚持不懈的努力，在短短数年间，教学、研究条件得到了较大改善，这为学科承担国家重点研究项目奠定了基础。

曾在703教研室任教的曹麟祥就深受万一的影响。曹麟祥刚到教研室时，万一就让他准备"公差与测量技术"课中的"齿轮公差"一节，这一节课程内容繁杂，是公差课中的难点。万一还要求课程内容要紧跟科学发展的步伐和国家需要。通过准备和讲授这门课，曹麟祥锻炼了扎实的功底。由于万一教授的外语水平很好，在他的影响下，曹麟祥自学了英语和俄语，受益匪浅。

航空专业的长期训练，形成了万一一丝不苟、特点鲜明的工作作风，对教学研究认真负责，对学生严格要求。他非常讨厌一些浮夸的作风，对家庭困难、学习认真的学生爱护有加，经常邀请他们到家里过节。他工作中严肃认真，生活中不失风趣幽默，能自拉自唱京剧。他告诉大家，在高亢、流畅的京剧西皮曲调中，仿佛看到了飞机在雄浑的轰鸣声中冲天而起。这种情感只有一个抱定航空梦想、百折不挠的人才能体会到。

万一长期紧张的教学科研工作，得到家人的理解和支持。一个人的航空救国理想，演变为全家人的航空梦。他爱人默默承担了全部家务，还经常帮助他誊写、刻印翻译的资料和新编的教材。很多年以后，他们的子女仍然能回忆起母亲帮助父亲整理译稿和教材的情景。印象最深的是高度近视的母亲，把蜡纸放在钢板上，弓着身子刻字，再印成小册子供学生们使用。

这些回忆远远不能还原万一为航空事业发展所做出的艰苦努力和突出贡献。"文革"中，万一两次被抄家，他的学术资料丢失殆尽。

从1966年到1968年，造反派以"莫须有"的罪名把万一隔离审查，污蔑他是反动学术权威，致其身亡。1978年，国家为万一平反昭雪，终使他和家人的心灵得到安慰。

万一用他的勤奋、才智做出了无愧于时代重托、无愧于民族希望的贡献。他爱国、忘我、严谨、勤奋的科学精神，将激励我们为今天国家航空事业腾飞继续努力奋斗。

（整理：赵　珍）

主要参考资料

万一家人、陈德元、曹麟祥提供的原始素材.

戴昌晖（1919—2005），空气动力学家和航空教育家。长期从事空气动力学和飞行力学的教学、科研和实验设备的建设工作，对我国风洞设计和空气动力学实验研究做出了杰出贡献，是我国实验空气动力学的奠基人之一。主持的大批科研项目都在空气动力学研究的前沿位置。是国务院第一批批准的博士研究生导师。先后担任过中国航空学会第二、三届理事兼空气动力学专业委员会副主任委员；中国空气动力学研究会第一届副会长，第二、三届常务理事兼风能专业委员会主任委员，《空气动力学学报》副主编；中国力学学会第二届理事；中国太阳能学会第二届理事兼风能专业委员会主任委员、荣誉理事；航空工业部科学技术委员会特邀委员。由于他的杰出贡献，航空工业部颁发给他"突出贡献专家"证书，享受国务院特殊津贴。1985年，他的简历收入美国出版的《国际杰出领导人传记》第一版，1986年收入英国剑桥国际传记中心出版的《世界知识界名人传记》内。

空气动力学专家：戴昌晖

关于戴昌晖先生，之前多从学校老师和同学们口中得知，他是我国实验空气动力学的奠基人之一，国务院第一批博士研究生导师，被选入《国际杰出领导人传记》《世界知识界名人传记》……听说这样一位大师曾在我们学校工作过，自己内心也是充满了些许自豪。这次学校组织"华航西迁60周年纪念活动"，恰好给我们一个契机，让我们更加深入地了解戴昌晖。

戴昌晖的妻子裴灼华曾经写过一首诗来纪念丈夫。

献给昌晖

——妻裴灼华

2005 年 9 月

热爱祖国，为航空事业奉献毕生精力。

无私无畏，挑战世界尖端科技。

为人正直，淡泊名利，不计较个人得失。

一生清贫，艰苦朴素，远离奢华生活。

耿直倔强，刚正不阿，率真坦荡。

教书育人，一丝不苟，桃李满天下。

刻骨铭心，永生永世不忘。

以此为纲，让我们走近戴昌晖先生。

热爱祖国，为航空事业奉献毕生精力

1919 年 10 月 27 日，戴昌晖出生于江西省赣县一个平民家庭。父亲毕生从事中小学教育，有子女 7 人，家境贫寒。1931 年，戴昌晖随家人迁往南昌市，插班进南昌私立赣省中学初中三年级学习。由于学习成绩优异，在高中时获得全免学费、膳费的奖励。1931 年，九一八事变爆发，日本帝国主义侵占我国东北三省，他积极投入爱国学生运动，宣传募捐，支援抗日将士和义勇军。1935 年高中毕业，他同时考取了北京大学物理系和天津北洋大学新开办的航空工程系。那时南京国民政府著名的高志航飞行大队驻防南昌，他被飞行雄鹰的英姿所吸引，为抗日救国的时代强音所感召，选择学习航空工程，立志走"航空救国"之路。戴昌晖获得江西省每年 150 元的奖学金，只身离开南昌，北上天津求学，年仅 16 岁。

他的大学时代，正当国家多难之时。日本侵略军大举增兵华北，他积极投入"一二·九"运动和"一二·一六"爱国学生运动，下乡串联，宣传抗日。

七七事变后,他开始了两年的流亡学生生活。从天津南下辗转到达西安,在那里,他就读于由北洋大学、北京师范大学、北平大学联合成立的西北临时大学。以后,学校迁往陕南城固,并改名为西北联合大学,不久,学校又迁入山区并再次改名为西北工学院。戴昌晖在西北工学院毕业,获工程科学学士学位。

1939 年,大学毕业后的戴昌晖年仅 20 岁,即被招聘到云南瑞丽中美合办的中央杭州飞机制造厂工作。有机会施展"航空救国"的抱负,他感到无比兴奋。不久,太平洋战争爆发,滇缅边境已无后方可言,工厂几度搬迁,戴昌晖工作的地点从云南迁到缅甸。为了抢运飞机发动机回国,他深入敌后,从缅甸八莫翻山涉水,步行 4 个星期回到昆明。

1941 年冬天,戴昌晖到印度中国航空公司工作。其间,他参加了隼 III 型飞机的生产,P-40 型飞机的总装配,直接供应给"飞虎队"。此后,他又参加了CW21 型飞机的生产和 C47,C46 飞机的维修工作,支援抗日战争。

1943 年春,他通过了重庆政府的留学考试,于同年 12 月自孟买出发,经过 33 天海上的航行到达美国洛杉矶。1944—1946 年,他在美国密歇根大学研究院学习。1946 年 2 月获航空工程硕士学位。同年,进入美国俄亥俄州哥伦布市的寇蒂斯-怀特飞机制造公司工作,任研究工程师,从事超音速飞行器的空气动力计算工作。由于工作出色,被聘为长期雇员。1947 年,应浙江大学校长竺可桢教授的邀请,回国任教,讲授流体力学和应用空气动力学。1949 年,升任为教授,年仅 30 岁。

新中国成立后,他继续在浙江大学任教。1952 年全国院系调整,他调到南京华东航空学院工作,任空气动力学教研室主任。1956 年,他到苏联莫斯科航空学院进修,参加了该院大型高速风洞的设计工作,完成了超音速扩压器最佳设计的研究。1958 年回国后,到西北工业大学任第三研究室主任,筹建系列风洞群。

1976 年,戴昌晖调到南京航空学院,参加大型低速风洞的建设,筹建空气动力学系和空气动力学研究所,担任系主任兼研究所所长。

1990 年退休以后,他继续从事科学研究活动,特别重视可再生能源的研究,是我国风能开发利用的倡导者之一。

无私无畏，挑战世界尖端科技

从 20 世纪 50 年代开始，为了祖国航空事业发展的需要，戴昌晖努力开展空气动力学的实验研究。面对落后的局面，他领导着西北工业大学和南京航空学院的空气动力学研究人员，从无到有，从小到大，在两所院校建立起完整的实验研究体系，开展了空气动力学一系列前沿课题的研究工作。他首先打开了我国与国外合作进行空气动力学实验研究的渠道，参与了全国风洞建设规划的制定，主持或参加了全国绝大多数大型风洞的立项、咨询工作和鉴定验收工作。他是我国实验空气动力学的开拓者之一。

1958 年，西北工业大学建立第三研究室，计划建设大型低速风洞、跨音速风洞、高超音速风洞、激波管风洞以及进气道风洞各 1 座。戴昌晖是技术总负责人。在大约 5 年的时间里，建成了一座完整的、现代化的跨超音速风洞：试验段口径 300mm×300mm，马赫数 0.3～4，代号 52 风洞。该风洞有总共 650m^3 的高压容气，分 25 个大气压和 8 个大气压两套气源系统和空压机车间，有完整成套的电气控制系统，成套的测量仪器和仪表，还有 6 套 S6 型真空泵辅助抽气系统。52 风洞从设计到零部件加工装配、调试以及仪器控制系统配套，都是在他的领导下完成的，是我国自行设计制造成功的第一座自动化高速风洞。与此同时，他还主持建成了试验段口径 200mm×200mm 的进气道风洞 1 座。

在风洞的设计和建造过程中，涉及的问题很多，他认真负责，一丝不苟，重要环节事必躬亲，从不推卸。从方案论证、数据计算、技术总结，到施工图纸，他都仔细审查，重要尺寸亲自协调，避免给国家造成损失浪费。当时正值三年困难时期，他身体浮肿，妻子下放农村，身边还有一个 3 岁的女儿，但他仍坚持加班加点，经常工作到深夜，甚至通宵达旦。他团结群众，与工作人员打成一片，协同工作。他以身作则，没有发生同行相轻，相互扯皮，闹不团结的现象，使工程得以顺利开展。

52 风洞的建设，一次成功，性能良好，为教学和科研立下了汗马功劳。它的成功经验为我国以后的各类风洞设计与建设提供了宝贵的经验和良好的榜样。

1980 年春，戴昌晖到北京航空工业部接待西德宇航科学研究院代表团，与西德科学家们进行洽谈讨论，日夜工作。同年 10 月，随航空工业部副部长徐昌裕回访西德宇航科学研究院，签订长期技术合作协议，戴昌晖代表中方与德方具体商定空气动力学实验研究的 6 个项目。其中，"风洞自由流紊流对附面层发展的影响"和"紊流附面层壁面剪切应力的准确测量"由他本人亲自负责，组织实施，先后进行了 19 人次的双向交流，派遣了一批青年教师去西德参加研究。此项合作延续时间较长，对提高我国附面层研究及相应的实验技术研究水平，起了重要作用。中—西德协议签订后，为了尽早按协议开展工作，戴昌晖率领教师和工人冒酷暑，苦干 3 个月，建成了我国第一座低紊流度风洞。1981 年得到航空工业部嘉奖，1982 年通过鉴定并获科技进步二等奖。

为人正直，淡泊名利，不计较个人得失

在戴昌晖女儿戴琼的文章《纪念爸爸》中，这样写道："2004 年，他在重病之中还捐钱给大海啸灾区。爸爸还常回忆起年轻时参加抗日战争，他从印度屡次飞越喜马拉雅山脉，出生入死，只身一人去抢修二战时期美国和中国用以抗击法西斯的飞机。爸爸早在他十几岁时，就立志救国。他选择了北洋大学的航空工程系。刚一毕业就投身抗日战争。爸爸去过缅甸、印度、泰国等国，为了保护中杭厂安全撤退转移，爸爸忍饥挨饿，冒着被日寇追杀的危险，翻越高黎贡山。抗战时期的条件超出了常人想象的艰难。爸爸一直想把这一段经历写成回忆录。很可惜这一段非凡的、鲜为人知的经历，还是没有写成。我很后悔一直未能帮助爸爸写成或整理他的口授。爸爸在我们全家人的心中是一位非常了不起的英雄。'文革'中，爸爸经历了残酷恐怖的打压和摧残，但他还是坚强地挺了过来。因为他是那样地爱他所从事的航空、教育和风能事业，为此他可以奋斗一生，在所不惜，无怨无悔。他为人正直，淡泊名利，生活上极为简朴清贫。我从他身上看到了老一辈知识分子的优秀品质，懂得了做一个人要正直坚强，不畏任何艰难困苦，勇于进取。"

西北工业大学流体力学系贺家驹教授这样说，"正当万事俱备，准备建造低速风洞时，因国家经济困难，国防科委通知风洞暂时下马。这对戴教授打击很大，但他不气馁，重新组织了冲压发动机组装等筹建组，任命我为大组长。新研究组不到两年就将设计的单支臂柔壁喷管投产，调试成功。"可见戴昌晖为祖国航空事业不计较个人得失的可贵品质。

耿直倔强，刚正不阿，率真坦荡

戴昌晖1947年回国前，已经在美国俄亥俄州哥伦布市的寇蒂斯-怀特飞机制造公司任主任工程师，并被聘为长期雇员，待遇优厚，生活得很好，很受美国上司的赏识，他比同他一起参加工作的美国同行提升和加薪都快。当时美国上司曾劝他留美不要回国。"这在当时美国种族歧视的情况下是很少有的。"戴昌晖的妹妹戴源澄在《悼念胞兄昌晖》中这样说，当时美国的上司很认同戴昌晖的真才实学，很想把他留下，为美国公司服务。但那时祖国抗日战争刚结束，百废待兴，正是急需人才的时候，他出于爱国热忱，为了振兴中华，报效祖国，最后决定放弃美国的工作，毅然回到了国内。

贺家驹回忆说："'文革'开始后，他被迫害靠边站，研究室'文革'小组指定我促生产，负责他原来主管的国家课题'跨音速风洞驻室抽气方案研究'，因此我仍有很多技术问题要向他请教，他始终耐心指导，并积极参加一些技术设计工作，应该说对完成此项原由他和对方签订的合作研究任务起到了关键作用。'文革'后期，由于工作需要，戴教授被调往南京航空学院任空气动力学系主任和365空气动力研究所所长，才有机会进一步重新发挥了作用。1990年，他在南航退休后，到美国女儿家休养，我1992年赴美国参加AIAA学术会议后，经华盛顿去看望他，他留我住一天，十分关心地询问西工大风洞情况。"

教书育人，一丝不苟，桃李满天下

为了发展祖国的航空事业，培养建设自己的航空技术队伍，1947年11月，他毅然放弃了在美国的工作和优厚待遇，回到祖国从事航空教育事业。

新中国成立初期，国内缺乏新教科书，他一面讲课，一面编写当时急需的

《飞机安定性和操纵》一书，于 1950 年由上海商务印书馆出版。该书不仅解决了学生学习的燃眉之急，而且为各飞机设计单位和试飞研究所广为参考。为了学习苏联的先进技术，他亲自选择了水平较高的 A.H. 巴特勒雪夫（Патрашеь）著的《流体力学》一书，翻译成中文，1958 年和 1959 年由高等教育出版社分上、下两册出版，供教师和学生学习。1963 年，他又根据当时的需要，发表了他的专著《风洞设计原理》。该书包含了他在苏联工作期间收集整理的技术资料和他本人在风洞设计方面的科研成果，是全国第一本系统地介绍风洞设计的教材。1990 年，戴昌晖已年过七旬，他考虑到近年来高新技术的发展，有许多新的实验技术和实验方法应该及早介绍给研究生、青年教师和科技人员，于是又编写了新的教材《流体流动测量》。这本书不仅作为南京航空学院空气动力学专业的研究生必修课的教材，也为其他院校和有关的科研单位使用，受到广泛的欢迎和好评。

在教育方法上，戴昌晖努力倡导理论与实际相结合。他在美国从事理论研究工作，回国后面对现实需要，转而从事实验研究和教学，几十年成果累累，桃李满天下。早在西北联合大学学习期间，他曾撰文投稿当地报社，主张理科大学生参加军工生产或后勤管理工作，支援抗日战争。在担任南京航空学院空气动力学系系主任期间，他反对教育上的因循保守思想，力主拓宽课程设置和课程内容，而不应局限于飞机空气动力学这个框框。他要求高速空气动力学的教学内容应对高超音速流动和航天方面给予更多的重视；而低速流动的教学内容应向工业流体力学，如风机、润滑、射流控制等方面扩展。他编写的教材内容都力求跟踪当时科学技术发展的新水平，能解决科学研究中的实际问题。他所从事的研究课题，经常要求学生来参加。博士生和硕士生论文在选题上都要结合国家科研任务，并要求具有创造性，跟上或超过世界先进水平。他指导的博士生论文都获得了优秀论文的评价。他大胆起用人才，培养青年教师，选派多名基础雄厚、踏实肯干的青年教师到西德参加国际合作研究，回国后带动国内的研究工作，取得了良好的效果。

南京航空航天大学荣柏森教授在《怀念戴昌晖先生》中写道："回顾起来，

戴先生严谨的治学精神和踏实的工作作风，对我影响很大……"

西北工业大学何心源教授在《怀念老师戴昌晖》中写道："戴老师对工作的认真，对事业的精益求精，对科学的务实态度，对技术的创新，是我们学习的榜样，深深感染着我们这一代……"

西北工业大学流体力学系贺家驹教授这样说："我虽然没有直接当过戴教授的学生，但我始终以他为师，除了学习科学知识，还有他认真负责的事业心，一丝不苟的科学态度，对技术精益求精的品质，踏踏实实的工作作风，使我终生受益。"

科研情深，刻骨铭心，永生永世不忘

几十年来，戴昌晖始终站在科学技术的前沿，领导着空气动力学的实验研究工作，他领导并直接从事的一些基础性研究课题，如紊流附面层特性及紊流减阻、分离流与旋涡运动、非定常流，以及相关的实验技术研究都达到了国内领先水平或国际先进水平。在低紊流度风洞的设计中，他大胆地采用了大扩散角，有效地防止了气流分离。在他的领导下，南京航空学院的风洞洞壁干扰研究工作取得了重大成果。他治学极为严谨，例如英文中"shockwave"一词，经过他反复琢磨推敲，翻译成"激波"，为大家接受，沿用至今。

自20世纪80年代起，他十分重视可再生能源的开发利用，担任了中国空气动力学会和中国太阳能学会的风能专业委员会主任委员，在南京航空学院建立了风能开发小组，领导大家开发了适合我国国情的几种类型的小型风力发电机和提水机，取得了良好的经济效益和社会效益。退休后，戴昌晖仍然孜孜不倦地研究风能的开发利用。

旧情难舍，晚年回归，始终难忘工大情

戴昌晖深深怀念自己从浙江大学到华东航空学院，再到西安航空学院，直至在西北工业大学这30年（1947—1976年）的一程程教学科研经历。

他自1976年离开西北工业大学后，一直关心怀念学校。2004年5月，他和贺家驹教授联系，希望来西工大看望大家和风洞建设情况。西工大航空学院

及流体力学研究所表示热烈欢迎，院所宴请了戴教授，并陪同他参观风洞。贺家驹教授陪同戴昌晖参加了西工大家访旅游部组织的平民化黄陵、延安、壶口瀑布两日游，并合影留念，完成了戴教授的愿望。可见戴昌晖对陕西—西安—西工大的深厚感情。

（执笔：贺家驹等）

主要参考资料

[1] 南京航空航天大学编印. 戴昌晖（1919—2005）.

[2] 网络素材.

陈士橹（1920—2016），浙江东阳人。飞行力学专家。是我国航天事业和航天教育的开拓者与奠基人之一，开创了我国宇航工程科技教育的先河。1945年毕业于西南联大，获学士学位。毕业后，先后任教于西南联大航空系、上海交通大学。1956年，赴苏联莫斯科航空学院深造，师从知名教授奥斯托斯拉夫斯基。1958年获得莫斯科航空学院副博士学位。回国后到西北工业大学任教。1959年，受命创建西北工业大学宇航工程系，并在困境中力保宇航专业。长期致力于飞行器飞行动力学与控制研究，其成果达到国际先进水平。长期致力于航天科技人才培养，先后培养飞行力学博士、硕士50多名，其中包括我国飞行力学专业第一位博士和博士后。1994年当选为俄罗斯宇航科学院外籍院士，1997年当选为中国工程院院士。曾任中国宇航无人飞行器学会名誉理事，陕西省宇航学会名誉理事长，美国宇航学会(AIAA)副资深委员。历任中国航空学会第一、二、三届理事；中国宇航学会第一、二届理事；国务院学位委员会第一、二届学科评议组成员，航空宇航组第二届召集人。从1984年至逝世前，一直担任西北工业大学航天学院名誉院长。

毕生星天情

——记中国工程院院士陈士橹的航天人生

创建宇航工程系　开启航天科技教育新征程

1959年，陈士橹从莫斯科航空学院进修回国后的第二年，一项新的使命悄然等待着他去完成——创建西北工业大学导弹工程系（后称宇航工程系，校内称8系）——我国宇航工程科技教育的首批院系。

筹建宇航工程系是一个极具挑战性的工作，国内高校中没有多少现成的经验可以借鉴，陈士橹也缺乏管理工作经验，一切都得从零开始。为不负重托、做好筹建工作，陈士橹和刘盛武等6位参与筹建宇航工程系工作的教师专程赴北京航空学院（即现北京航空航天大学，以下简称"北航"）学习取经（北航于1958年在苏联专家指导下建立了火箭导弹系）。在筹建宇航工程系的日子里，陈士橹夙兴夜寐、殚精竭虑，除了吃饭、睡觉，其他时间基本上都在办公室忙碌。在西工大校长寿松涛的直接关怀、支持下，经过大家的共同努力，1959年底，一个新的专业系在西工大正式成立了。

在筹建宇航工程系过程中，参与工作的人员分工协作，专业负责人主要有三人——许玉赞、谢安祜和陈士橹，分别是从飞机系和发动机系抽调的。许玉赞和谢安祜两位都是二级教授，学识渊博，资历颇深，陈士橹尊称他们为老师；陈士橹是三个人中最年轻的，年龄不到40岁，只有副教授职称。许玉赞、谢安祜和陈士橹这三位专业负责人后来被寿校长形象地誉为宇航工程系的"三个老母鸡"，在筹建和发展宇航工程系的过程中发挥了中流砥柱作用，一个"老母鸡"带一个专业、一个学科。许玉赞教授是导弹总体和结构专业的"老母鸡"，谢安祜教授是航空发动机、火箭发动机专业的"老母鸡"，陈士橹是飞行力学专业的"老母鸡"。

为保证宇航工程系的顺利筹建，在学校统一协调和大力支持下，一批年轻教师从其他系抽调到宇航工程系作为预备教师,并被选送到北航学习专业理论。当时,教职工总数多达200余人,学生也临时从飞机系、发动机系和材料系等三、四年级学生中抽调,其中从飞机系空气动力学专业61届学生中抽调了10人作为飞行力学专业第一班学生。

新建的宇航工程系起初只设有火箭构造及设计、火箭发动机构造及设计2个专业。1960年,新增导弹控制、飞行力学与飞行操纵2个专业,全系共4个专业。

新建成的西工大宇航工程系和北航的火箭导弹系同为当时国内规模较大、实力较强的宇航工程科技教育基地。

建系之初,工作百端待举。首先是教材短缺问题,当时很多专业课程没有教材,只能靠讲义或讲稿。一个正规的专业必须有正规的教材,陈士橹很清楚这一点。以前使用过的教材都是由苏联专家提供、翻译的,密级很高,没有教材名称,全部使用的是代号。面对这种现状,陈士橹率先带领飞行力学教研室教师自己动手编写教材,在陈士橹主持下,飞行力学教研室编写的第一部代号为50108的教材,于1961年编写完成并应用于教学。

1962年前后,国防科委召开所属高校研讨会,专题研究讨论教材编写事宜,推动教材建设,规范教材编写要求。自那时候起,陈士橹根据专业教学需要,精心策划宇航工程系各专业的教材建设。1964年,陈士橹又亲自编写了教材《导弹动态误差》,这本教材成为后来飞行力学专业的范本。

我国导弹事业的起步与发展备受陈士橹的关注。1962年3月21日,当我国第一枚自行设计生产的"东风二号"导弹在酒泉发射场发射升空时,起飞后不久就出现了较大幅度的姿态失稳,随即发动机起火、关机,69秒后导弹在发射架附近300米处坠地爆炸,这枚导弹发射惨重地失败了。专家分析认为导致这枚导弹坠毁的原因之一,是"在导弹总体设计中,只是把导弹当成刚体设计,没有考虑到细长弹体在飞行中弹性振动与导弹姿态控制系统发生耦合,导致导弹飞行失稳",这成为后来陈士橹密切关注的重要研究方向。

可能出于尽快研究和解决问题、培养专业技术人才的考虑,国防科委主任聂荣臻元帅下令调运"东风二号"一枚给西工大。随着"东风二号"的调入,宇航工程系已经拥有了两枚用于教学和科研的实物——"东风一号"和"东风二号"。这是上级主管部门对西工大办学，特别是对宇航工程系的莫大支持。

在创建宇航工程系期间，日常的管理工作、教学工作以及专业实验室建设占据了陈士橹大部分时间和精力，但他始终没有放松关注科研工作，这缘于陈士橹对高校教师参加科学研究的独到见解。他主张，大学老师除了教学工作，还是要做科研工作的，要跟企事业单位、实践单位多联系，在解决工程实际问题的过程中，增强对专业内涵的理解，提高专业水平。

20世纪60年代，我国的导弹设计、研制工作刚刚起步，在当时国际大背景下，国内外可借鉴的资料极为稀缺，工程技术人员力量也十分单薄。按照国防科委的要求，高校教授必须到研究所兼职，学校也提倡教师要与企事业单位进行合作，把理论研究与工程实践相结合。陈士橹带头响应，主动与航天企事业单位建立联系，经常奔波于学校和航天单位之间，地处北京的中国航天一院、二院、三院和五院，地处西安的航天四院等研究院所，都留下了他的足迹。通过频繁的科研项目合作，陈士橹既为这些单位解决工程实际问题，又与这些单位建立了密切合作关系，为以后开展科学研究搭建了宽阔的平台。

多年的合作经历，使得陈士橹对高校教师从事科研工作有了新的认识，他认为："做科研就要多跟外面联系，只在学校里搞科研是没多大意思的。"

国防部第五研究院成立于1956年10月，为了加强其理论研究和技术力量，著名的火箭专家、第五研究院院长钱学森先生点名在全国高校挑选了数位知名教授到五院担任咨询专家，其中西工大两名教授榜上有名。一名是飞机系的黄玉珊教授，五院专门成立了结构研究所，为他安排了一间办公室；第二位专家就是飞行力学专业的陈士橹。

1964年至1966年间，陈士橹被委派到航天部原三院701所担任兼职顾问。这期间，他被安排到飞行力学工程组，与宣平、蔡金狮等专家一起共事，帮助解决型号设计、研发、生产中的难题。

陈士橹在航天三院担任顾问期间，接触到了一些航天工程应用领域的实际问题。他逐渐发现航天工程中涉及弹性方面的问题较多，比如飞行器液体燃料的晃动会影响其飞行稳定，由于飞行器的结构强度都不是太高，质量也不能太大，因此就会出现弹性问题，飞行器弹翼、弹身的扭转也会对飞行造成影响。航天三院 701 所很重视这个实际问题，虽然基本的理论问题都能够解决，但工程实际的问题还需要多加考虑和研究。陈士橹认为开展这方面的研究很有必要，他急不可待地查阅了大量的外文资料，发现许多国家都很重视这一领域的研究，他认识到科学研究必须与工程实际联系起来。从工程实际应用出发，他确定了把弹性飞行器动力学与控制作为学科研究的主攻方向。

突遇撤并风波　倾力保住宇航专业

正当西工大宇航工程系建立并逐步发展走上正轨的时候，却遇到了意想不到的麻烦和冲击，面临着被"撤并"的严酷现实。

1963 年，国务院在航空工业管理局的基础上成立了新的第三机械工业部（简称"三机部"），分管航空工业。由于管理体制的原因，三机部航空工业领域以外的职能被剥离，不再分管航天工业，这也意味着三机部有理由不再支持所属高校办宇航专业，而航空高校培养的宇航类专业人才也难以安排到三机部管辖的航空企事业单位。大约 1964 年前后，三机部内部有的负责人主张高校的专业不要分得太细，火箭、导弹跟航空不分家。国内许多专家也迎合这种观点，究其实质就是要求其所属的航空院校撤掉宇航专业，将其归并到航空类专业中。

上级主管部门的意见令其所属的航空院校不知所措、无所适从，压力倍增，这个新建的与国防事业密切相关的宇航工程专业刚诞生就面临着被"撤并"的窘迫状况。这股突如其来的"撤并"风使得西工大及其同类航空高校都面临着一次学科专业上的重新"洗牌"。学校领导左右为难、举棋不定，既要考虑上级主管部门的意见，又要考虑学校办学的实际情况，领导之间意见也不统一，有的赞同"撤并"，有的主张坚持办下去……

那时，陈士橹正满腔热忱地倾心于宇航专业的建设与发展，他从事宇航专业教育教学、科研工作已经四五年了，也打下了坚实的发展基础，打开了良好的发展局面，初步取得了一些建设成效，宇航工程系的教育教学、科研工作也逐步走入顺畅发展的轨道，然而这股"撤并"风犹如突如其来的"空中急刹车"，让陈士橹以及那些亲手创建宇航工程系的先驱者们感到百般不解和迷茫！

亲手创建并领导着宇航工程系，又亲历过教学实践、人才培养和专业建设的陈士橹，觉得宇航工程系还是应该继续办下去。他坚定地认为，显而易见的是，航空的飞行速度不高，航天则一下把飞行马赫数提高到了25，26，27，28，两者在学科上的差别很大，要研究的东西也很多，肯定是要继续做的。而且，从国防建设的高度看，中国这么大的国家，没有航天肯定是不行的。

诚如陈士橹所言，我国当时并没有单独设立宇航院校，从国家发展战略来审视，宇航事业正在起步阶段，急需培养大量科技人才。在这种情况下，突然要取消宇航专业，陈士橹感到非常痛心，百思不得其解。

陈士橹是一个敢于讲实话、做实事的人，十分重视学科、专业设置和人才培养，敢于坚持自己正确的判断。在专业设置上，他认为，多数专业强调共性、通用性，或按学科设置是对的。但对于尖端的国防专业，在重视共性的同时，要多强调一些特性，单独设置专业也是应该的，不宜一刀切。宇航工程专业应该坚持办好，不应取消或与其他专业归并。

在宇航专业存亡与否的紧要关头，身为系主任的陈士橹并没有"坐以待毙"，而是四面出击，毫不掩饰地主张自己的观点，为保留宇航工程系奔走呼吁。

陈士橹一方面积极说服学校领导，并希望他们向上级主管部门领导反映意见，表明自己的态度，争取上级领导的支持；另一方面，他利用到北京出差的机会，不厌其烦地走访国防科委和教育部的主管领导，做他们的工作，阐明自己的观点："搞航天科学是要在航空科学基础上再上一个台阶，很不容易，随便撤掉实在可惜！"他遇到钱学森先生就跟钱先生说，遇到周政委（国防科委周一萍）就跟周政委反映。

1964年，国防科委在北京召开全国国防高校工作会议，陈士橹在会议上"放了一炮"，胸襟坦白地坚持航空航天专业要分开，呼吁保留宇航专业。他的一席话引起了与会领导和代表的关注，也有人为他捏了一把汗，责怪他太执着、太大胆了。然而陈士橹不以为然，执着地坚持自己的观点。在各种不同意见的激烈交锋中，他敏锐地觉察到，时任国防科委副主任、国防工业办公室副主任，主持国防科技、装备和国防工业工作的张爱萍上将"实际上还是支持他的观点的"，陈士橹清晰地记得，张爱萍在总结会上说过，有些专业这个部不需要，其他部可能需要，各个部要有一点大局观。

这期间，有一次在四川召开的全国空气动力学会的研讨会上，他又见到了时任国防科委副主任的钱学森先生，陈士橹不失时机地向钱学森先生反映他的想法。钱学森先生听后态度十分认真地表明了他的看法，陈士橹回忆说："钱学森先生当时说过，很多人都说要把你们宇航工程系撤掉，但我是赞同你的。宇航工程还是国家急需的专业啊！"

钱学森先生的一席话，让陈士橹感到十分宽慰，他的努力和坚持没有白费，他得到了钱学森先生的支持。

20 世纪 60 年代中后期到 80 年代初，宇航专业的撤并危机持续了十余年。

精诚所至，金石为开。在国防科委有关领导及钱学森先生的关心、支持下，由于陈士橹的执着和坚持，最终保住了西工大宇航工程系的航天专业，西工大宇航工程系成为全国航空院校中唯一没有被"撤并"的宇航院系，并发展壮大为今天的航天学院，成为以航空、航天、航海为特色的西工大的重要一翼。西工大也成为国内高校中唯一的航天专业自开办以来没有中断过的学校，所培养的毕业生成为国家航天和国防事业的栋梁之材。陈士橹主持和指导的西工大飞行力学专业，一直处在国内领先地位，一些研究方向已经达到世界先进水平。1992 年，国务院学位委员会组织学科评估，西工大飞行力学学科在全国 27 个相关学科的综合考评中，获得总分第一名的好成绩。

不拘一格育英才　毕生精力献航天

1981 年 11 月 26 日，我国首批博士和硕士学位授予单位及导师名单经国务院批准，由国务院学位委员会下达，西工大飞行力学专业被批准为博士学位授予单位的学科、专业点，陈士橹被批准为我国首批博士生导师。这一年，西工大首批共招收博士生 7 名，全校 6 位博士生导师中仅陈士橹一人招收了两名学生——袁建平、熊笑非。袁建平是从一般力学专业硕士毕业后考入飞行力学学科，熊笑非则是陈士橹亲手培养的飞行力学学科的硕士研究生。

在培养第一批博士生期间，陈士橹倾注了大量精力，精心施教、诲人不倦。他根据袁建平和熊笑非两人不同的专业基础，为他们量身定做，制定了两个不同的培养方案。针对袁建平的专业基础，陈士橹在为他制订的培养计划中，特意安排了多半年的时间学习飞行力学专业课。

袁建平和熊笑非顺利完成学位课程学习之后，陈士橹着手指导他俩进行论文研究，选题方向都是弹性飞行器飞行力学。弹性飞行器飞行力学涉及古典的飞行力学，以及控制、材料、结构，相对于原来的飞行力学学科是个很大的扩充。特别是当时现代控制理论在飞行力学中刚应用不久，就已经融入陈士橹为袁建平和熊笑非选定的研究方向之中，这个选题同样极具前瞻性和实用性，直到现在仍然是很多预研项目里的重要支持课题，国家还在作为重点项目支持。袁建平毕业后能成功申请到"国家自然科学基金"和"洪堡奖学金"，得益于当年做过这方面的研究工作。

陈士橹在培养博士生的过程中，非常看重学生的研究能力、研究方法及思维方式等，而对博士生学位课程的考试成绩并不十分在意。他只为袁建平和熊笑非提供一个宏观研究方向，细节上不做具体规定，但要求他俩每两周上交一份所做研究的书面材料。袁建平回忆："研究工作有进展，哪怕是两页纸或一页纸，你拿给他看，他就会了解得很清楚，判断你做的到底有没有问题和意义，并且会指出你下一步的工作。"

为帮助袁建平和熊笑非开阔视野、拓宽思路，更好地开展论文研究，1984年到 1985 年间，陈士橹经常带领他俩参加全国飞行力学学术年会，尽可能多地为他们提供学术交流机会。

在陈士橹的悉心指导下，1985 年初，袁建平和熊笑非完成了博士论文，顺利通过了博士论文答辩，成为陈士橹亲自培养的我国第一批第一、二位飞行力学学科博士。

30 余年来，陈士橹已亲自培养博士、硕士 50 多名。他们当中的多数已成为我国航天和国防科技工业领域的栋梁。弟子们在各自工作岗位上所做出的突出贡献既是对导师辛勤培育的真情回报，也是对陈士橹学术水平的印证。

中国工程院院士、航天二院总设计师于本水认为，"陈老师在中国的飞行力学界独树一帜。弹性体和飞行力学都有人在研究，但是把两个结合起来，在国内他开始是最早的，成果也最丰富，在中国开辟了一个很好的领域。"于院士还打趣地说："陈老师就像老母鸡，抱了那么一窝，现在查找文献的时候，他和他的弟子的文章最多。"

作为老一辈航天科技教育工作者的代表，陈士橹为祖国航天事业的发展打下扎实的根基，结出了灿烂的科技之果，为引领我国航天事业的发展壮大所做出的不朽功绩，世人将永远铭刻心间！

（执笔：鲁卫平　张杨　王凡华）

王适存（1926—2011），湖南邵阳人，中国直升机技术专家，航空教育家，中国直升机技术界的先驱、直升机专业的奠基者之一和学术带头人。1948年毕业于浙江大学航空工程系，1961年获莫斯科航空学院副博士学位，教授、我国首批博士生导师。20世纪60年代初，王适存提出的"直升机旋翼广义涡流理论"被编入由苏联著名直升机设计师米里主编的《直升机》中，并由美国NASA全文转译以AD报告形式出版，该理论被命名为"王适存涡流理论"。20世纪60年代，他学成回国后，全身心投入于我国直升机专业的建设和人才培养，倡导并亲自参加了中国第一架直升机"延安二号"的研制。先后主编或主审了《直升机气动力手册》《中国大百科全书·航空航天》，主持过多种型号直升机的评审或鉴定。曾任南航飞行器系主任、直升机技术研究所名誉所长、中国航空学会常务理事、江苏省航空学会理事长、中国航空学会直升机专业委员会主任。1991年起享受国务院特殊津贴，1992年被航空航天部授予"有突出贡献的专家"称号。

中国直升机泰斗：王适存

立志航空救国

王适存的童年，经历了从安逸舒适到艰难离乱的转折。在雅礼中学读书期间，学校时常遭到日军的轰炸，他曾回忆说，"轰炸最紧张的时候，实际上我们每天早上吃了早饭，然后学校里发你一顿干粮，大家就背着走很远，走到山坳里面上课，到了下午四五点钟再回来。每天都是这样的，在外面上课。这个时候，在我少年的心胸中朦胧地产生了'航空救国'的念头。"

1944年，王适存高三毕业。当时日本侵略者打长沙，打得很厉害。王适存一个人背着行囊一路从沅陵走到邵阳，在寻找家人时，一路来到贵阳，听说浙江大学临时要招一个航空工程系的新生，他正想要学航空，于是又从贵阳辗转到遵义，报考了浙大的航空工程系。开始入学的时候，这个系尚未组建，王适存只能同机械系的学生一起上课。一年后，随着范绪箕、梁守槃等我国老一辈航空元老来到浙大，航空工程系才逐步创建起来，这些名师的教诲对他以后投身直升机事业很有裨益。在大学期间，王适存结识了自己一生的伴侣——比他低一级的生物系王韫明（其父王淦昌），两人相识、相知、相爱，后于1952年结婚。1948年浙江大学毕业后，王适存报考了位于上海龙华机场的中国航空公司，被聘用到航空机械工程师室工作。1949年9月，他通过当时浙大航空工程系主任梁守槃介绍，重回母校担任助教，开始了他为之奋斗一生的航空教育生涯。在浙大航空工程系，他是陈克宣老师仪表课、戴昌晖老师空气动力学课的助教，并负责管理系里的风洞试验，担任一些课程的教学任务。在这段时间里，他曾协助系里建立了三尺风洞一座，撰写了《浙大风洞设计制造经过及初步测定报告》《风洞收缩筒设计的研究》等研究论文。其中，《浙大风洞设计制造经过及初步测定报告》是新中国成立后国内第一篇此方面的学术论文。1952年夏，交通大学、浙江大学、南京大学三校航空工程系合并建立华东航空学院。10月，三校航空工程系师生全部迁到南京，王适存也随之前往。在华航时，他担任了飞机系讲师，除讲授"流体力学"等课程外，还翻译了俄文《空气螺旋桨》一书，这为他之后从事直升机研究做了铺垫。

赴苏留学

新中国成立后，为适应社会主义建设事业的需要，中国政府开始向苏联派遣留学生。1956年夏，华航西迁，更名西安航空学院（西北工业大学前身之一）。

1957年10月，为了发展我国的直升机事业，西航决定筹建国内唯一的直升机设计专业。当时王适存考取了派往苏联留学的资格，由于他在华航从事过风洞风扇设计，翻译过《空气螺旋桨》的缘故，学校希望他在苏联学习直升机空气动力学。王适存被派往苏联莫斯科航空学院攻读直升机空气动力学副博士学位。该学院是俄罗斯最有名的培养航空航天技术人才的高等学府，也是世界上最为著名、最大的专业航空工程院校之一。在这里，他师从苏联直升机空气流体学界泰斗威利德格鲁贝。王适存曾回忆他的导师给了他非常大的帮助，尤其在毕业论文指导方面。在这篇论文中，他提出了直升机在前进状态飞行时涡流的算法，这个算法被国际上誉为"王适存涡流理论"。

"王适存涡流理论"

1961年2月，王适存以"直升机旋翼广义涡流理论"参加了研究生毕业论文答辩。在20世纪五六十年代，直升机各门学科都还年轻，还有许多问题没有解决。王适存毕业论文所研究的是当时世界上还没有人能解决的直升机前飞时旋翼的空气动力学问题。论文提出，在斜流的涡系上，沿母线的涡元强度和方向都是相同的，从而可以沿母线方向找到求解方法。这一立论令直升机空气动力学方面的专家为之兴奋。这是航空科学技术领先世界的苏联人、美国人都还没有解决的问题。

在答辩委员会的委员提出了一两个简单的问题以后，王适存的导师威利德格鲁贝站在了答辩委员会的委员面前，对委员们提出的其他问题主动出面给予回答，在博士论文答辩的历史上，这也许绝无仅有。在宣布王适存的答辩结束后，莫斯科航空学院的老师和同学立即簇拥着他到了饭厅，以苏联人传统的酒会形式为他祝贺。王适存没有辜负祖国的期望，他从苏联带回的不仅仅是一个副博士学位的头衔，也不仅仅是一个被世界公认的创新理论，他带回来的是中国直升机空气动力学坚实的基石。更令他没有想到的是，该论文由苏联国防出版社发表，并在翌年由美国NASA全文转译以AD报告形式出版。特别是在1966

年由苏联著名直升机设计家米里主编的经典著作《直升机》卷一中对此理论详加介绍，并将其命名为"王适存涡流理论"。在俄文文献里出现中国人的名字是罕见的。以科学家的名字命名某一项理论发现是国际上的惯例，有着悠久的历史。在互联网上，"有哪些以中国人命名的理论？"就空气动力学领域还没有相关介绍。"王适存涡流理论"尽管不为更多未从事直升空气动力学研究的人所了解，但他在直升机空气动力学领域为中国人赢得了骄傲。

1957 年 11 月 17 日，毛泽东在参加"十月革命"40 周年庆祝典礼后，在莫斯科大学的大礼堂接见留苏的中国留学生，王适存有幸成为聆听毛主席演讲的留苏学生之一。在那次接见中，毛主席深情地对留苏学生说："你们青年人朝气蓬勃，好像早晨八九点钟的太阳，世界是你们的，也是我们的，但归根结底是你们的！""这些年轻娃娃在这里学成回国，都会成为很有用的人才。"当年参加接见的留学生当中，学成回国后大部分已成为祖国的栋梁。这些闪光的群星中就有王适存。在以后的岁月中，王适存将这次接见中获取的精神力量传递下去，鼓舞更多的青年学子"成为有用的人才"。

学成归国

1961 年，王适存回国后重返西北工业大学，进入刚建立不久的直升机教研室，这是当时我国为配合直升机发展而新设置的人才培养基地。他深知，作为国家选送出国学习直升机专业的第一个研究生，将要担负起今后培养专业人才的重任。从此，他把全身心的精力都用在培养直升机专业年轻助教和学生上，把自己在苏联所学的知识和研究所得，完全用到自己的教育、科研事业中。他认为唯有如此，才能够报答党对自己的培育之恩，也才能不辜负组织和同志们对自己的信任。短短几年中，他翻译了《涡轮机流体动力学》（机械工业出版社1964 年出版）一书，撰写了《升力螺旋桨在桨盘上的诱速分布》（1964 年《力学学报》）、《升力桨在斜流中的叶素升力系数》（1965 年《航空学报》）等具有很高学术价值的论文。他撰写了我国第一部直升机专著《直升机空气动力学》，该专著及以后的修订本在我国直升机界广泛使用，对我国直升机人才的培养和我国直升机专业的建设发挥了重要作用。

设计制造"延安二号"直升机

1958年，西北工业大学以新成立的直升机教研室师生为主，在工艺、制造和试飞方面的工作由飞机专业的师生和学校实习工厂的工人、技术人员参与，开始设计制造"延安二号"直升机的尝试。而此时的王适存在遥远的莫斯科，未能参与到此项目当中。当时"延安二号"的设计困难重重，原因是当时缺少可借鉴的设计资料和直升机实物，更缺少合格的直升机人才，设计制造出的"延安二号"直升机，全机振动大、驾驭杆抖动大、发动机功率不足，唯一可用的M11发动机只有140马力，只能使730公斤重的直升机实现短暂的跃起。不久，"延安二号"直升机被宣布下马。1961年秋，王适存回国了，看到西工大的校舍已经初具规模，整个学校的布局与南京时期的"华航"相比，规划更整齐、合理，他由衷地感到喜悦。回校不久，学校任命他担任了直升机教研室的副主任。平时除了上课、写教材和带研究生之外，他总觉得自己还应该干点什么。他认为当时国内航空院校自行研制飞机的热潮已过，但是余温还在。于是他去求教飞机制造教研室的老师，能否自行搞出旋翼桨叶。在得到肯定答复和积极响应后，两个教研室筹划通力合作设计制造一架双座小型直升机。于是，通过系里，推动学校，再呈报到国防科委，几经论证，几上北京，终于在1965年春，国防科委下达研制小型直升机的任务，将这个新研制的型号称为"延安二号"。同年9月设计工作全面展开，1967年制造出01号静力实验室和02号样机。遗憾的是，正当王适存满怀信心，要在这个新任务当中一展身手时，"文革"来了，他被隔离审查。但1967年"延安二号"在一次地面系留试车中，发生了机毁人亡的重大"地面共振"事故。出事以后，"延安二号"的研制进入了技术攻关、工作时断时续的阶段。科研人员经过分析和大量实验后，终于在1969年攻克了"地面共振"问题的关键技术，并制造出改进后的03号样机。

1970 年 1 月，国务院、中央军委下达《关于改变国防高等院校领导关系的通知》："……决定将北京航空学院、南京航空学院、西北工业大学改归三机部建制和领导……" 5 月 12 日，西工大向三机部军管会上报《建议将直升机专业迁并于南京航院的意见》。11 月，三机部决定将该专业于 1971 年迁并南航，随专业迁并的还有"延安二号"。根据试飞组的要求，科研人员对 03 号样机做了进一步的改进，增加了双操作和助力操作系统，并进行了大量的补充实验，终于在 1975 年 9 月完成试飞，成为我国第一架独立自主研制成功的直升机。并在 1978 年获得了全国科学大会奖。

据王适存的学生汪宗淇回忆，"王老师是一个敢于在关键时刻挑担子，敢于负责任的人。'延安二号'试飞正在紧张进行，由于其他任务的需要，负责试飞的主要负责人出差在外，但'延安二号'仍需按计划去土山机场试飞，当时王老师就挺直腰杆出来说：'不要紧，由我来负责签字。'"几十年之后，王适存对他的学生讲，当时他是"后方坐镇"，也就是随时关注研制工作的进展情况，并尽最大努力帮助解决研制中出现的关键问题。王适存在自己身处厄境的时候，表现出的是中国知识分子的这样一种传统美德。为了国家、民族的事业，他淡泊、宁静、宽大、慈厚而且平正。他不求显露自己，也不求忝列功劳簿，他所希冀的只是与教研室全体同志取得共同事业的成功。这样的美德和品行，贯穿他的一生。也正因为如此，他赢得了所教过的所有学生、与他共事的所有同事的敬重。

艰苦奋斗，不断创新

在南航，王适存的目光始终聚焦在中国直升机事业的发展上，虽然在"文革"的冲击下，他的事业一度中断，但是一旦有了机会，他就会奋力向上，飞向新的高度。1978—1988 年，他担任南航飞行器系主任，领导大家艰苦奋斗、不断创新，使南航拥有了当时全国唯一的飞行器设计重点学科。他作为学科带头人，承担了指导了多项直升机空气动力学研究项目，获得国家科技进步三等奖等多项奖励。他担任直升机旋翼动力学国防科技重点实验室学术委员会主任，指导并参与重点实验室的建设和运行。他参加了直8和直9、直11等多个直升机型号的研制工作，组织《军用直升机强度和刚度规范》编写工作，主审了《军用直升机飞行品质规范》、《民用直升机适航条例》、《飞机设计手册》（第19册）以及其他多种技术资料，为我国直升机研制奠定了基础。他主编了《直升机空气动力手册》（第1～6册）和《中国大百科全书·航空航天》全部有关直升机条目，为我国直升机技术的发展做出了重要贡献。

改革开放后，王适存期盼我国直升机的春天早日到来，加强我国直升机界各系统间的横向联系。1985年，他倡导成立了中国航空学会直升机专业委员会，在中国直升机生产、设计、科研与教学单位之间搭建起一座学术交流的桥梁。在他的不懈努力之下，又创建了南航飞行器设计专业的首批硕士点、博士点，并使该专业成为全国同类专业中唯一的国家重点学科。1995年成立了国家级直升机旋翼动力学重点实验室，它是我国唯一培养直升机专业各类高级人才的中心。现在，国内直升机行业的学科带头人和技术骨干，大都是他的学生，这些人多数事业有成，许多人已成了教授、研究员和博士生导师。1998年，他和他的学生们总结了多年的研究所得，汇集成"直升机旋翼自由尾迹分析和气动特性研究"成果，其中对后掠、尖削、下反各种桨尖形状进行了深入分析，获得了中国航空工业总公司科技进步一等奖及国家科技进步三等奖。到1999年底，他在国内外发表学术论文有50多篇。

除此之外，王适存还致力于推动直升机领域的国际合作，奔波于世界各地，为中国直升机事业的发展而努力。1979年，他赴美国参加了AIAA学术年会。1981年，他在第七届欧洲直升机年会上公布了学术研究成果——《旋翼桨叶载荷简化求法》，这是我国在国际直升机界讲坛上宣读的第一篇学术论文。1982年，该论文获得航空部理论（学术）成果奖。1988年，应美国乔治理工学院等三所大学和波音直升机公司等三大直升机公司邀请，王适存教授又赴美巡回讲学一年，为祖国争得了荣誉。

王适存一生治学严谨，知识广博，思维敏捷，勇于创新。在世纪之交，他以 70 多岁的高龄,仍孜孜不倦,写论文、作报告、参与课题研究、指导年轻后辈,特别是关心和支持我国直升机的发展。王适存的一生中,人们感受更多的是他对祖国航空事业的执着和奉献精神,对国家和民族的坚定、自觉的使命感和责任感。在人类社会进入 21 世纪,在处于历史转型期的中国,这种在王适存身上体现出的人文精神,弥足珍贵,需要一代又一代的学人研修、传承、弘扬、光大!

（整理：屈　艳）

主要参考资料

[1] 曹竞南,李明成,师元光.中国直升机泰斗:王适存.航空工业出版社,2012.

罗荣安（1900—1965），上海市人，中国航空工程教育的开拓者。先后就读于上海青年会中学，继而进入上海圣约翰大学、北平清华学校学习。1918年由清华保送赴美，先在美国麻省理工学院机械工程科进修。毕业后留该校研究院研究航空工程，1923年获硕士学位后，先后在美国 Aeromarine 航空公司，Wight Aeronuatical Corporation 及 Curtis Airplane&Motor 等公司做飞机机体结构和起落架设计、应力分析等工作。

中国航空工程教育的开拓者：罗荣安

回国任教，献身航空

20世纪初叶，中国国防实力非常薄弱。1934年，政府为发展国防工业，国立中央大学校长罗家伦邀请在美国的罗荣安回国主办自动工程研究班。在祖国的召唤下，在罗家伦校长的盛情邀请下，罗荣安毅然放弃美国优渥的生活条件，回到了阔别多年的祖国，1935年2月应聘到中央大学任教。他在入职中央大学之后，着手负责的第一件事就是创办自动化工程研究班（后改名为"机械特别研究班"）。罗荣安亲自担任班主任、筹建实验室、撰写教材、招收有志青年入班学习。为培养高素质的航空工业建设人才，他不遗余力、多方操劳。他还倾注了大量心血到筹建中国第一个航空工程系工作中，延聘名师，拟定教学方案，编写课程教材，并且在很短的时间内，建成了一支高水平、实力雄厚的师资队伍。其中包括从英国学成归来的张创、李登科担任航空发动机学教授，从美国回来的伍荣林、柏实义和黄玉珊等人担任空气动力学、飞机结构力学教授。此外，还包括从法国归来的李寿同等人，可谓阵容强大、师资雄厚，这就使得中央大学航空工程系人才云集、俊彦荟萃。

罗荣安除担任航空工程系主任外，还亲自授课，为学生讲授飞机结构、航空仪表、飞机设计和航空发展史等课程。他学术功底扎实，造诣精深，所讲课程不仅概念清楚，而且内容丰富、形式新颖，突出地反映了当时美国航空工业的先进水平。罗荣安在授课方法上也有特色，他语言幽默、深入浅出、循循善诱、亦庄亦谐。他所开设的课程深受学生欢迎，广大学子沐浴教泽，倍感亲切。他主讲的课程尤其重视实验。历年培养的航空技术人才，对抗战军事贡献至大。其中，有国内空军方面之资深技术人员，有汽车制造方面之专家，有空气动力学方面之国际闻名学者，有美国著名大学航空系权威教授，有美国太空火箭方面之著名太空火箭专家。英才济济，咸沐罗先生陶熔作育之惠。罗荣安在中央大学任航空工程系系主任时，对青年学生的关心与爱护，如同一位大家长。他对全系同学讲话，训勉他们做人做事的道理，要大家为祖国的航空事业努力学习，为国效功。罗荣安讲话言简意赅，从不拖泥带水。他有一个口头禅："一么是……"这个"一么是"不是"第一点"。因为他没说过"二么是"，其实就是"首要的一点是"之意。

罗荣安对学生的培育和关心无微不至，从入学直到毕业，谆谆教诲，答疑解惑，即使在学生毕业以后，仍寄以期望和关注。他经常去往毕业生工作单位考察调研，与学生们重聚一堂，嘘寒问暖，畅谈工作情况和遇到的问题。他对学生的生活工作关怀备至。他每到一个工厂，总要深入一线探精查微，诸如工厂设备、电压、马力等相关数据，他都会一一记录在随身携带的笔记本上，并结合毕业生的实际工作情况，和他们深入探讨，指出相关的技术问题和改进办法。罗荣安的洞察能力和教学实践能力，不仅使学生受益，而且惠及厂方，受到多方一致好评。

追求真理，止于至善

1937 年 7 月 7 日，抗日战争爆发。中央大学西迁，航空工程系在罗荣安的亲自擘画下，全部随校迁往重庆沙坪坝，继续教学与科研，不使学生学业搁浅。名师出高徒，沃土育奇葩。在罗荣安的直接教诲下，在中央大学"追求真理，止于至善"良好校风的熏陶下，航空工程系机械特别研究班英才辈出，声誉日隆。从这里毕业的学生，绝大多数基础扎实、勇于创新，工作作风好，实干精神强，踏实肯干，成绩突出，贡献卓著。其中有 7 人先后荣膺院士称号，包括李耀滋（美国国家工程院院士、麻省理工学院教授）、柏实义（台湾"中央研究院"院士，曾任中央大学、美国马里兰大学航空工程系主任）、陆元九（中国科学院、中国工程院院士，国际宇航科学院院士，航空工业部总工程师）、冯元桢（美国国家科学院院士，工程院、医学院院士，中国科学院外籍院士，台湾"中央研究院"院士，美国加州大学教授）、沈申甫（美国国家工程院、华盛顿科学院、国际宇航科学院院士，台湾"中央研究院"院士，美国康奈尔大学教授）、陆孝彭（中国工程院院士、著名飞机设计师）、林同骥（中国科学院院士、著名力学专家）等，都是航空工程系机械特别研究班毕业生中的佼佼者。其他如徐舜寿（新中国第一架自行设计的喷气式歼击教练机总设计师）、张阿舟（南京航空航天大学教授），以及许许多多从事航空、航天、汽车、能源、机械制造领域里的学者、专家，都在各自的工作岗位上兢兢业业、无私奉献，为新中国的航空、航天事业的建设和发展做出了不可磨灭的贡献。

1943 年，因中大航空工程系已后继有人——柏实义、黄玉珊等航空工程系毕业学生留学回母校任教授，罗荣安于是辞去系主任之职，应中国航空公司之聘，负责机航组工作。1949 年到台湾后，他继续担任中国航空公司机航组副主任、顾问，及台湾地区"教育部"科学教育委员会委员等职。1952 年 8 月，应台湾大学之聘，担任机械工程教授。1956 年 9 月，应台湾"教育部"之聘兼任台湾科学馆馆长，主持该馆筹备建设工作。台湾科学馆能有今日之规模，和罗荣安晚年的心血密不可分。1960 年 9 月，台湾"教育部"首次组织赴日科学教育考察团，罗荣安任团长，率团赴日考察各级学校科学教育的实况。1962年，罗荣安任台湾"科学研习会"会长，积极发动全省各级学校成立科学研习会，并发行《科学研习月刊》，举办各项科学研习活动，殚精竭虑，全力以赴，冀于科学技术之发展，人才之培植，奠定长远之基础。

罗荣安学术严谨，忠于所事，锲而不舍，秉性刚直，不阿俗好，而与人言谈则又妙趣横生，见其和易。平居律己甚严，而待人宽厚，尤于青年学子爱护备至，在后学晚辈中口碑甚佳。罗荣安作为航空教育家，为中国航空教育做出了巨大贡献。他所创建的前中央大学航空系(华航组成实体之一)为后来的华航、西航和西工大航空系建设奠定了坚实的基础。

（本文摘自《南雍骊珠·中央大学名师传略——中国航空工程教育的开拓者罗荣安教授》）

柏实义（1913—1996），江苏句容人，著名空气动力学家。1940 年初，担任原中央大学航空工程系（华航组成实体之一）的教授，1943 年起任中大航空工程系主任。是西工大航空学院，即原飞机系主任黄玉珊教授机特班同学。创建的中大航空工程系为后来的华航、西航和西工大航空系奠定了坚实的基础。

著名空气动力学家：柏实义

广泛的求学与学术交流

1931 年，柏实义考入国立中央大学电机工程系，1935 年毕业，获学士学位。后又考入国立中央大学机械特别研究班（即航空工程研究班），1937 年毕业。旋即赴美留学，主修空气动力学。1938 年在麻省理工学院获航空工程硕士学位。1939 年在加州理工学院获空气动力学和数学博士学位，指导教师是世界知名的流体力学大师冯·卡门教授（Prof. Theodore von Kármán）。时值抗战第三年，祖国危急，国仇家恨，促使柏实义尽快返国，报效国家。1940 年初，他回到西迁至重庆沙坪坝的母校中央大学，担任航空工程系教授，讲授流体力学和飞行力学。1943 年继罗荣安教授出任系主任，前后 7 年时间，他为发展建设我国第一个航空工程系竭智尽力。

1947 年，柏实义在中央大学已任教 7 年，按例休假 1 年，赴美国康奈尔大学任客座教授。1949 年转到马里兰大学新成立的流体力学及应用数学研究所任研究教授，并在马里兰大学工程院航空系讲授空气动力学。1950年定居美国。1983年退休后，仍在马里兰大学继续从事研究工作，教授"空气动力学"等课程，长达35年之久。

刚退休后的头几年，柏实义步履犹健，每年都要外出与国外同行进行学术交流。从1949年到1994年的45年里，他在马里兰大学共休假4次，每次一整年。利用休假，他都到美国以外的大学或研究所讲学。他曾任联邦德国阿亨理论气体力学研究所客座教授，北美航空公司加州航空太空系统顾问，日本东京大学航空太空研究所客座教授，美国国家科学基金会高级博士后委员，奥地利工科大学维也纳流体力学研究所客座教授、荣誉博士，国际航天学会通讯委员，法国巴黎大学流体力学研究所顾问，美国太空总署月球研究所顾问，挪威工科大学流体力学研究所客座教授，丹麦工科大学流体力学及机械系客座教授，联邦德国哥廷根大学流体力学及机械系教授，新加坡大学工学院客座教授等职。

空气动力学领域先驱性开发与研究

柏实义针对不断高速发展的飞机、太空飞行器和导弹的阻力和升力，进行了先驱性开发与研究，推动并发展了空气动力学领域，使之向复杂尖端水准发展。他在四十多年前就发现了关于涡流结构的效应，当飞机、太空飞行器或火箭的速度惊人提高时，在有关电力的、化学的和电磁的相互作用上出现变换的复杂性。柏实义是空气动力学领域的权威，又是马里兰大学物理科学和技术院的创始者和奠基人。该校工学院院长J.A.约克赞扬柏实义提高了马里兰大学的研究水准，使之扬名国际，功不可没。

柏实义还从流体力学出发研究和解决了具有特殊性的难题，并做出了杰出贡献。如美国准备登陆月球，太空总署的月球研究所邀他协助研究"月球的沙漠是如何形成的"。他与地质学家、流体力学教授等共同研究，以流体力学为出发点，研究月球灰尘，推论出它成为沙漠层面的成因，发表了3篇论文。后月球登陆成功，就是按此研究推论来解释月球灰尘形成沙漠的原因。1973年，柏实义在担任挪威国防研究所客座研究教授时，因挪威北岸海洋发现油田，拟与美国合作开发，但该海域内冰块冰流成为面临的难题。柏实义应邀与李璜博士共同研究，于1975年共同发表了《冰块冰流动力学》论文。最后虽因开发成本太高而放弃开采油田的计划，但为此后该油田的开发提供了解决冰流问题的理论依据，并扩宽了这一研究领域。1992年，伊拉克炸毁科威特很多油田，火势冲天，全球减灾机构与专家前往协助灭火，但因火势太大，温度太高，喷射力太强，难以制服，柏实义应科威特驻美使馆之邀，协助灭火。他运用流体力学的理论及丰富的经验，提出了强风力灭火的方法，获得成功，免除了毒气的危害及环境污染。

柏实义在长期从事教学和科研工作中，在流体力学领域做出了巨大贡献，先后撰写出版16本专著，发表了流体力学及等离子体力学等方面的科学论文130余篇。

热爱祖国，情系母校

柏实义热爱祖国，在他的自传序言中开首三句话就是，"河有源，树有根，人皆有远祖"，表达了他对故乡和祖国的灸热深情。他情系母校，眷念同窗，平易近人，对母校有深厚的感情，十分关怀学校的建设与发展。每次回国到大陆和台湾地区讲学，他总是深情地访问母校旧址，看望当年中央大学的同窗好友，与大家兄弟相称，欢聚一堂。自中美建交后，他多次回国到东南大学访问，进行学术交流，与老友欢聚。

柏实义是我国改革开放后最早回国访问西工大的著名美籍华人教授之一，多次回西工大讲学，并热心为西工大与美国马里兰大学等进行人员与学术交流牵线搭桥。他也是西工大聘请的第一个外国教授。他在强烈的母校情结感召下，为西工大国际交流做出重要贡献（西北工业大学与美国马里兰大学、东伊利诺大学等校经久不衰的人才和学术交流源起于柏教授的牵线搭桥）。

1996年4月29日，马里兰大学举办第二次柏实义流体力学与等离子流动力学讲座，由德国查尔普（Jurgen Zierep）教授主讲。当晚，柏实义心脏病发作，立即送医院救治，安装临时体外起搏器，开始很成功，休养几日后换为永久起搏器。不料几天后，病情恶化，治疗无效，柏实义于 1996 年 5 月 23 日辞世，享年 83 岁。

柏实义的丧礼于 5 月 28 日上午在马里兰大学校区教堂隆重举行。讣告中写道：柏实义是国际著名的空气动力学权威。马里兰大学工学院院长约克（J.A. Yorke）在致悼词时追忆多年往事，赞扬柏实义是该校物理科学和技术研究所的奠基人和开创者，为努力提高马里兰大学的科学研究水平奠定了发展基础，使马里兰大学声誉日隆，扬名国际，功绩卓著。柏实义的同班同学，麻省理工学院李耀滋教授在悼词中介绍了柏实义的前半生经历和近年来幸福美满的家庭生活。柏实义最早的学生，曾任美国力学会会长，现任世界生物力学委员会主席，加州大学冯元桢教授与会悼念。另一位最早的学生，康奈尔大学教授沈申甫代表原中央大学、西北工业大学、北京航空航天大学和南京航空航天大学的同学和同事们敬致悼词。述及柏实义的严谨治学作风和在科研工作中刻苦钻研、永不放弃的精神，在座的很多人留下了感动的泪水。

柏实义重视家教，三子一女都学有所成，有 9 个孙辈，他们于 1995 年在马里兰大学创立"柏实义学术讲座"，每年举行，寓纪念于学术交流之中，以缅怀和表彰柏实义的杰出贡献。

（整理：刘碧珊　姜节胜）

主要参考资料

[1] 中央大学南京校友会. 南雍骊珠·中央大学名师传略——著名空气动力学家柏实义教授. 南京大学出版社,2004.

陆元九（1920—   ），安徽来安县人，中国自动控制和航天工程专家。1941 年毕业于重庆中央大学航空工程系，获工学学士学位。1949 年在美国麻省理工学院航空工程系获科学博士学位。1954—1956 年在美国福特汽车公司科学实验室任主任工程师。1956 年回国，1956—1969 年任中国科学院自动化研究所研究员、副所长。1969 年后历任北京控制器件研究所所长，航天工业部总工程师。陆元九长期致力于航天工程控制问题的研究，参加和领导多种航天器控制系统和导航系统的研制工作。著有《陀螺及惯性导航原理》等书。中国自动化学会常务理事，中国航空学会常务理事，中国宇航学会理事。1980 年当选为中国科学院学部委员（院士），1985 年当选为国际宇航科学院院士，1994 年当选为中国工程院院士。第三届全国人大代表，第五、六届全国政协委员。

国际第一位惯性导航博士：陆元九

神舟飞天，嫦娥奔月，天宫升腾。人们无法忘记那一个个激动人心的时刻。世人把掌声献给发射场，献给英姿飒爽的航天员，献给日夜奋战的航天科技工作者。举世瞩目的成就中，有这样一位老者的身影，却在渐渐淡出人们的视线。他就是那个新中国成立后，冲破艰难险阻回到祖国怀抱挥洒热血的神州赤子，我国航天事业的奠基人、惯性导航巨擘陆元九。他的名字，深深镌刻在中国航天史上。

烽火连天，求学路多艰

江淮之间的安徽滁州风光秀丽，这里距离古都南京近在咫尺，自古文化发达。陆元九祖籍滁州附近的来安县，他于 1920 年 1 月 9 日出生在来安一个教员家庭。陆元九的父亲作为中学数学教员，已是少有的知识分子。家庭给了陆元九良好的熏陶，他 5 岁入小学，11 岁入安徽省立第八中学读初中。初中毕业后，陆元九考取了有名的江苏省立南京中学。20 世纪 30 年代的中国国力羸弱。1931 年，日寇侵占东北三省，上初中的陆元九也上街参加学生宣传活动。他到南京读高中时，日寇更是把军舰横在长江江面炫耀武力。陆元九目睹这一切，参加了多次游行请愿。1937 年，陆元九刚刚报名参加高考，就传出了北平发生七七事变的消息。8 月份他赴上海参加完高考，很快又发生了"八一三"事变，日军的飞机将上海轰炸为一片断壁残垣。当时陆元九报考的志愿是上海交通大学和中央大学。上海沦陷使交通大学开学成为泡影。此时，从南京迁往重庆的中央大学向陆元九发来了开学通知书。在炮火中，陆元九逆江而上，经由武汉、宜昌到达大后方重庆。陆元九初到重庆，在山顶上搭建的平房里上课。不仅如此，为躲避日军飞机的轰炸，他们有时还在防空洞中学习。陆元九和他的同学作为中央大学航空工程系招收的首批本科生，是中国本土第一批系统学习航空技术的大学生。在大学里，陆元九学习了发动机专业的必修课，自学了空气动力学、飞机结构设计等课程，为日后深造打下了基础。毕业后，陆元九留校任助教，他广泛接触航空工程的方方面面，这对提高一个科研人员的理论基础有着重要意义。

1943 年，国民政府恢复因战事中断数年的公费留学生招考，以"帮助美国工作"为名招收一批半工半读学生。消息传来，陆元九不愿失去这次机会，他白天工作，晚上努力学习，最终考取了赴美第一批公费留学生。然而他们入选后，由于种种原因当年却未能成行。几经波折，这批留学生最终于二战结束前夕的 1945 年 8 月才起程赴美国。当时，太平洋水雷密布，他只有选择印度洋和大西洋航线，从重庆飞到昆明，再从昆明飞到印度加尔各答候船，等船就等了两个月。

后来，环绕半个地球的航行自然也少不了磨难，但与陆元九执着理想的胸怀相比，这些只是人生道路上的小插曲。

身处异邦，归途何漫漫

到美国后，陆元九被分配进麻省理工学院航空工程系，一开始就面临专业的选择。当时多数留学生根据国内的学习基础通常选择理论方面的专业。但陆元九觉得既然到了美国，就要学习一些新东西。他看到在专业名录中有一个仪器学专业，此前还从来没有听说过。经了解，这个专业是著名自动控制专家C.S.德雷伯教授开设的。二战后，自动控制技术得到了迅速发展，惯性技术已在航空和地地导弹上开始应用，但作为导航尚处于萌芽阶段。德雷伯教授力主将自动控制的理论和方法应用于惯性测量技术领域，即依靠控制技术来提高惯性测量系统的精度，创立了惯性导航技术。这项技术十分关键，美国政府将其列为重要军事研究项目。仪器学专业，学习的其实就是惯性导航。这个专业需要学习新课程，完成论文前还要进行合格考试，它的高难度使得报名者寥寥。喜欢挑战的陆元九毅然选择了仪器学，成为德雷伯教授的首位博士生。从此，在这位世界"惯性导航技术之父"的引领下，陆元九走进了前沿技术的最前沿。

陆元九聪明刻苦，再加上他功底扎实，成绩突出。在两年内，他一直是这门学科唯一的博士生，导师对这位来自中国的学生十分喜爱。从1945年到1949年间，陆元九埋头学习，并担任助教，开展了大量工作，取得了丰硕成果。1949年，身在美国的陆元九迎来了两桩喜事：一是获得博士学位，二是与留美硕士安徽同乡王焕葆喜结良缘。获得博士学位后，29岁的他被麻省理工学院聘为副研究员、研究工程师，在导师的科研小组中继续从事研究工作。在今日美国麻省理工学院的校园里，不知还有多少中国年轻学子知道，这里曾有一位他们的前辈，获得了世界上第一个惯性导航博士学位，让美国同行刮目相看。然而，也正是因为这个具有历史意义的博士学位，让陆元九的归国之路充满艰辛。

1949年10月，中华人民共和国国诞生，新生的祖国百废待兴。陆元九知道，到了回国为祖国贡献本领的时候了。他一边工作，一边参加了进步组织，为回国做准备。但此时一道道难关横在陆元九和祖国之间：第一，中美没有建立外交关系，不能办理回国手续；第二，他从事的研究属于重要机密，美国当局强迫他办绿卡永久居留，放他回国更是无从谈起。为了摆脱对回国的限制，1950年他退出了科研小组，转到一个研究原子弹爆炸破坏效应的实验室，密级降低了。然而，很快"抗美援朝"战争开始了。美国规定中国人作为"交战国"的公民必须每三个月到移民局报到一次，证明这三个月没有任何"不法活动"。三年中，陆元九有了两个孩子。为了家庭，他被迫办了绿卡，但对于当局提出的加入美籍的要求，他仍然置之不理。

1954年，为了彻底扫清回国的障碍，陆元九离开实验室，到福特汽车公司研究所进行民用科技研究。此间，陆元九参加了多项先进科技项目的探索，其中包括世界上第一辆气垫汽车。后来苏联领导人赫鲁晓夫访美，就曾乘坐过这种车。事业的成功，并没有减弱陆元九的思乡情怀，他仍然强烈感觉到寄人篱下的压抑和歧视。后来，机会终于来了，中美达成了协议，用战争中的美国俘虏换取中国留学人员回国的。著名科学家钱学森就借此机会于1955年10月返回祖国。不过即使有了协议，回国手续还是相当麻烦。中美没有建交，只有让印度大使馆帮忙。几经周折，陆元九才办好了回国手续，准备登船。但在这时航运公司通知，为防天花，小孩必须接种牛痘，可他最小的孩子还太小不能接种。这样又拖了一段时间，直到1956年陆元九和妻子、3个孩子才从旧金山登上了返回祖国的轮船。这艘船先开到日本，又绕道菲律宾马尼拉。当船停靠在马尼拉时，其他乘客可以下船活动，唯独中国人不能，被集中到一间船舱里看管。船从马尼拉开到香港，快靠岸时几名一起回国的留学生半夜就被叫起来，下到一条小船上才准许靠岸。陆元九一家在港英当局派出的警察押解下穿过九龙，步行穿过罗湖桥。当押解他们的警察离去时，陆元九站在深圳河边祖国的土地上，回望短短几十米的罗湖桥，不禁百感交集：这回国的路看似平常，可他竟走了11年！回想在国外没有身份、受人欺侮的经历，他无比畅快，真想大喊一声："祖国，我回来了！"

几经辗转，陆元九抵达北京。早已在站台迎接他们的父母和兄弟姐妹一大家子,相拥而泣。自1937年离家赴重庆读大学起,陆元九与父母一别就是19年,历经抗日战争、解放战争、新中国成立、抗美援朝战争,其间他与家人几度失去联系……

后来说起回国的选择,陆元九并不认为是人们惯常所说的思想境界使然,他只是有自己至为朴素的想法：自己是中国人,回去给中国人做点事情；近20年没回家,应该回去看看父母；孩子逐渐长大,希望将来别再像自己那样受歧视。

心系中华，才智献航天

回国后,新中国的巨大变化让陆元九耳目一新,建设祖国的远大抱负催人奋进。在20世纪50年代,惯性导航堪称世界一流技术。陆元九带着这一先进技术和炽热的爱国心回到了祖国,准备大干一番。当时,中国科学院正在筹建自动化所,国家分配在这方面有专长的陆元九到自动化所任研究员、研究室主任,后任副所长,参加筹备和惯性导航技术有关的研究开发工作。那时陆元九除了做总体规划,一些杂活也亲自过问。在自己的祖国工作,再苦再累他都觉得是快乐的。不久,陆元九还请在他之后归国的留美人员杨嘉墀、屠善澄一同到自动化所工作。陆元九对我国的自动化研究起了开拓性的作用。这期间,陆元九除进行工业生产自动化研究外,还主持了飞行器自动控制研究、稳定系统研究等,都取得了成果。

1958年,毛泽东主席发出"我们也要搞人造卫星"的号召。陆元九提出：要进行人造卫星自动控制的研究,而且要用控制手段回收它。这是世界上第一次提出"回收卫星"的概念。与此同时,我国第一个探空火箭仪器舱模型在陆元九和同事们的手中组装出来。有一张照片航天人都很熟悉,那是1958年国庆节后,毛泽东、周恩来等国家领导人参观探空火箭模型的情景,陆元九荣幸地担任了这次展览的讲解工作。

20世纪60年代初,陆元九在中科院、中国科技大学同时负责多项工作,每天都要工作十几个小时。这期间,他还坚持撰写专著,把自己在陀螺、惯性导航方面的所学所用编撰成书。1964年,他的著作《陀螺及惯性导航原理(上册)》

出版。这是我国惯性技术方面最早的专著之一。此书一改过去著作都以力学的观点和方法进行论述的情况，而采用自动控制的观点和方法对陀螺及惯性导航原理进行了论述。这本书对我国惯性技术的发展起了重要的推动作用。1965 年，陆元九主持组建了中科院液浮惯性技术研究室并兼任研究室主任，主持开展了我国单自由度液浮陀螺、液浮摆式加速度表和液浮陀螺稳定平台的研制。在长春，我国第一台大型精密离心机也在他的主持下诞生了。

正当陆元九准备以更高的热情投入到工作中时，"文革"开始了。造反派给他编造出"特务"的罪名。那些"小将"问陆元九："美国的条件那么好，你干吗还回来？不是做特务还是做什么？"听到这些，陆元九不说什么。他的爱国之情源自从旧中国到新社会的亲身经历，对于那些"挨批斗、蹲牛棚"的日子，陆元九只是一笑了之。在 1966 年到 1978 年的 12 年间，陆元九被剥夺了一切工作。令他遗憾的不仅是这 12 年的时光，还有他最珍贵的《陀螺及惯性导航原理（下册）》手稿因抄家而遗失，造成了无法挽回的损失。粉碎"四人帮"之后，担任七机部部长的宋任穷来到陆元九家中，给予他慰问并表达了歉意；宋任穷还了解到陆元九希望继续从事惯性导航研究工作，并希望到国内相关单位考察。此后没过多久，一纸调令下来，陆元九被调往北京控制器件研究所任所长。很快，在他赴长沙国防科技大学考察期间，又接到参加第五届全国政协会议的通知。这时陆元九只有一个念头：把"文革"中失去的时间尽可能补回来。担任所长期间，陆元九积极参加航天型号方案的论证工作。他根据国外惯性技术的发展趋势和国内的技术基础，对新一代运载火箭惯性制导方案的论证进行了指导，即确定采用以新型支承技术为基础的单自由度陀螺构成平台的计算机方案。陆元九一直倡导要跟踪世界尖端技术，并在型号工作中贯彻"完善一代、研制一代、探索一代"的精神。在他的领导下，中国航天先后开展了静压液浮支承技术等预先研究课题以及各种测试设备的研制工作。陆元九极力主张改善试验条件和设施，以便研制高精度惯性仪表。由于他的努力，国家批准建立了惯性仪表测试中心，为我国惯性仪表研制打下了坚实基础。1982 年他作为全国惯导与惯性技术专业组副组长、技术咨询分组组长力主统筹规划，明确各研究单位的发展方向，防止低水平重复。他明确提出，应用于运载火箭的惯性器件应突破铍材料应用、动压马达等技术关键，应用于战术导弹的惯性器件要解决快速启动、末段导引等技术，应用于卫星的惯性器件则要突破长寿命技术。陆元九还充分利用对外开放的机会，多渠道聘请专家，组织国际会议，进行技术交流，引进人才，促进了我国惯性技术的发展。

陆元九非常看重人才培养，这在航天专家里是出了名的。在中科院期间，他就组织科研人员进行学习。在航天工业部北京控制器件研究所担任所长期间，他仍亲自给中青年科技人员讲授英语和专业技术课。航天系统培养研究生，也是陆元九积极倡导的结果。在他的努力下，控制器件研究所获得了硕士学位和博士学位授予权，在其后的数年中，该所人才不断涌现。1984 年，陆元九担任了航天工业部总工程师、部科技委常委的职务。在他的过问下，航天系统自己培训高学历人才已成风尚，航天人才断层问题逐步得到解决。

认真严格的"怪老头"

认真、严格，是与陆元九共事过的人对他的一致评价。航天工作的特殊性质，决定了对质量、安全的极高要求。陆元九常说："对上天产品，99 分不及格，相当于零分。100 分才及格，及格了还要评好坏。"这种认真、严格甚至体现在科研管理的每一个细节中。他要求大家开会准时到会，来晚的人就站在外面，说明迟到原因才能入座。

陆元九并非苛刻，他深知航天无小事，航天人如果没有事事认真的精神，很难避免失败的命运。1996 年，我国"长征三号乙"运载火箭首次发射失败，点火后 2 秒，火箭发生倾斜，飞行 20 秒左右坠落焚毁。这次灾难性的事故使国家遭受巨大损失。为了尽快找出故障、查明原因，76 岁高龄的陆元九临危受命。他身先士卒，不顾年事已高连日工作，两三天不睡觉是常有的事。大家都说，没有陆元九的认真精神，不一定能把问题查得这样仔细、彻底、清楚。每次参加技术问题讨论，陆元九总要说，自己是外行，先要向别人学习，遇到不懂的地方就要虚心询问。当然，解决问题的良方，还是"认真"二字。

在日常生活中，陆元九身边的人都说他好打交道，但他搞学问就是另一回事了。航天科技集团公司的惯导专家谢天怀是陆元九的门生，他说陆老师的严格让人难以置信，自己的毕业论文总共改了9次，整整写了一年。在别人那里轻松过关的事，到了他手里不是文章改个"大花脸"，就是项目卡壳。陆元九的"多重性格"也由此传开。

对于陆元九的认真劲儿，也有吃不消的人，说他太厉害，不敢接近。甚至有人觉得他是个"怪老头"，脾气倔强，有时不给人留情面。更有的人以为他是大人物，地位高，所以架子大。有人问他，为何那么大脾气？陆元九说："大学念书时，脾气大的问题不突出。到国外学习、工作时，脾气渐渐大起来。那时候受外国人欺负，明明你做得对，他硬说你不对。这时候怕被人欺负，所以个性就变得很强，脾气不好，吵嘴、对骂都干过。"的确，无论对什么人，他都敢发脾气，哪怕面前是个领导干部，他也不怕。这让他在"文革"期间吃了很多苦头。他说，回国后应该把这个毛病改过来，但当时没有人指点，"文革"中"接受教育"，才学会了忍耐。古人说六十耳顺，陆元九也认识到自己"个性极强"带来的问题，他后来也有反思，说自己"脾气大，不是耐心不耐心的问题，而是不尊重别人"。其实，也正因为有如此鲜明的个性，才书写出陆元九的人生传奇。

2003年非典期间，陪伴陆元九一路风雨的老伴生病，出现脑萎缩。看着病痛中的爱人，陆元九焦虑难眠，有一段时间他的安眠药使用量达到正常值的四倍，各种办法想尽也无济于事，仍然彻夜无眠。后来在医院，偶然碰到的心理专家跟他说："生病的人，并不像一部出了毛病的机器，你们搞技术工作的人，想靠外力修机器的办法来治心理上的疾病是不行的。"医生教给陆元九一些精神放松的办法，经过半年的"谈话治疗"、更换药物，陆元九完全康复了。从那以后，同事们都感到，陆元九更加乐观、豁达。2005年，在中国航天科技集团公司举行的运动会上，陆元九还获得"返老还童奖"。

2010年，陆元九院士迎来90岁生日，学生们从全国各地跑来给他祝寿。有人惟妙惟肖模仿陆元九当年上课时的动作和表情，有人写出祝寿诗，也有人这样表达对他的敬意：陀螺这个关键的航天器件，在我们心中就是陆元九先生，它变成了一个性格独立、脾气倔强的活生生的生命。今天，陆元九先生已经年过 95 岁了，但他依然在发挥着余热。他虽然不能像年轻的时候那样在一线冲刺，但在"顶层设计"、高层次把关上，仍然利用自己丰富的经验，对年轻一代遇到的问题进行指导和补充。

（执笔：黄迪民）

主要参考资料

[1]《中国科学报》2013.1.11 第 6 版.

[2] 网络素材.

梁守槃（1916—2009），福建福州人。1933 年考取清华大学机械系航空组，1937 年毕业，获工学学士学位。1938 年 8 月赴美国麻省理工学院攻读航空工程，用了不到一年的时间获硕士学位。1940 年 2 月—1942 年 8 月，在昆明西南联合大学航空系和机械系任讲师、副教授。1945—1952 年任浙江大学航空工程系教授、系主任。1952—1956 年，先参与了华东航空学院的筹建，后调任"哈军工"空军工程系任教授。1956 年 9 月后，调入国防部第五研究院，先后担任研究室主任、设计部主任、研究所所长、分院副院长。1965 年任第七机械工业部研究院副院长、七机部总工程师。中国第一任海防导弹武器系统的总设计师，被誉为"中国海防导弹之父"。1980 年当选为中国科学院学部委员（院士），1985 年当选为国际宇航科学院（IAA）院士。1982 年，任航天工业部科技委副主任兼第三研究院科技委主任；1988 年，任航空航天工业部高级技术顾问；1993 年，后任航天工业总公司高级技术顾问。曾当选为第三、四、五届全国人民代表大会代表，中国人民政治协商会议第三、六、七届全国委员会委员，中国共产党第十二次全国代表大会代表。

中国第一位导弹总设计师：梁守槃

　　梁守槃 1916 年 4 月 13 日出生在福建省福州市，其父梁敬錞早年曾任北洋政府司法部秘书。童年的梁守槃在北京家中的私塾读古书和当时的小学教科书。1927 年考入北京四存中学，后转学到天津南开中学、北京师大附中、上海沪江附中和上海光华附中，1933 年 6 月高中毕业。当时"科学救国""工程救国"的呼声高涨，他立志钻研工程技术，考取清华大学机械系航空组，步入"航空救国"之路。1937 年梁守槃毕业，获工学学士学位，随即到空军机械学校高级机械班学习。结业后目睹当时的主要装备都是美国货，且美国又提出对中国抗日战争所需的武器装备要"现款自运"，更使他感到建立中国自己的军事工业的必要性，只有自力更生才能摆脱他国的控制。

为尽快掌握航空工程的先进技术，1938 年 8 月，梁守槃赴美国麻省理工学院攻读航空工程，用了不到一年的时间就获得了硕士学位。本来他还可以在美国继续攻读博士或找一份合适的工作，可日本帝国主义发动的全面侵华战争仍在继续，亿万中国民众正在受苦受难，他要把学到的知识贡献给抗战事业。于是，1940 年 2 月，他毅然返回战火纷飞的祖国。回国后，他在昆明的西南联合大学航空系和机械系先后任讲师和副教授。1942 年 8 月，为直接支援抗战，他转赴贵州航空发动机制造厂任技师、设计课课长。1945 年 8 月日本投降后，他重新回到大学，到杭州的浙江大学航空工程系任教授，1949 年 6 月后又任浙大航空工程系主任。1952 年 9 月梁守槃先参与了华东航空学院的筹建工作，随后又奉调到"哈军工"空军工程系任教授、教授会（教研室）主任。1956 年 5 月梁守槃正式转入中国人民解放军序列，被授予上校军衔。同年 9 月他又赴北京，调入国防部第五研究院，先后担任研究室主任、设计部主任、研究所所长、分院副院长。

地地导弹总设计师：
通过"反设计"学习自行设计的本领

1956 年 9 月，当钱学森受命筹建我国第一个导弹研究院时，在"哈军工"空军工程系担任教授会主任的梁守槃被点名调到北京国防部第五研究院，成为最初的十个研究室之一的发动机室主任，开始了他为祖国航天事业献身效力的历程。

梁守槃早年毕业于清华大学航空工程专业，1938 年赴美国麻省理工学院深造，一年后取得航空工程硕士学位。1940 年回国，尽管后来他在贵州航空发动机厂谋得一个设计课课长之职，但他主持设计的飞机发动机没有获得批准试制，无法实现他"航空报国"的梦想。不想16年之后，在新中国"向科学进军"的号召下，他却在新兴的航天领域找到了报国的用武之地。在国防部五院创建初期，没有资料，没有设备，只有30多位科技专家和156名刚毕业分配来的大学生。在钱学森的倡导下梁守槃担任班主任，组织授课，进行培训，把大学毕业生们领进航天的大门，掌握火箭、导弹的基础知识，并自己动手，设计建造了中国第一座火箭发动机试车台。后来，我国第一种自行设计的导弹发动机就是在这座试车台上进行的试车，证明了试车台性能良好。

1957年，我国通过谈判争取到苏联援助P-2近程地地导弹的仿制权，1958年5月接收了相应的资料。1959年3月，梁守槃被任命为这个仿制型号的总设计师，负责仿制P-2导弹的技术抓总和技术指挥工作。他认为，仿制必须严格按图纸一丝不苟，但不能不动脑筋地全盘照搬，否则不仅学不到技术，而且还会被别人牵着鼻子走。他提出采取"反设计"的办法，按照已知的技术指标进行设计计算，然后将自己设计的结果与导弹实物相比较，以此检验设计是否符合实际要求。如果有误差有欠缺，就进行改进，最后达到实际效果。这样，在完成仿制任务后，就可以独立自主进行设计了。

梁守槃总是相信中国自己科技人员的能力，相信自己的智慧和力量。在同苏联专家的合作中，他坚持自己符合实际的技术见解。在研制导弹上的环形气瓶时，苏联专家提出只有进口他们国家生产的钢材才合格。梁守槃在分析工艺资料中发现，我国已掌握了通过回火工序得到热轧钢的技术，且中国热轧钢加工的环形气瓶完全符合要求，因此可以不用从苏联进口。在"反设计"中，梁守槃根据动态平衡分析，提出不需要原来那么大的尾翼，建议用调节控制系统的传动比实现动态稳定的办法，达到气动外形稳定的要求。苏联专家最后也点头同意用这个方法设计，后来取得了比较好的效果。

1960年，当P-2导弹仿制完成并决定对拆装的苏制导弹进行试验发射时，在苏联专家撤走前，发生了采用何种推进剂的争论。苏联专家认为，中国的液氧含可燃物质太多，使用中有爆炸的危险，应使用苏联生产的氧化剂。但苏联又迟迟不供应给中国，梁守槃憋着一口气，不信中国生产的液氧就不行。他经过查找资料，一遍一遍计算和分析比较后，认为中国生产的液氧完全符合指标要求。他十分自信地指出："说中国的液氧不行，是有人对原资料理解有误，把杂质的气态容积当作了液态容积，因而出了 1 000 倍的差别。况且，十几吨液氧中的杂质，是不可能集中到一点同时氧化的。"梁守槃确信中国自己的液氧可以使用，不会出问题，这个意见也得到了钱学森等人的支持。果然，在这一年的 8 月 12 日苏联专家撤走后，梁守槃的意见被采纳，一个月后，使用国产液氧做氧化剂的仿苏制 P-2 导弹发射成功。两个月后，1960 年 11 月 5 日，我国依靠自己的力量仿制的第一枚 1059 地地导弹从酒泉发射基地升起，发射试验获得圆满成功。聂荣臻元帅在祝捷会上兴奋地说："在祖国的地平线上，飞起了我国自己制造的第一枚导弹，这是我国军事装备史上一个重要的转折点。"梁守槃和广大科技人员、工人一起用自己的自信和努力，为中国导弹的发展迈出了可喜的第一步。

岸舰导弹总设计师：
开辟反舰导弹自主创新的道路

我国地地导弹转入独立研制后，梁守槃作为总体设计部主任，对自行设计的新型号提出了增大弹体直径、延长发动机验证试车时间、修建全弹试车台等意见，以便考验导弹整体结构性能和各系统的相互协调情况。经过一些波折和反复，大家都接受并采纳了他的这些意见。在钱学森的主持和广大科技人员的努力下，经过失败和改进，1964 年 6 月，我国自行设计和研制的新型中近程地地导弹发射取得成功。后来，梁守槃还主持和承担了大推力火箭发动机和推进剂的研究课题。他力排众议，独树一帜地提出了可以不设计新的大型离心泵，而用几个离心式涡轮泵并联，以改进中国导弹速度和射程的设想。正是他的这一突破性设计，使得一种在全世界领先的新型导弹率先在中国诞生了。他还提出了可贮存液体火箭发动机试制双层金属容器的设想，在许多技术领域都取得了突破和成功，为我国航天技术的继续提高和发展奠定了坚实的基础。

1965 年 4 月，梁守槃被任命为海鹰 2 号岸舰导弹总设计师，他率领科技人员走出了一条中国自己发展反舰导弹的路子。他主张完成上游1号仿制后不必再搞仿制了，而应挖掘潜力，自行设计第一种岸舰导弹。设计中，梁守槃提出采取三项重大技术措施：一是将原来的悬挂式箱体改为承力式箱体，并将弹翼固定在箱体上，这样可以减轻结构重量，增加推进剂箱体的容积；二是由于加大了弹体刚度，弹身长度可以增加，从而加大了射程；三是凡是可以沿用已有的引进设计，一律不改。经过科技人员和工人的共同努力，从开始方案论证、改造生产车间到发射第一枚岸舰导弹，只用了两年半时间，就达到了原定计划的要求。

1966年12月，由其他单位研制的同类型号海鹰1号岸舰导弹进行打靶试验，发现末制导雷达损坏而失败。梁守槃在参加总结会时经过分析认为，问题不在导弹本体上，而是出在发射环节上。后来他主持研制的海鹰2号导弹与海鹰1号共进靶场试验，梁守槃围着发射架转了几圈，然后回到住处进行计算和分析，认为导弹发射离轨时，因为原来的发射架过长，头部向上翘起，尾部下沉，导弹受到导向梁的牵引产生俯仰运动，使弹上雷达在弹内剧烈跳动，撞在壳体上面损毁。这样导弹发射出去后，自然就不能跟踪目标沿着预定的直线飞行了。于是，他提出用钢锯把导弹架的导轨锯去1.2米。有人不相信这么简单的办法就能解决问题。梁守槃说："试一下不就行了吗？"结果这样做了之后，居然发射成功了。后来，海鹰2号导弹也用这个锯短后的发射架发射，连续几发都成功了。人们赞叹，"真神了！"梁守槃说，那时我们的一些技术人员习惯按照仿制的办法，照本宣科地搞设计，加上缺乏工程经验，出问题、走弯路也在所难免。但我们必须有自信和创新的精神。他认为，引进固然是好事，但引进不是目的，而是要在引进的基础上，把先进的技术与我们自己的东西结合起来，走自己的路。

在梁守槃的主持下，广大科技人员和工人发挥自己的聪明才智和创造能力，不仅解决了导弹产生俯仰运动导致振动损坏的问题，而且还攻克了末制导雷达天线回调角过小导致导弹提前入水的难关，从而研制成功了我国第一种具有创新意义的反舰导弹。我国的飞航导弹研制从此踏上了一条自主创新之路。

海防导弹武器系统总设计师：
推动飞航导弹技术迈上新的台阶

　　1982 年 3 月，梁守槃被任命为海防型号导弹武器系统总设计师，担负起整个飞航导弹的技术责任。在研制工作中，他与有关技术人员进行分析计算、试验验证，力求解决出现的各种问题。他坚信，按预定方案坚持下去，并根据分析计算和试验不断修改工作程序，一定会取得有效的成果。早在 1962 年，钱学森、梁守槃就提出用冲压发动机作为低空超音速反舰导弹的动力装置。1970 年经批准开始自行研制低空超音速反舰导弹，梁守槃受命主持研制工作。他顶住压力和困难，几经挫折，实现了导弹超音速掠海飞行，研制成功第一种超音速低空飞行的反舰导弹。这种命名为 C101 的新型号导弹，在巴黎博览会上被誉为"最令人惊讶的超音速反舰导弹"。

　　我国的反舰导弹除从液体火箭发动机发展到冲压发动机外，还发展到了固体火箭发动机。但由于"文革"的影响，研制进展很缓慢。梁守槃不迷信引进外国产品和资料，他总是相信自己的力量。他认为我国的技术是可以过关的，不必花费更多的钱去买外国的东西，况且关键技术是买不来的。在 C101 导弹研制成功后，他又集中精力领导独立发展命名为 C801 的固体战术反舰导弹。这种导弹的研制成功，填补了这一领域的空白。梁守槃主持和组织研制成功了亚音速、超音速、小型固体三个系列的岸舰、舰舰、空舰多种海防导弹，这些导弹在参加多次国际防务展览中受到好评。1984 年国庆阅兵大典，当 C801 导弹方队的一辆辆军用卡车威武凛然地驶过天安门广场时，无数中国人为之扬眉吐气。外国记者见到这种导弹不禁惊呼：中国"飞鱼"！它因被称为相当于法国著名的"飞鱼"导弹而迅速为世界瞩目，国外专家惊叹中国在海防导弹研制中取得了长足的进步。然而，这些导弹凝聚着梁守槃院士等科技人员多少艰辛和心血。我们知道，发动机是导弹的心脏，要想制造远距离的飞航导弹就必须研制出大型的火箭发动机，梁守槃就是火箭发动机的总设计师。也正是在钱学森、梁守槃等新中国第一代航天科技人员的努力奋斗下，中国导弹腾飞之门的钥匙已经找到，推动中国飞航导弹技术不断迈上新台阶的道路已经开启！

科学严谨，直言相谏，耄耋之年仍献计献策

梁守槃不仅在科学技术上深有造诣，而且具有独立思考、科学严谨、敢于直言的治学态度，还有对导弹研制试验中的重大技术问题进行决策的才华。并且，他十分重视航天科技工业发展方向、发展战略、发展规划和技术途径等的制定工作。早在1964年，他在当时国防部第五研究院三分院的干部大会上，就做了《关于技术工作中的几个问题》的报告，阐述了技术工作中存在的认识问题及解决这些问题的意见，引起了很大的反响。聂荣臻副总理看了这篇报告后，亲自做了批示："梁守槃同志的这篇讲话很好，提出了一些很现实、很具体、很生动的问题。……对我们科学技术工作的发展有重要的意义。……很值得提倡。"时至今日，他当年提出的科技人员要"三严"——严格、严密、严肃的作风培养问题，导弹设计中的继承性与先进性的关系问题，保证技术指挥线畅通等问题，仍然具有重要的现实意义。

梁守槃还多次提出关于航天科技工业管理体制和机构设置方面的建议：他提出要注意总结导弹型号研制工作的经验教训，并向领导多次陈述自己的意见；他还亲自起草和修改了导弹研制程序……他的这些建议与意见，大多数都已被领导或相关部门接受、采纳，在促进航天科技工业发展中发挥了积极作用。

20世纪80年代中期，他作为航天部科技委的副主任，曾分管航天科技工业2000年发展战略的制订工作。他以严肃认真和积极负责的态度组织了这一工作，中国航天科技工业2000年发展战略制订工作的圆满完成，凝集着他的一份重要贡献。

进入20世纪90年代以后，他还十分重视研究航天科技工业的经济效益问题，较早地提出了导弹型号研制工作要搞经济核算和经济承包责任制，极力反对包盈不包亏的假承包，努力探索导弹工业增强经济实力的新道路。

难能可贵的是梁守槃作为一名老专家，他从不隐瞒自己的观点，也绝不去迎合某一观点，更不哗众取宠，称得上"实事求是、坚持真理、修正错误"的楷模。他的另一个特点就是从不推诿，属于自己范围内的工作，一定提出明确的意见，

敢于决策、善于决策。他年过八旬已届耄耋之年后，仍孜孜以求地奋战在航天工业总公司高级技术顾问的岗位上，关心着航天科技工业的发展，为其兴旺发达而尽职尽责、献计献策。

梁守槃为发展航天事业做出了卓著的成绩，他曾荣获航空航天部劳动模范称号，获得过国家科技进步特等奖，1994年还获得求是科技基金会"杰出科学家奖"。进入晚年后，他身体硬朗，精神矍铄，思维清晰，坚持孜孜不倦地工作，关注祖国航天事业的发展，特别是发挥自己的余热推动飞航导弹技术再上新台阶。他担任航天两大集团的高级技术顾问，凭借自己高超的技术造诣和丰富的科研经验，常常在型号论证会上或科研试验现场又顾又问，出谋献策，提出技术措施，发表研制意见，培养队伍和人才，继续发挥一个"永远相信自己力量的航天总设计师"的作用。比如，谈到中国自行研制的导弹，梁守槃显得格外兴奋。他说："以前，毛主席说过，原子弹和导弹东西都不大，如果你没有，别人就说你不算。什么叫不算，不算就是人家不需要考虑你。中国得要'算'！"梁守槃谈了这样一件有趣的事。一次梁守槃对外交部一位副部长说："我们给你惹麻烦了，美国人来交涉啦！"这位副部长笑着回答说："你们搞了导弹以后美国人才来找我们的，这表示我们反而站在主动地位了。要是你们不搞导弹，美国人就不来找我们了，认为中国人无所谓，那么，我们反而被动了。""什么是威？他怕我就是我有威风。美国看中国有了导弹就要求中国人不要出口导弹，这就说明了我们在这一方面已经有了'威'。"说到这里梁守槃的声音突然放大，显得粗犷而雄浑，渗透着无比的自信和自豪感。

梁守槃是我国航天技术的开拓者之一，是中国科学院院士、中国航天科技集团公司和中国航天科工集团公司高级技术顾问。2006年4月13日，在人们的祝贺和赞誉中他度过了90岁的寿辰。梁守槃一生中有近60年为新中国航天事业的腾飞和发展不懈奋斗，特别是在领导研制导弹武器方面呕心沥血，殚精竭虑，倾注了自己的全部智慧和满腔热情，为壮国强军的宏伟事业奉献了自己的一生。

（执笔：黄迪民）

主要参考资料

[1] 刘登锐.梁守槃——总设计师的自信和力量.太空探索,2006.

[2] 刘敬智,陈恩才.献身中国火箭事业——记第一位导弹总设计师梁守槃.航空史研究,1994.

[3] 网络素材.

　　曹鹤荪（1912—1998），江苏江阴人，空气动力学专家。早年在江阴读完小学和初中。1929年在上海南洋中学高中毕业，考入上海交通大学电机系。1934年夏毕业获学士学位。同年秋考取公费留学意大利都灵大学航空工程研究生院资格，攻读空气动力学，1936年获博士学位。1937年七七事变后回国，任成都空军机械学校基本学术组组长、高级教官。1940年调任重庆交通大学分校教授，1942年该分校改名为交通大学，他任航空系代理系主任。1948年任上海交通大学教务长和校教授会主席。

　　1952年起，历任"哈军工"空军工程系教授、教务处处长、教务部副部长、部长等职。1978年任国防科技大学副校长兼训练部部长、学位评定委员会主席。1979年当选为中国宇航学会副理事长，兼任中国空气动力学研究会副理事长、中国航空学会常务理事。1985年当选为国际宇航科学院院士。曾任第三和第五届全国人大代表、第二届全国政协委员、第六届全国政协常委。

国防教育与空气动力学专家：曹鹤荪

贫寒家境中立志求学

　　1912年9月15日，曹鹤荪出生于江苏省江阴县城内西大街司马坊一个平民家庭，家境贫寒。父亲历任几所中学的会计，收入不高。1919年至1924年，曹鹤荪在江阴县澄翰初级小学和礼延高级小学读书，品学兼优，小学毕业时，名列第一。在课外他不仅跟书法家李建初先生学习书法，还请姑夫薛德炯先生补习英语。当时军阀混战，国内经济萧条。1924年，他因齐卢战争去杨舍镇姨母家避难，巧遇久居日本的舅父陈大同。陈大同向十多岁的曹鹤荪介绍了日本工业、科学、文化和教育等方面的进步情况，并与中国的落后状态做了分析对比。从此在曹鹤荪幼小的心灵中深深埋下了立志求学，将来为科学救国和教育救国而奋斗的种子。1925年，曹鹤荪考入江阴最有名的南菁中学。由于家境贫寒，历任几所中学会计的父亲常表示：他有子女5人，曹鹤荪是老大，初中毕业后要赚钱养家。但曹鹤荪立志要上大学，他充分利用初中的三年时间，提前自修了高中一、二年级主要课程。1928年初中毕业，他立即以同等学力考取上海南洋中学高中三年级插班生。父亲也改变初衷，支持儿子继续升学。次年他又以高分考入素以门槛高而闻名的交通大学电机工程学院。进入交大第一年，第一次物理月考，全班约有85%不及格。该课由裘维裕教授讲授，物理实验由周铭教授指导，老师严格的基础训练，是为学生以后继续深造打基础。一年级暑假来临之前，曹鹤荪突患伤寒病，不得不休学一年。

　　1931年，九一八事变激起全国抗日高潮。曹鹤荪参加了交大学生的罢课并赴南京请愿。大学四年级，他选修了电力门。为了增强电力专业的感性知识，三年级暑假，他去南京下关、戚墅堰和常州等发电厂实习。所写的实习报告被中山文化教育馆评为第一名，获奖学金200元。交通大学毕业后，经寿俊良教授介绍，他进入上海一家经营电缆和电厂设备的英商开能达洋行当职员，月薪100元。不久教育部受航空委员会之委托，公开登报招考留欧公费生赴意大利学习航空工程。曹鹤荪再也抑制不住内心深处的出国深造愿望了。当时国内尚无航空系，他觉得航空工程是一门新兴学科，以能加入航空事业行列为平生之快事，他立即报考。这次考试从200余人中录取25人，他被录取了。出国之前航空委员会技术处处长钱昌祚给每人规定了学习方向，指定曹鹤荪学习空气动力学理论。

　　1934年秋，他先在意大利的那波里东方语言学校学习意大利语，仅用四个月就考试合格，提前进入都灵大学航空工程研究生院学习。空气动力学课由意大利年轻有为的空气动力学家费拉里（C. Ferrari）教授讲授，没有讲义。曹鹤荪上课细心做笔记，回家加以整理，后来又与另一位大利研究生合作编写了该课程的讲义。此外，曹鹤荪还接受一项根据翼剖面压力分布的改变对翼剖面形状做相应修正的专题研究。根据学校的规定，经过一年学习，通过考试，曹鹤荪于 1936 年被授予工学博士学位。学位考试后，曹鹤荪即去罗马附近的意大利航空城空气动力学实验室实习两个月，并参观了由 2850 马力的多级压缩器驱动的连续式超音速风洞。取得学位后他在都灵大学理学院又学习了数学物理、数学分析和外弹道等课程，然后去德国哥廷根大学继续进修空气动力学理论。当快结束柏林大学的德语班课程时，七七事变爆发了，接到国内航空委员会召回的命令，他立即中止学习，启程回国。

献身航空救国之理想

回国后曹鹤荪被分配到成都空军机械学校任基本学术组组长，参加该校高级机械班的组建工作，并在该班讲授理论空气动力学。该班招收工科大学电机系、机械系和土木系毕业生入学，学制一年，具有研究生班水平，与国立中央大学机械特别班齐名。那段时间通过该班走上航空航天研究征途而颇有贡献者，确实不乏其人，如黄志千、谈镐生、梁守槃等。

1940 年暑假曹鹤荪去重庆为高级机械班招生时得知，在交通大学校友的推动下，教育部决定建立交大重庆分校，母校徐名材教授已被任命为分校主任，他立即前往拜谒。徐名材马上决定聘曹鹤荪为交通大学分校教授，然后由重庆交大校友会出面请教育部向成都空军机械学校为他办理借用手续。曹鹤荪从而实现了离开国民党空军转变为地方大学教授的愿望。这是他人生旅途中的又一个转折。当时交大分校办学条件很差。第一年曹鹤荪先教一年级物理，次年改教二年级应用力学和机构学。教学担子很重，但他却深以为乐。

1942 年太平洋战争爆发后，汪精卫伪政权接管了上海交通大学。交大重庆分校不得不改名为交通大学，规模随之扩大，在九龙坡兴建了简易校舍，正式成立了电机工程、机械工程、航空工程、造船工程、土木工程、运输管理和工业管理 7 个系及航海、轮机和电信 3 个专修科。这样，交大的航空工程系就在抗战最困难的时期，继中央大学、清华大学和西北工学院之后诞生了。30 岁的曹鹤荪被任命为该系代理主任，成为交大历史上最年轻的系主任。当时航空工程系没有开办经费，没有教材，没有实验室，只有一个靠四处奔走弄来的报废飞机、发动机和仪表拼凑起来的实习室。所幸，当时在不怕困难的系主任周围已集聚了既有真才实学又具有"倔强精神"的年轻教授季文美、许玉赞、岳劼毅、马明德等。这种倔强精神也是交大航空工程系的珍贵传统。

1944 年在季文美倡议下，在航空系成立了"交大航空模型研制会"（简称航模会），刚来交大的杨彭基教授也常到航模会现场指导。郑显基同学担任首任会长，以后会长相继由张汝瑛、朱宝鎏等同学担任，积极分子有马龙章、吴耀祖、周懿荣、王学让、陈国钧、乔无期、顾诵芬等同学，他们多次参加全国、省、市的比赛，屡获团体总分第一名。同学们在这种条件比较困难的课外活动中确实得到多方面的锻炼，特别锻炼了"倔强精神"。

1944 年春，曹鹤荪作为交大航空工程系教授，受中国航空建设协会（由陈庆云主持的民间组织）之托，与西南联大航空系丁履德教授等同去美国和加拿大考察航空建设与航空教育。1945 年日本投降后，他回到重庆交大，同年 12 月与第一批师生回到上海。当时，徐家汇校内还留有投降后的日本士兵和战马，遍地都是人马粪便和弹药。交大校长吴保丰、总务长季文美尚在重庆，先到上海的教务长李熙谋已兼任上海市教育局副局长。曹鹤荪与同轮到达的王达时教授等乃组成交大临时校务委员会，处理回沪后恢复秩序和开课的工作。原上海交大的师生，则先并入上海临时大学，以后陆续回到徐家汇母校。

回到上海后，航空工程系的办学经费依然拮据。不仅兴建直径 1 米木制低速风洞的愿望无法实现，也无钱请工人把航空委员会新拨的一架刚退役的 C-46 运输机和一架教练机从上海机场运回学校。因为大家具有倔强精神，系主任一动员，助教贾日升、吴耀祖就带领全体四年级同学，自带干粮，从 20 千米外的大场机场，于夜间经闹市，把飞机推回了学校。这两架陈列在停机坪上的飞机不仅使航空工程系声威大振，而且深深激发了同学们献身航空的凌云之志。

　　曹鹤荪治学严谨，提倡"业精于勤""行成于思"。在担任航空工程系主任期间，他始终坚持优良的交大传统。通常亲自讲授两门主课：一门是理论空气动力学，另一门则为应用力学、流体力学、振动力学、工程数学或机构学，视情况而定。他讲课清晰流畅，引人入胜。他很注重基本物理概念，力求反映事物的内在矛盾，强调数学的解析描述与推导；强调理论来自实践又服务于实践，在讲授理论空气动力学课程时，注意介绍工程上的近似计算方法，如求解有限翼展机翼环量分布的 Lotz 法。他讲课详略有别，对不是主线上的问题只是点到为止，引导同学多看参考书。许多同学反映：他教给大家的不是空洞的理论，而是能解决实际问题的钥匙和基础。

　　1947 年曹鹤荪应中华自然科学社《科学世界》杂志主编李国鼎之邀，主编该杂志之《航空专号》(《科学世界》之 17 卷 4 ～ 5 期)。他请当时航空界有名专家王德荣、范绪箕、叶蕴理等 25 人撰写专论共 27 篇。《航空专号》图文并茂，约 24 万字，实为一小型航空百科全书。此外他还利用余暇，翻译了美国教材《机构学》和《应用力学》。1951 年，他自编《流体力学》，由上海龙门书局出版，并再版一次。1952 年与大连工学院（今大连理工大学）张理京合作译订《工程数学》。该书原作取材新颖，颇适合工程师之需求；译文不仅严谨流畅，且订正了原文多处疏误；加以印刷精良，故可称译本之楷模，深受师生欢迎。在"文革"前，该书在"哈军工"图书馆流通率很高，并多次重印。

　　1948 年底，曹鹤荪接任上海交通大学教务长和交大教授会主席。他担任交大教务长时间虽很短，但是处理了几件大事。当时中国人民解放军已全面向南京逼近，1949 年 1 月 21 日，蒋介石被迫宣布"引退"，南京国民政府各部已撤退到广州，物价飞涨，经费长期拖欠，学校师生员工生活毫无保障。这时上海地区各大学联合起来推举复旦大学陈望道、暨南大学刘大杰和交大曹鹤荪三位教授赴南京找政府交涉。几经周折终于找到了代总统李宗仁，并说服他下拨应变费 1 亿元金圆券，解除了广大师生员工的断炊之危。1949 年 3 月，曹鹤荪获悉交大纺织系主任陈维稷（新中国成立后曾任纺织工业部副部长）和苏延宾教授在家中被捕，他与校长王之卓一起去警察局，把他们保释出来。后来才知道他们是民主建国会成员。同年4月26日深夜，大批军警冲入交大各学生宿舍，搜捕上了黑名单的学生自治会成员、共产党员和靠近党的积极分子。次日，曹鹤荪在校长办公室看到名列黑名单的自治会成员史霄雯、林雄超、黄怡诚等7位同学。他完全不顾自己的安危，同校长王之卓商议好，白天把学生藏在办公大楼顶阁内，天黑后同总务长王龙甫一起用校长的小汽车，分两批把他们从后门送出学校，从而保护了进步学生。

为国防教育事业贡献力量

1952年9月曹鹤荪被任命为华航筹备小组成员，10月8日由交通大学航空工程系、南京大学航空工程系和浙江大学航空工程系合并的华东航空学院正式成立。11月，曹鹤荪又接到周恩来总理签署的调他去"哈军工"任教授的命令，他毅然北上。到哈尔滨后，他被指派为院科学教育部教务处处长，负责全院教务工作。他首先参加组建全院基础课、专业基础课和专业课教授会（教研室）的工作。随即狠抓教师队伍的建设，负责把从全军抽调来院的大学毕业生培训为助教的工作。在本科教育方面，则认真落实苏联顾问提出的经毛泽东主席批准的第一期学员教学计划，又与苏联顾问一起草拟了第二期学员的教学计划。在提高教学质量方面，则有计划有步骤地开展教材编写和实验室、专修室的建设工作。学院创办之初，人员来自各方：一部分为以第二高级步校为主的有战斗经验的各级管理干部，他们中有的还有延安抗大的办学经验；另一部分为周总理出面从各大学、研究所等几十个单位调来的有教学经验、有真才实学的60余位正副教授，他们中有的有按欧美模式办中国大学的经验。由于经历不同，有时分歧很大。陈赓院长尊师重道、礼贤下士，提出"将相和"的"两老"（老教授、老干部）办院原则。曹鹤荪认识到统一教学指导思想的工作十分艰巨，十分重要。为了办好"哈军工"，曹鹤荪在徐立行教育长领导下，停止一切讲课和原定的教材翻译及编写等技术工作，集中全部精力，认真落实苏联顾问的教学计划。作为教育长的助手，他在教学工作中强调高等技术教育必须突出培养学生的独立工作能力。不同意"老师抱着学生走"，不同意在业务学习上推广"一帮一、一对红"的互助经验；强调入学标准要高、基础知识要厚、对学生要求要严，强调要把好入学关、升留级关和毕业关。"哈军工"第二任院长刘居英后来说：在学院创办初期，曹鹤荪起到了组织好教学工作的作用；在学习苏联经验方面，在老干部与苏联专家之间，曹鹤荪起到了重要的桥梁作用，为教学工作迅速走上正轨做出了贡献。

20世纪50年代到60年代，曹鹤荪全身心投身于国防教育事业，在繁忙的教学行政工作之余，先后开设了"弹性塑性力学"和"气动弹性力学"等课程。当时国内并无现成教材，他便自己动手查找资料，编写教材。1957年，他随中国军事院校代表团访问苏联、波兰和捷克斯洛伐克等国，考察那里的军事技术教育情况。1960年，他兼任教务部副部长后，学院教学工作已走上正轨。1961年，他参加了学院教学组织工作条例（即80条）的起草与修订工作。1962年，他建议严格按升留级规定淘汰一批因降低招生标准而多招收的学生。

在学术研究方面，从1958年开始，气动弹性力学问题在飞机设计工作中就突显了出来，空军工程系请曹鹤荪开设这一门跨学科的新课，并指导卢叔全、李凤蔚和杨永年三位年轻助教开展这方面的教学和学术研究工作。曹鹤荪接受任务后帮助三位助教先学矩阵，再以讲授和讨论的方法逐章学习比斯普林霍夫（R. L. Bisplinhoff）等人写的《气动弹性力学》打基础，然后以非线性颤振为主攻方向，1962年卢叔全和李凤蔚都写出了相应的研究论文。1963年在"哈军工"十周年院庆暨第四届学术报告会上，曹鹤荪宣读了综述论文《板的颤振》，其后又侧重抓颤振的实验研究和仿真计算方法。在曹鹤荪的鼓励与支持下，李凤蔚设计并制作模型，在1.5米风洞中进行了二元及三元机翼的颤振实验，研究并开发了相应的实验课。曹鹤荪与卢叔全在空军工程系自动化专业的模拟计算机上进行颤振仿真计算。他们还与航空工业部"歼7"飞机设计组也建立了技术合作关系，深入分析气动弹性现象对"歼7"的偏航力矩系数、对侧滑角的导数值的影响。1964年，李凤蔚又应用气动弹性力学的矩阵方法创造性地解决了3.5米×2.5米低速风洞（在1965年至1975年间为全国最大风洞）塔式六分力天平令人头痛的塔心调整问题，消除了各分力间的干扰，使天平精度大大提高，对保证该风洞按时通过国防科委验收及顺利投产起了重要作用。该方法也成为日后国内大型风洞同类型天平的调试、校准的理论基础。

在教学方面，1956年，曹鹤荪在行政工作之余，给海军工程系开设了弹塑性力学课。1960年，曹鹤荪给空军工程系本科生开出了气动弹性力学新课，次年1月，出版了《气动弹性力学》一书。

1966年6月，"文革"开始，气动弹性力学研究工作中断了。在"文革"中，曹鹤荪被错定为"执行资产阶级办学路线的反动学术权威总代表"，受到严厉批判。极"左"的批判正好从反面说明曹鹤荪的办学指导思想是正确的。1967年，他不仅被隔离、审查和批斗，原有的生活、居住条件也都被剥夺。1969年解除隔离审查，次年他参加了《英汉航空与航天技术辞典》的编纂工作并任主编。他自费2 000余元陆续购买了多种字典、词典，且不顾血压高，夜以继日地伏案工作达7年。该辞典1976年出版，1978年获全国科学大会奖。

1978—1984年，曹鹤荪被任命为国防科技大学副校长（1978—1980年兼任训练部部长）。随着国防科技大学培养方向的变化，他提出理工结合的专业设置思想，提倡编写高水平的教材。他负责抓研究生的培养工作，制定了一套规章制度，获得国家教委的好评。

曹鹤荪长期从事国防高等教育和空气动力学、弹性塑性力学等方面的科学研究工作，精通英语、意大利语、俄语、德语，是国内公认的空气动力学权威之一。空气动力学重点研究飞行器的飞行原理，是航空航天技术最重要的基础理论之一。气动弹性力学是研究空气动力与飞行器结构弹性变形相互作用及其对飞行影响的学科。曹鹤荪在这些领域的研究和教学中，表现出特有的预见性和敏锐的洞察力，取得了丰硕的科研成果，多个项目填补国内空白。他著有《风洞干涉》《流体力学》等专著和教材，发表高水平学术论文数十篇，并荣获何梁何利基金科学技术进步奖。1979年10月，中国宇航学会在北京成立，在第一次代表大会上，曹鹤荪当选为副理事长。此外，曹鹤荪还担任中国空气动力学研究会副理事长、中国航空学会常务理事。

曹鹤荪是国务院学位委员会1981年批准的首批博士生导师之一。在当时学校缺少仪器和实验室的条件下，他带了当时任讲师的瞿章华、胡其芬为博士研究生，如今，瞿、胡两人都已成为博士生导师。曹鹤荪领导的导师组力求以 20 世纪 80 年代科技发展水平为起点开展研究工作，在国内率先开展了高超音速化学非平衡流的数值研究，对稀薄气体动力学中直接模拟方法和计算流体力学中并行计算方法的研究起步较早，并形成了自己的特色。在近 10 年中，曹鹤荪领导的导师组培养博士生 12 名，硕士生 50 多名，获部委级科技进步二等奖 7 项，发表论文 20 多篇。1984 年，曹鹤荪光荣地加入中国共产党，实现了他为共产主义事业而奋斗的夙愿。1985 年，《中国大百科全书》的编纂工作开始后，曹鹤荪担任了"航天航空卷"编委和综合分支主编，同时还是该书"力学卷"编委。1985 年，在瑞典斯德哥尔摩召开的国际宇航科学院建院 25 周年纪念大会上，曹鹤荪被提名并经过评委评定当选为国际宇航科学院院士。

多年来，曹鹤荪致力于国防科技人才的培养，高度重视学术梯队的建设，以他渊博的知识、扎实的作风和严谨的治学态度，培养出一支优秀的力学教学科研队伍。他培养出的大批科技人才如今都已成为国防科技战线上的技术骨干或学术带头人。

（执笔：黄迪民）

主要参考资料

[1] 徐华根. 杰出的空气动力学家——曹鹤荪. 湖南文史, 2003(4).
[2] 网络素材.

庄逢甘（1925—2010），江苏常州人，空气动力学专家。1946 年交通大学航空工程系毕业，1947 年赴美国加州理工学院攻读航空工程和数学学位，师从国际著名流体力学家李普曼教授，并得到钱学森的指导。1950 年 8 月，在获得加州理工学院航空和数学博士学位后毅然回到祖国。回国后曾任"哈军工"空军工程系教授，1956 年调入国防部五院，筹建空气动力所。庄逢甘主持了中国航天空气动力学试验基地的规划和建设，建成了从低速到高超音速的成套设备，并组建了一支空气动力研究的骨干队伍，在中国航空、航天以及导弹武器的气动试验和研究设计中发挥了重要的作用。1980 年当选为中国科学院学部委员（院士）。先后任北京空气动力研究所副所长、所长、名誉所长，中国火箭技术研究院副院长、中国空气动力研究与发展中心副主任、航天工业部总工程师等职。第三届全国人大代表、第五届全国政协委员、第八届全国政协常委。

著名空气动力学家：庄逢甘

　　2010 年 11 月 8 日凌晨 2 点半，中国航空航天空气动力学开拓者庄逢甘院士在北京溘然长逝，走完了 85 岁的一生。这位饮誉世界的空气动力学专家，追随钱学森半个多世纪，奠定了我国航空航天空气动力学发展的基础，并将毕生心血倾注其中，至死不渝。"病重住院期间，父亲仍然时时惦记着工作"，其子庄飞这样说。庄逢甘常对前来探望的人表示，病好了以后还要回去工作，要"大干一场"。可是，这次他的愿望没有能实现。

追随钱学森走上"空动"研究之路

1925年2月，江苏常州一户以榨油为生的人家喜得贵子。也许是为了表达久旱逢雨的盼子之情，父亲庄德成为儿子取名逢甘。10岁那年，庄逢甘进入常州县立初级中学学习，成绩出众、文理兼优。几年后日军侵华，深受民族气节教育的他心急如焚，只恨自己不能跃马横刀走上抗日战场。

1942年，庄逢甘进入交通大学航空工程系，寻求航空救国之道。5年后，他远赴美国加州理工学院深造，在著名流体力学专家李普曼教授的指导下攻读航空工程和数学专业。当时，钱学森正好在校任古根海姆喷气推进中心主任，庄逢甘不仅有幸得到了钱学森的业务指导，还有机会与他交流发展中国航空事业的理想。1950年，由于庄逢甘在湍流统计理论方面的杰出才华，在他获得博士学位前，已收到学院让他留校当研究员的聘书。不久，与庄逢甘住在一起的罗时钧对他说："我给你讲个消息，钱先生决定要回国了。"这是罗时钧作为保密消息告诉庄逢甘的，庄逢甘回应说："钱先生要回国？那我还不如早点回去，我也早点考虑这个问题。"新中国的成立，特别是抗美援朝战争爆发的消息传到大洋彼岸，庄逢甘听到祖国的召唤，再也按捺不住。1950年8月，他毅然放弃在美国已经获得的荣誉和地位回到祖国，随后担任交通大学数学系副教授。没想到的是，钱学森由于美方的阻挠，一时难以回国，而庄逢甘却后发先至，在国内等候钱学森，这一等竟是五年。

1951年7月，经知名学者周培源、钱伟长推荐，庄逢甘被调入中国科学院数学研究所任副研究员，兼北京大学物理系副教授。1953年中国人民解放军军事工程学院在哈尔滨成立，陈赓将军点名将庄逢甘调到"哈军工"空军工程系任教授，讲授空气动力学并筹建实验室。两年后，钱学森到"哈军工"参观，一到学校，便要求与庄逢甘、罗时钧俩人见面。分别五年后在祖国重逢，庄逢甘和罗时钧都十分兴奋。庄逢甘说："你回来了，这下可以好好研究一些理论了。"钱学森对他说："现在主要不是搞理论研究，而是要搞工程建设。没有工程建设，研究就是空的。"一席话，给庄逢甘深刻的启迪。不久后，钱学森向国务院递交了《建立我国国防航空工业的意见书》，草拟了我国火箭、导弹事业发展规划，开列了参与此项工作的 21 位高级专家名单，其中便有庄逢甘的名字。从此，庄逢甘在钱学森的直接领导下，走上了火箭、导弹空气动力学研究的道路，并逐渐成为一名饮誉世界的空气动力学专家。

1956 年庄逢甘调入国防部五院，筹建空气动力所。在钱学森的领导和指挥下，庄逢甘主持了中国航天空气动力学试验基地的规划和建设，到 20 世纪 60 年代末，中国第一个试验设备配套、厂房雄伟、技术力量齐全、崭新的航天气动试验研究基地诞生了。它的名字就叫北京空气动力研究所，代号 701 研究所。钱学森高兴地看到自己规划建设的北京气动所的蓝图已经实现，以十分喜悦的心情对此做出高度评价："在基础条件不好的情况下，我们只用了美国一半的时间，就建成了空气动力试验基地，初步掌握了跨、超音速生产性风洞的型号试验工作。"

给卫星、导弹研制架设"高速通道"

1980 年 5 月 18 日，我国成功地向太平洋海域发射洲际导弹，一石击起千层浪。西方航天专家立即做出推断：中国已经建成了专门从事飞行器空气动力试验的秘密机构，而且具备了相当的规模和较高水平。这样的推断并非空穴来风。空气动力学在航空航天业发展中被誉为"先行官"，有着举足轻重的作用。德国、美国、苏联等世界发达国家几乎毫无例外地成立了国家级的研究试验机构。

1956 年 10 月，我国国防部第五研究院成立，最早组建的 10 个研究室中的第七室就是空气动力学研究室。年仅 31 岁的庄逢甘被钱学森点名担任该室的技术负责人。空气动力学研究试验有三大手段，风洞始终占据着主导地位。风洞是一种能产生人工气流，并能观测气流或气流与物体之间相互作用的管道装置，不同流速、密度和温度的气流能模拟各种飞行器的真实飞行状态。对于飞机、导弹、卫星来说，没有风洞，就意味着要做实弹试验，而一次试验的花费则高得惊人，庄逢甘深感重任在肩。1957 年 8 月，他起草了第一份中国航天空气动力学试验基地的设备规划，随后在外援中断和严重自然灾害的困难条件下，庄逢甘带领一支年轻的队伍开始了逆风飞扬的艰苦征程。七载寒暑，他们踏遍蜀道，愚公移山般地选址凿洞，当地老百姓看见他们把仪器架在山坡上，甚至以为遇到了看风水的阴阳先生。

钱学森认为空气动力研究中风洞试验还要与理论计算紧密结合，因此，要求庄逢甘在抓紧风洞设备建设的同时，还要抓紧理论计算队伍的建设和计算机的配置。1960年初，五院空气动力研究所成立了理论研究室，通过承担型号研制中提出的气动课题，培养了一大批理论研究人才，并配置了全国第一台电子管式电子计算机——乌拉尔-2。对于理论研究工作，钱学森提出了"为型号服务"的方向，在当时的型号研制中发挥了作用。在成立理论研究室时，庄逢甘曾向五院党委写信，汇报空气动力学如何为型号服务的想法。1960年1月27日，钱学森就庄逢甘的信做了回复。

庄副所长：您在二十日给党委的信，党委要我来复三个问题。

1. 空气动力设计问题，作为红旗1号型号委员会的委员，是负责空气动力方面的，您完全可以，而且有责任抓这个问题。您可以到设计部门去了解，去听汇报。

2. 风洞、试车台、试验件的加工问题，现在已经作了安排，能满足您提的要求。

3. 型号委员会的问题，作为委员，您可以把您的意见向型号委员会的主任及副主任提出。

以上的意见，我已向钱文极主任及屠守锷副主任说明。我们想您能这样地提出问题是非常有利于工作的。

钱学森 1960.1.27

从上述信件可见，钱学森早在1960年就明确提出空气动力研究所的研究工作要和型号的设计密切配合，争取在型号设计中发挥更大作用。在钱学森的直接领导下，庄逢甘在科研一线解决了一系列导弹、火箭、飞船的关键气动问题。

1964年，国防科委成立了以钱学森为组长、庄逢甘等任副组长的空气动力学专业组，对全国空气动力学试验基地的设备建设做了全面规划。从 1965 年中国首座风洞设计起到 20 世纪 80 年代陆续建成，庄逢甘一直是技术负责人之一。在他的正确决策和指导下，先后建成了达到国际水平的跨超声风洞、高超声风洞等设施，形成了气动试验新的规模，奠定了我国航空航天空气动力学发展的基础，对我国飞机、导弹、运载火箭、卫星等各种飞行器的气动试验和研究设计起到了重要作用。

"空动"前沿的开拓者

1964 年 10 月 16 日，我国在西部地区爆炸了一颗原子弹，成功地进行了第一次核试验。1967 年 6 月 17 日，我国又在西部地区成功地爆炸了第一颗氢弹。此后外界惊呼："东方巨龙终于打进了世界核俱乐部！"实际上，我国当时尚未真正具有核威慑力量，因为我国的核武器运载工具——洲际导弹——还没有研制成功。由于"有弹无枪"，弹只能"待"在家里。

1969 年、1971 年，我国接连进行了两次洲际导弹飞行试验，但均因弹头再入时被烧穿，致使试验失败。试验人员从捡到的端头帽上发现导弹头部都有一条七八毫米的沟槽，这触发了中国洲际导弹研制史上一场规模空前，被钱学森称为"淮海战役"的弹头再入气动、防热研究的战役。

其实，钱学森在长期的实践中，总结出一套根据系统工程的原理，采用理论计算、风洞试验和模型自由飞试验等三种气动手段和总体工作，组织型号气动问题的关键技术攻关的方法。围绕再入飞行器的气动防热问题，应用这种方法，由钱学森亲自指挥和由庄逢甘具体组织开展了攻关工作。早在 1964 年，钱学森就十分重视再入飞行器防热问题的研究。由钱学森倡议，组成了一个再入飞行器防热研究的全国性的研究协调组，钱学森亲自担任组长。参加研究的单位除了国防部第五研究院的多个单位外，还包括中国科学院的力学所等单位。钱学森亲自组织协调研究工作。1964 年 12 月，召开了研究成果的汇总汇报会。在这个会上，钱学森提出中国的再入飞行器防热要走烧蚀防热的道路。

1975 年，在远程导弹再入飞行器研制中，遇到了两大技术难题：一是再入飞行器防热问题，二是再入飞行的稳定性问题。1975 年 9 月 10 日，由钱学森挂帅，庄逢甘主持，集中组织了全国各有关工业部门、科学院、高校空气动力研究所、研究中心、实验室的专家，进行了一场攻克再入防热和飞行稳定性的大会战。钱学森在动员会上指出，再入飞行器的气动防热是研制远程导弹的关键问题，要用系统工程的办法来攻关。他称这次会战是一次空气动力学界的"淮海战役"。他又指出，"人生能有几回搏"，号召大家要用拼搏精神参加这次大会战。

庄逢甘被国防科委和七机部委以"淮海战役"前线指挥长的重任，承担"烧蚀防热研究"攻关。这使他成为我国烧蚀防热气动理论、烧蚀实验和测试技术的开拓者。"淮海战役"集中了全国气动领域的精兵强将，庄逢甘则是名副其实的"统帅"。然而在科研一线，却经常可以看到他像一位普通技术人员一样，亲自参加试验甚至记录各种数据。他说，唯有这样做，决策起来心里才踏实。

在庄逢甘的组织下，采用了系统工程的方法，把上述两个关键技术分解成若干专题，按空气动力学特点，按照上述解决气动问题的三大手段进行分解。整个工程项目下再设专题、课题组。考虑到各单位的气动计算和风洞试验结果可能会差异较大，因此，每个题目都起码有两个以上单位同时承担，尽可能用不同的方法进行研究，以确保结果的正确性。型号总体部和研究试验单位组织起来，对项目的进度、质量。及时检查、协调、总结和交流，然后再逐项综合集成，提出结论性意见，最后组织专家评定。

经过一年多的共同努力，1977 年 2 月，又一次攻关会议召开了。钱学森再次参加了会议，听取了一年来的工作汇报和结论。在会议上，经过专家评议，一致认为两个关键技术已经基本突破。会议上虽然还提出了一些问题和需要深入开展的工作，但这些问题不会影响再入飞行器进行模拟真实再入条件的飞行试验。最后确定关键技术问题是否真正解决，还必须由飞行试验结果来证实。

虽然飞行试验的成功证实了上述结论，但由于任务的扩展和再入飞行器气动防热问题的复杂性，有关领导决定这样的攻关工作仍将继续下去。1979 年召开了第三次会议。会议以第二代再入飞行器为背景，通过了《1979—1985 年再入飞行器气动力学和气动热力学研究试验大纲》。在制定这份大纲时，研究人员主动采用了钱学森倡导的系统工程原理，将整个工程作为一个大系统，进行系统分析和系统论证，从而使得整个研究试验工作具有明确的整体目标和阶段目标，而各种手段和各个课题相互配套，以促进当前工作和长远工作的结合。这十分有利于合理安排人力和资源，提高研究试验工作的效率。这份大纲是在庄逢甘亲自领导下，由起草小组经过长达半年的调查研究后编写出来的。经过会议充分讨论后，大家对再入问题的认识又有了提高，其结果最后发表在1984年《宇航学报》——由庄逢甘、黄志澄、董兴德署名的论文《再入问题的理论与实验》中。

实践证明，由钱学森倡导、庄逢甘具体执行的集中力量、应用系统工程的方法进行关键技术攻关的模式，是十分有效的。在以后的载人航天工程飞船返回舱空气动力学和防热的攻关中，也采用了类似的系统工程的攻关方法，同样取得了良好的效果。经过十多年奋力攻关，庄逢甘有效地利用人力、物力和现有科技成果，解决了再入弹头的气动、防热和再入物理多项重大技术的关键问题，形成了具有自己特色的中国气动研究和发展模式。

庄逢甘还非常重视流体力学前沿问题的研究，十分注重新观点、新概念、新方法和新理论的探索。1989年他主持建立了国家自然科学基金重大项目"旋涡、激波和非平衡起主导作用的复杂流动"课题，带领百余名科技人员，对非定常流和旋涡运动，从理论、实验和数值模拟等方面开展了系统研究，取得了重大进展。这一前沿课题，孕育着下一代航空航天飞行器的许多新概念，具备很大的应用价值和广阔的发展前途。

美满的婚姻，幸福的家庭

除了事业上成果卓著，庄逢甘的家庭也是幸福美满，令人羡慕的。他和夫人戴淑芬自1953年结婚以来，一个举案齐眉，一个敬如上宾，呈现出科坛伉俪高尚的人格魅力。1952年暑假过后，中科院数学研究所的庄逢甘以兼职副教授的身份，给北京大学物理系气象专业三年级学生开了一个学期的课，讲授"流体力学"。讲台上这位27岁的归国博士才华横溢，很快得到了学生的尊敬和崇拜，戴淑芬也是其"粉丝"之一。

期末考试后，戴淑芬感觉考得不好，心中内疚，于是满怀歉意地给庄逢甘写了一封信：没有学好老师的课，对不起老师，不知还能否再见到老师。没想到几天后，庄逢甘专门从中科院数学研究所来到北大女生宿舍看望大家，像兄长一样和蔼可亲。当戴淑芬送他离开时，庄逢甘问她星期天是否有时间，要请她吃饭。从此，每周星期天都成了这两位青年的幸福时光。

1953年9月1日，中国人民解放军军事工程学院在哈尔滨成立，庄逢甘被调到哈尔滨。同一天，他与戴淑芬喜结连理。没有婚礼，两人只是照了一张结婚照。婚宴也很简单，全部内容仅为25个水饺，新郎吃了15个，新娘吃了10个。然而正是这样简简单单走到一起的两个人，在此后半个多世纪中从没吵过架，始终同甘共苦、相濡以沫。

庄逢甘时常检讨自己一生不管家务："我干家务事，名为帮忙，实为添乱。"但细心的戴淑芬一直坚持照顾他的起居生活。直到80多岁腿脚不便，庄逢甘还坚持上午上班，都是在夫人的搀扶下先到食堂用餐，然后走进办公大楼，令旁人又是羡慕，又是钦佩。

回忆自己的父亲，庄飞对庄逢甘印象最深刻的是他的教育方式。"父亲对我们很少'言传'，更多是'身教'。"他说，"他自己非常刻苦，我记忆中，他下班回家也总是在看书、写文件，每天工作到很晚。这样的工作、学习精神，让我们从小就受到了感染。"

"师生情谊"相伴随

自从庄逢甘1956年调入国防部五院，在钱学森的直接领导下，从事火箭、导弹空气动力学研究开始，每当遇到较大问题时，他都要向钱学森请示，并坚决按钱学森的意见去办。为了工作方便，庄逢甘一家还长期住在钱学森家的楼上。每逢春节，在北京的庄逢甘都要到钱学森家相聚，一起吃一顿饭，保持着从美国加州理工学院开始的师生情谊。回国后的半个多世纪中，钱学森与庄逢甘两家亲如一家。下面是庄逢甘对钱学森先生的深情回忆。

大家都说我是钱先生的学生，应该说我很希望是他的学生，现实中我并不能算是他"正规"的学生。我在加州理工学院上学时，原打算结束学业后留在美国，当时我已经接受了学院的聘请。但很快，抗美援朝战争爆发，我了解到钱学森先生要回国，于是改变了自己的计划，也要早点回国，钱先生直接影响了我。

我头一次见钱先生是1947年8月，在美国我去加州理工学院之前，听钱先生做工程科学的报告。之后，我对工程科学的兴趣越发浓厚。20世纪上半叶，工程科学里很多都是借鉴经验判断，知其然不知其所以然，而钱先生则注重发展技术科学。后来我专业从事空气动力学，空气动力学是全新领域，由于航空技术的发展，设计要求的准确性越来越高。空气动力学主要靠三大手段：风洞试验、飞行试验和理论分析计算。对此，钱先生第一是抓风洞建设，第二是倡导从设计上优化数据。

20世纪60年代初期，为了开展中远程导弹的研制，我们召开了专题会议。钱先生提出，最重要的是风洞建设，要尽快使风洞的常规试验过关。钱先生看得很远，他经常讲：外国人能干的我们一定能干。他的这种不服输的精神对我们是很大的鼓舞。1963年，我们的研制遇到困难，钱先生把我们的攻关叫做"淮海战役"。我们对这次"淮海战役"印象非常深，它真的扭转了中远程导弹的研制局面。

2009年10月31日，98岁的钱学森先生在北京去世，我心里很悲痛，因为我失去了一个真正的导师。现在，我希望尽可能多地做事情，让钱先生遗留下来的东西更好地发挥作用，更好地告慰先生。

（执笔：黄迪民）

主要参考资料

[1]《力学进展》编辑部．沉痛悼念著名空气动力学家《力学进展》原副主编庄逢甘先生，2010.

[2] 网络素材．

谈镐生（1916—2005），江苏吴县人，力学、数学、物理学家。1939年交通大学机械工程学院航空门（航空工程系前身）毕业。长期从事流体力学、稀薄气体力学和应用数学研究。他提出了植被流局部扩散模型，发现了网格湍流负二次幂衰减律，在自由分子流、旋翼边界层、激波马赫反射、马赫波锥相互作用和分离流等方面取得重要成果。1970年以后，强调了力学学科的基础性，并积极指导和支持力学的基础研究，首先提出在中国建立分两级培养研究生的制度，对中国力学事业发展与人才培养做出了贡献。数十年来，谈镐生共发表科学论文和报告40余篇，论文内容涉及许多科技领域，被国内外同行广泛引用，受到国际航空航天和力学界的公认。1980年当选为中国科学院学部委员（院士）。2005年9月28日谈镐生先生在北京逝世，享年89岁。

航空起步，力学成名　赤子忠心，科学人生
——记谈镐生院士

谈镐生，祖籍江苏省武进县（今武进区）。父亲谈振华，清末贡生，以教书和当职员为生，有强烈的爱国主义思想，日本侵略军侵占家乡时，曾因抵制悬挂日本国旗险遭杀害，在当地被誉为民族爱国教师。谈镐生5岁丧母，学龄前由乃父教授"四书五经"，10岁在苏州的小学就读，1929年进苏州中学，很快就显示出在文学、美术和数学方面的天赋，数理成绩在全班一直名列前茅。高

中毕业前，他自学完微分方程、变分法等大学课程。1935年，他以优异的成绩考入交通大学机械工程学院航空门（航空工程系前身），1939年获工学学士学位。同年，进入成都航空机械学校高级班学习。1940年毕业后，到中国航空研究院当副研究员。两年内，他解决了滑翔机蒙布张力的测量问题，制成了张力计，并获得奖章；还与老师林致平一同发表了《正向薄板承受边压时的弹性稳定问题》等两篇论文，显示出扎实的基础和科研的才能。

1945年，他通过了公费留美考试。1946年，怀着科学救国的志向，远渡重洋赴美国攻读研究生。他先到加州理工学院，同年转入康奈尔大学航空研究生院，在W.R.Sears教授指导下，1949年获数学、力学和航空博士学位。毕业后，留在康奈尔大学航空研究生院任研究员，从事激波马赫反射问题、旋翼层流边界层和流体分离区问题的研究。在这些领域内取得的丰硕成果，使他迅速成为国际知名的空气动力学家。1954—1956年，他在美国诺脱顿大学任工程力学副教授，研究运动浸没体与表面波的相互作用。1956—1957年，任美国底特律大学航空工程教授，研究超气动区弹头曲线优化问题。1957—1962年，在美国创办高等热工研究所，先后任所长和科学顾问。除了继续研究超气动区弹头曲线优化问题外，还对湍流衰减规律和植被流问题进行了研究。1963—1965年，任美国伊利诺伊理工学院教授，继续从事湍流衰减规律研究。1965年10月回国。

"我是中国人"

受父亲的影响，谈镐生从小就表现出可贵的爱国思想。初中阶段，他就参加了赴南京请愿要求抗日的运动。大学期间积极组织同学响应"一二·九"救亡运动。1940年在成都航空机械学校毕业时，曾因他起草的毕业典礼答词中批评了国民党政府的贪污腐败而被禁闭半年。旅美20年期间，谈镐生受到美国政府的关注，有人多次劝说他加入美国国籍，面对许多人梦寐以求的美国公民身份，谈镐生心里依然装着祖国，坚决拒绝了这种善意的劝说。鉴于谈镐生在流体力学方面取得的巨大成就和其国际影响，美国科技界三次征求他的意见，要将他的名字载入《美国科学家名人录》，谈镐生答复说："我是中国人，如果有幸被视为名人，首先应该列入《中国科学名人录》。"多么朴实的语言，表达的却是谈镐生一颗永不改变的拳拳赤子之心。

1965年回国后，谈镐生担任中国科学院力学研究所研究员。这时正值"文革"前夕，谈镐生以他的一颗赤子之心迎接了面临的种种磨难。在很不安定的环境下，他仍参加和指导了激光物理、板块运动规律、相对论热力学和稳定性问题的研究，醉心于为国家培养科技人才。1976年他就研究生和高级科技人才培养问题积极向中央献策，并率先指出力学的基础性，大力倡导力学的基础研究。

1978年，鉴于谈镐生在学术上的成就和对祖国科学事业发展做出的贡献，中国科学院邀请他出席了全国科学大会。1980年，他被选为中国科学院数理学部学部委员(院士)。1981年，任中国科学院力学研究所副所长、学术委员会主任。1984年，谈镐生被增补为中国人民政治协商会议全国委员会常务委员。1975年以后，他还曾兼任过国务院学位委员会学科评议组成员，《中国科学》和《科学通报》副主编，《力学进展》主编，中国科技大学力学系主任，中国力学学会常务理事等职。

特殊的美满姻缘

在美国生活了20年，谈镐生在事业上一帆风顺，得心应手。终身教授的职位，设备齐全的实验室，蜚声国际的学术成就，事业、名气、物质、地位于他应有尽有，然而谈镐生却始终没有建立起一个家。以谈镐生的地位和名声、外貌和气质，不是没有人追求，更不是没有机会成家，别人介绍的和自己在工作、生活中认识的异性朋友很多，但接触一段时间以后都是同一个结果：没有下文。原来关键的问题是，谈镐生在择偶问题上的原则性太强了。说了多少年洋文，吃了多少洋面包，始终也没能冲淡祖国在谈镐生心中的地位，虽然身在异国他乡，他却无时无刻不牵挂着生养他的故园，一心回国效力。"我反正是要走的，你将来能跟我回中国去吗？"这是谈镐生在与每一位女友相识后一成不变的首要问题。这条件在谈镐生看来是理所当然，他想我是个中国人，来美国是为了学习知识，帮助祖国摆脱含辱受穷的命运，只要有机会，我就要回到祖国去，运用自己学到的科学知识报效祖国。然而谈镐生的条件对于当时生活在美国的每一位女性都太苛刻了，没有一位女友能接受他的这一基本条件。最终谈镐生也没有选中一位能伴他同回祖国大陆的妻子。

回国的机会终于来了，1965年10月，谈镐生毅然舍弃了在美国的荣誉、地位和金钱，以赴欧洲旅游和去日本讲学为由，买了往返机票，摆脱了美国的控制，怀着一颗忠贞爱国之心，投进了祖国的怀抱。

谈镐生回国正值"文革"前夕，国内极"左"思潮泛滥，他一入国门就被有关部门以"特务嫌疑"立案审查，戴上了一顶"特嫌"帽子，长期不能正常工作，发挥应有的作用。后来成为谈镐生夫人的邓团子也非无名之辈，她是著名爱国将领、中国共产党的老朋友邓宝珊先生的女儿，也是一位工作认真的翻译家。邓团子生性活泼，又长得窈窕秀美，追求的人很多，但她一直没有选中一位须眉知己，为了满意的选择,不知不觉中邓团子迈进了大龄未婚女子的行列。"文革"开始后，邓宝珊老先生受到冲击，邓团子也就自然成了"反动军阀的臭小姐"，再加上她平时心直口快，得罪过一些人，业务上又精明强干，引起过某些人嫉妒，于是她理所当然地成了"专政对象"。这个时候,邓团子倒是有空暇考虑"个人问题"了，可是有谁敢娶这个戴着"帽子"的女人呢？

世界上还是好人多，冯力源大姐就是其中之一。冯大姐早年曾和邓家住过街坊，她觉得邓家姑娘心眼好，没架子，聊得来，后来她们一直有些联系。可巧，谈镐生在"文革"中被"扫地出门"后和冯大姐成了邻居。住得时间长了，冯大姐觉得谈先生这人有学问，说话随和，怎么也不像个坏人。一个大科学家什么事都自己动手真不容易，得有个人帮着操持家务。冯大姐觉得邓团子和谈镐生结合再合适不过了。在热心的冯大姐介绍促成下，谈镐生拜访了邓团子在红霞公寓的家，他得到了邓宝珊老先生的赞许。谈、邓二人之间的交往逐渐多了起来，并进而相知、相爱。1969年7月，谈镐生手提一只皮箱走进红霞公寓，从此他和邓团子携手相伴共度坎坷，一次次迎接命运的挑战。

一回国就戴上"特嫌"的帽子，谈镐生心中郁郁不平。"四人帮"粉碎后，谈镐生依然被这顶帽子压着。1978年，全国力学学科规划会议由谈镐生建议召开，但他却被撤销负责开会的职责，全国科学大会召开，以谈镐生的科学成就和声誉却得不到一张入场券。后来还是邓团子奋笔疾书向中央报告，凭借谈镐生对中国科学事业发展的重要贡献，使他作为科学大会的特邀代表出席大会。谈镐生的“特嫌”一直得不到平反，邓团子为把事情搞个水落石出多次上呈报告申诉。然而到1984年，谈镐生的档案里仍然装着“特嫌”的材料。谈镐生疲倦了，他说：“算了，随它去吧。”邓团子不依，还是一次次申诉。1985年春天，《人民日报》刊登了落实知识分子政策的重要文章，邓团子看了说：“镐生，我还要打报告，这是最后一次了，如果还没人理，我就不写了，咱俩安安静静度晚年。”后来邓小平看了新华社记者写的尽述谈镐生种种不平之遇的内参后，批示道：“为什么这种情况现在还不能改正，科学院是谁在管事，请查一下。”1985年2月14日，中国科学院召开大会，公开为谈镐生平反，谈镐生和邓团子心中终于搬掉了“一块石头”。

培养人才和倡导力学基础研究

“文革”中，谈镐生目睹祖国科学事业备受摧残，心情十分沉痛，但他以一个科学家对科学事业的深邃见解，认为培养人才是祖国科学事业希望之所在，因此他顶着极“左”思潮的压力，痛斥那种“学科学技术就是‘白专’”的谬论。1973年，他在力学所全所大会上响亮地提出，在科技飞速发达的现时代，科技人员不可一日不学业务。他大声疾呼：“我们要学习、学习、再学习；学习为了工作，学习才能工作，学习就是工作。”他还抱病为青年人举办湍流、激光物理、概率论和分析力学等讲座，并翻译审校了200多万字的《随机函数和湍流》《激光物理》和《气动激光技术》等书稿，从而吸引了一群优秀的年轻人聚集在他的周围，成为他的“地下研究生”。他指导青年学者研究湍流扩散、地球板块运动、大气污染和激光物理等，所得成果先后发表在《中国科学》等学术刊物上。

1976年粉碎“四人帮”后，中国百废待兴，科学界亦是如此。谈镐生高瞻远瞩，于1977年上书中央领导，最早提出在我国建立分两级（相当于国外硕士和博士）培养研究生的制度，还建议按不同年龄，通过不同途径培养和提高在职科技人员业务水平的方案。此建议受到中央领导的赞赏，并立即批送给有关部门办理。中国科技大学研究生院成立后，他率先给研究生讲课，影响很大。1977 年制定的《1978—1985 年全国基础科学发展规划》，没有包括力学，只是在技术科学规划中列入了"工程力学"。谈镐生认为这种做法过分强调了力学的工程应用性，而忽视了它的基础性，不利于力学学科的发展。他大声疾呼，强调支撑力学广泛应用性的是它的基础性，指出力学已成为许多交叉学科的基础，并向中国科学院党组直陈了自己的书面意见，要求召开全国力学规划会议，制定全国力学发展规划。这一建议最后转呈中央，得到批准。经科学家会前多次座谈讨论，达成共识：力学既是基础科学，又是应用科学。1978 年 8 月，全国力学规划会议召开，这是一个全国力学工作者空前团结的大会，不少与会代表向谈镐生表示由衷的敬佩和祝贺。大会通过了《1978—1985 年全国基础科学发展规划——理论和应用力学》，明确了"力学是许多工程技术和自然科学学科的基础"，强调了力学的新变化以及交叉学科的发展。这些精神指引了我国力学发展的正确方向，从此，如天体物理力学、生物力学、地球流体力学、应用数学等力学边缘学科的发展更为迅速，谈镐生感到无比欣慰，并把这些边缘学科同物理力学、理性力学等统称为基础力学。在力学所内，1978 年底，按照他的科研设想，成立了"基础研究室"，进行以力学为中心的交叉学科的基础性研究。全室 30 余人，他亲任主任，下设天体物理力学、地球物理力学、生物物理力学、应用数学、力学物理 5 个组。这是一块"试验田"。谈镐生的总方针是实行自由选题，搞基础不搞任务，对人才强调培养，而不只讲使用；针对每个科技人员的特点，提出恰当的要求，必要时给以具体指导，并尊重他们的劳动成果。该室科研成果丰硕，仅 1979 年和 1980 年两年，该室成员在有关学报上发表和已录用的科学论文就达 60 余篇，其中有 12 篇在《中国科学》上发表。此外，根据他的建议，还恢复了物理力学研究室，他兼任室主任。1980 年秋，他应美国南加州大学等 7 所大学的联合邀请，赴美进行了为期六周的巡回讲学，介绍了他在国内领导进行的科研工作和成果，引起了国外同行们的重视。他的科研管理经验曾在《科学报》上做了介绍。在他的培养下成长起来的人才，后来均成为科研骨干，其中包括 7 名博士、硕士生。"基础研究室"自成立到 1990 年，每年平均发表论文 30 余篇，各小组后来都在相应的领域内赶超世界先进水平。

治学之道——基础决定论

谈镐生在科学上的成就与他的"基础决定论"的治学思想密切相关。他常说："工欲善其事，必先利其器"，"根深方能叶茂"，"什么样的基础决定什么样的科研水平"。1940 年，当他还是中国航空研究院的青年科研人员时，就认识到数学是基础，因此约了几位志同道合的年轻人，自费聘请老师，业余钻研数学。1946 年后他在康奈尔大学攻读博士学位时，由于成绩优异，他的老师西尔斯教授要求他一年内取得博士学位，可是这位"古怪"的学生却坚决不愿意！他坚持要用三年，以更高的标准拓宽和加深自己的数理基础。直到 1949 年，他以数学和物理都得到 100 分的成绩通过了考试，获数学、力学和航空博士学位，并得到了著名数学大师 W. 费勒(Fell)和诺贝尔奖获得者 H.A. 贝蒂(Bethe)的赞赏。他认为这个学生的才华远非 100 分所能表示。

《力学学报》的编辑们反映，对一些跨学科的或"冷门"的学术论文，一般较难找到合适的审查人，这时就去找谈镐生，他总能给予很中肯的审查意见，虽然这些论文的内容并非都是他亲自研究过的。正是由于他具有精深的数理基础和广博的知识造诣，才使他在科研工作中独具慧眼，游弋自如，并能不断取得新的重要成果，且成果面宽广，以致被美国同事们称为一员"福将"。他强调基础的治学经验，回国后也贯穿在他对年轻人的培养之中，使他们获益匪浅。

爱国奉献，正直一生

回国 40 年来，他不但关心祖国航空航天等科技事业的发展，特别重视力学学科的发展和科技人才的培养，而且较早致力于帮助开发落后地区，率先组建新技术开发公司，全力支持党的改革开放政策。

在日常生活中，谈镐生也处处表现出奉献精神。1969 年，他随夫人邓团子到河南汲县"下放落户"。在寒冷的冬天，他们宁愿自己挨冻，把发给的取暖煤全部送给五保户。他给生产队捐款买牛；特意为久病卧床的老大娘去县城买药；

"文革"之后，谈镐生夫妇做的第一件事就是将落实政策后两人补发的工资 1 万余元全部捐赠给中国少年儿童活动中心。

谈镐生品德高尚，为人正直坦率，不畏权势，即使在"文革"中受审查被压制期间，他有意见也是直言不讳的。如"文革"初期，全国肆意批斗、抄家，处于无政府主义状态，人人自危，敢怒而不敢言，他却公然同情安慰被无故批斗的干部。那时他就向造反派提出"国家要有法制"，遭到造反派的无理讥讽。压力再大，他也不参加"批邓"和矛头指向周总理的"批孔"等活动，表现出了"精钢宁折不为钩"的精神。

（执笔：黄迪民）

主要参考资料

[1] 力学进展编辑部. 谈镐生先生生平. 力学进展, 2005.

[2] 网络素材.

杜庆华（1919—2006），浙江省杭州市人，力学专家。1997年当选为中国工程院院士。1936年从杭州高级中学毕业后考入交通大学机械系航空门。毕业后在成都航空研究院和航空机械学院从事发动机热力学、发动机动力学的研究和教学工作。1947年公派赴美国斯坦福大学学习固体力学，1948年6月获机械工程硕士学位，同年转赴美国哈佛大学，师从冯·米泽斯教授主修流体力学，并于1949年6月获航空工程硕士学位。同年9月，他重回斯坦福大学，在铁木辛柯教授和古笛尔教授指导下进一步进行航空轻结构的力学研究，于1951年取得工程力学博士学位。

杜庆华是现代计算力学边界元法的国际知名学者，曾任首届国际边界元法组织科学执委，是我国力学基础教育的先驱者，在轻结构力学、工程弹塑性分析、机械结构强度与振动方面发表论文130余篇，先后指导35位博士研究生学位论文，1991年作为第一获奖人获国家教委科技进步一等奖，1993年作为5名获奖人之一获国家级优秀教学成果特等奖。他主编的《工程力学手册》是我国第一部工程力学的大型工具书，他作为第一作者撰写的《材料力学》《弹性力学》《边界元法》等均在学界产生了很大的影响。2004年获何梁何利基金科学与技术进步奖。

中国力学基础教育的先驱：杜庆华

杜庆华出生于书香世家，自幼受家庭影响，熟读诗书。杜庆华中学毕业后，深感国家受侵略之痛，认为中国军事力量薄弱，在工程领域不如西方、日本是中国受侵略的主要原因，所以未能遵循家训"世守其业"，选择了弃医从工，到交通大学机械系航空门，进行工程力学学习。

甘当人梯，培养工程力学人才

杜庆华一生致力于力学教育。从 1952 年起直至病逝，他一直任清华大学工程力学系教授，他是工程力学系特别是固体力学专业的创办人和奠基人之一。他主编的我国第一本《材料力学》教材，内容结合中国工程实际，深入浅出，难易适度，从 1957 年起由高等教育出版社出版，并被高教部指定为工科通用教材，一直沿用至 20 世纪 60 年代末期，在我国工科专门人才的培养中发挥了重要作用。

1956 年，杜庆华和钱学森、钱伟长、郭永怀、张维等共同创建了工程力学研究班，从 1957 年春开始，由中国科学院力学研究所和清华大学共同负责，先后举办了三届，杜庆华是负责常务工作的副主任，他亲自讲授了固体力学、分析力学等多门课程。工程力学研究班学员由高校力学教师，研究院、力学研究所的科技人员和应届工科毕业生组成，经过两年的近代力学理论学习与结合实际的专题研究工作，为我国培养了近 300 名工程力学教学和科研骨干力量。这批人才后来在中国力学发展中发挥了重要的作用，其中相当多的人在毕业后的长期工作中仍不时得到杜庆华的指导和帮助。

杜庆华一生可谓桃李满天下，培养了一大批学术人才，其中博士就有 35 名之多，他的学生几乎遍及我国科学技术领域的各个部门。杜庆华平时对研究生的学习安排能从学生实际情况出发，既着重提高，又要求他们具有广阔的知识面，特别是注意涉猎相近专业的一些知识。他强调科研工作必须与当前工程实际相结合，为了增强研究生在这方面的意识，他特意让学生们参加一些国内核工程、石油化工、海洋工程、机械工程等多方面专业学术会议，从中汲取信息养料，以便在论文撰写中考虑学术价值的同时，深入实际地探讨具体工程应用的前景。在研究生选题的过程中，杜庆华要求他们摸清在本学科领域内当今世界的前沿课题，同时要求所选研究方向具有较广的工程应用前景，以使研究生学位论文的完成成为一个长期科研工作的开始。

杜庆华并不满足已有的知识面，在他年过花甲后，仍在不断地汲取新的知识，每日清晨都可看到他书房的灯光。他除了长年订阅一批国际杂志外，还经常到清华图书馆和北京图书馆查阅有关最新资料。正因为如此，他在指导研究生的过程中，始终起着指引方向的作用。他定期检查研究生的工作，要求他们用口头、书面和讨论班的形式汇报每一阶段的工作。曾有一位研究生试着用富氏积分变换的方法推导了一圆柱壳的基本解，在小范围进行汇报时，杜庆华指出该项工作曾有人做过，以后果然查到了有关文献，避免了重复性工作，在关键时刻他把握了研究方向。

杜庆华在指导研究生的过程中，重视对中青年教师的培养并积极发挥他们的作用，他亲自带领中青年教师一起参与指导研究生和开设研究生课程，并逐步把重担压在他们身上，甘当人梯。他们中有的人已成为博士生导师，在教学、科研工作中做出了显著成绩。杜庆华不仅一生致力于教育事业，最难能可贵的是他在晚年仍对我国的教育制度进行深刻的思索，并提出了大胆的建议和新的教育理念。

理论联系实际，解决工程问题

杜庆华是我国著名的固体力学专家，数十年来他一贯重视工程力学研究与工程实际相结合。1951年，他在美国做工程力学博士论文时，便提出了考虑剪切影响的夹层板理论。回国后，他先后承担了航空航天部门有关运载器与飞行器结构的研究任务，在夹层板的强度及稳定性方面做了系统的研究，他在涉及蜂窝夹层、波纹加强板及各种锥壳的强度与稳定问题上得出的结论一直被使用至今。结合长江三峡预研任务，他也曾对水坝强度进行过研究。"文革"前还负责压力容器委员会的工作，曾为引进重大设备的索赔问题，成功地进行了与外国专家的谈判交涉。在"文革"期间，他带领的一个小组与新港船厂的科技人员相结合，完成了第一台200吨龙门吊车的设计任务，其性能良好，获全国科学大会奖励。"文革"中有一段时间，教学无法正常进行，他全力投入了《机械工程手册》的编写工作，负责其中的材料强度、机械结构强度等6部分内容的编写，这套手册对机械工业部门的广大工程技术人员有重要的参考价值。

杜庆华在科研工作中一贯倡导科研要紧密联系实际，科研要为工程建设服务，力学研究要与国家重大工程实际问题相结合。改革开放时，杜庆华已是花甲老人，但他并没有因为年龄而放弃科研，他在工程力学领域发挥了重大项目学术带头人的作用。他组织和领导了清华大学、西安交通大学、上海交通大学、浙江大学四校的联合研究集体，"六五"期间承担了国家科委基础研究重大项目，"七五"期间承担了国家自然科学基金的重大项目——机械结构强度与振动。作为项目的负责人，他从立题论证到年度检查，都一贯强调研究工作既要攻克学科前沿难关，同时也要十分重视与工程实际问题结合，通过工程应用使研究成果直接转化为生产力。在他的领导下，这两个项目不仅取得了一批国内领先并达到国际先进水平的学术成果，还分别取得了2亿多元的经济效益。

倡导与推进边界元法的研究与学术交流

杜庆华是我国边界元研究领域的开拓者和奠基人，同时也是国际著名的工程中边界元方法的专家。20世纪70年代初，他呼吁国内注意国际上在有限元法及断裂力学方面的发展动向。1978年，他在国内首倡开展边界元法的研究。在他的直接指导下，国内做出了一批较系统的研究成果，如二维、三维弹性应力集中问题，包括典型回转体构件扭转、轴对称及弯曲应力集中问题方面的成果，并先后对克希霍夫平板弯曲问题，提出了一种高精度的边界元计算方案及一种效率较高的外点法计算方案，应用于航空壁板的计算，取得了较好的效果。

在指导博士生的研究工作中，他发展了边界元-有限元耦合法，以充分发挥边界元、有限元两种方法的长处。后来他还研究了非线性区域，如弹塑性、黏弹塑性区用有限元，弹性无限区域用有限元的耦合方案。

20世纪八九十年代，他带领研究组10多年间持续不断地对边界元法前沿问题进行研究，后来由应力分析发展到裂纹体的应力强度因子计算；对自由振动分析提出了边界元模态综合法计算方案；并在充分发挥边界元法长处的弹性及弹塑性接触、考虑脆性材料中裂纹的结构软化分析等方面取得了新的成果。此外，在边界元法的基础理论研究方面，对基本解的建立、各种不同边界元法方案的建立与比较、线弹性问题边界元解误差的直接估计，及自适应边界元方案等方面都做出了有特色的创新工作。以杜庆华为首的清华大学研究组对边界元法的研究卓有成效，于1988年获国家教委科技进步二等奖，1991年获国家教委科技进步一等奖。

杜庆华非常重视与国外同行的交流，他参加了在英国举行的第四次国际边界元法学术会议，开始把他领导的清华大学研究组的成果介绍给国际同行，受到了高度评价。此后，杜庆华更是积极地发挥了他在国内工程中边界元法研究成果学术交流中的牵头作用，多次组织召开国际会议，加强了国内、国际同行的学术交流。因为在边界元法领域的成就，他被聘为边界元法国际组织 ISBE 的学术委员、国际杂志《边界元工程分析》的编委，以及多次担任国际边界元会议顾问委员会的成员，并先后应邀赴美国、英国、法国、日本、加拿大、德国、意大利、奥地利、葡萄牙、澳大利亚、新加坡等国讲学和访问。

杜庆华先生一生热爱祖国，追求真理，为人正直，平易近人，善待同志，关心青年，他的学术思想和高尚人格得到了国内外同行的赞美和敬仰。

（执笔：黄迪民）

主要参考资料

[1] 中国工程院院士杜庆华先生生平 . 侯仁选新浪博客 ,2012.7.26.

[2] 低调务实的科学巨匠——杜庆华 . 杜吧百度贴吧 ,2011.12.31.

[3] 网络素材 .

陆孝彭（1920—2000），江苏常州人，飞机设计专家。1995 年当选我国第一批工程院院士。高中毕业后考入重庆国立中央大学航空工程系。1941 年完成学业后，他先后在昆明国民党空军第一飞机制造厂、四川南川县空军第二飞机厂任制图员和设计员，绘制和设计木质飞机。1945—1949 年，先后在美国麦克唐纳飞机公司和英国格罗斯特飞机公司实习，学习飞机设计。1949 年 8 月，回国后先在华东军区航空工程研究室参与机场建设工作，随后在北京南苑飞机修理厂负责修理各型教练机、运输机，支援抗美援朝。1956 年，调到沈阳飞机厂主持设计了我国第一架歼教-1 教练机。1959 年底，调到洪都机械厂，担任设计室副主任，为"强五"飞机主管设计师。1969 年，他主持了世界上最轻的超音速歼击机歼-12 的全部设计工作。1978 年 12 月至 1980 年 10 月，担任南昌航空工业学院第一任院长。1982 年加入中国共产党。曾荣获航空金奖、全国劳动模范、全国有突出贡献的科技专家、总设计师荣誉状等称号。

新中国第一代飞机设计师的杰出代表:陆孝彭

　　陆孝彭，祖籍江苏常州，1920 年 8 月出生于上海。在国难当头、民族危亡的青少年时代，陆孝彭刻苦读书、发奋学习，立志"航空救国""科技救国"。1941 年他从重庆国立中央大学航空工程系毕业后，远涉重洋，先后在美国、英国实习飞机设计。随着解放战争的隆隆炮声,他放弃国外优越的工作和生活条件,辗转回国，投身于新中国的航空工业建设。

"舍命"陪试飞

20 世纪 50 年代初，陆孝彭在北京南苑飞机修理厂担任修理工程师，当时厂里没有几个人会修飞机，而且还出现过几次重大质量事故，所以陆孝彭刚一到厂就面临着任务重、难度大、没有老师傅的局面。正在这时，有两架需要大修的雅克-11 战斗机被送进了工厂。厂里没有会修这种飞机的工程师，于是请求上级派来了两位苏联专家，可是苏联专家并不想要我们掌握修理技术，于是刻意刁难说"只带修一架，以后的自己负责"。他们认为没有工程师能够仅从一架飞机的修理观摩中学会修理技术，这时陆孝彭站了出来接下了这个几乎不可能完成的任务。苏联专家对自己国家生产的飞机非常熟悉，几个月后，第一架飞机的大修便宣告完成，经苏联飞行员试飞后，各项性能都达到了要求，苏联专家便收拾自己的图纸、技术资料打道回府了。

第二架飞机得自己修理了，陆孝彭也是头一回修飞机，他凭着自己的知识，靠跟着苏联专家大修第一架飞机的经验，带着团队对飞机进行了全面修整，没日没夜地苦干了 3 个月，终于完成第二架飞机的修理。可是在试飞环节，苏联飞行员绕着飞机转了两圈，怀疑的态度写在脸上，他爬进座舱内搬弄了几下后跳了下来，怒目圆睁地对着厂长和陆孝彭大骂了一通，并大叫这架飞机根本不能起飞，然后拒绝试飞，扬长而去。没有办法，厂里只能通过部队请来了一位中国飞行员，这位中国飞行员对飞机进行了仔细检查后，对厂长说："我看这架飞机没有什么问题，但是这种飞机目前我们还没有自己独立修理过，我还是不太放心啊！"听到这话，陆孝彭急了，大声说："你不放心我们可以理解，但是，我们都是中国人，中国人总不可能永远跟着外国人屁股后面转吧，现在我们是独立大修飞机，将来我们还要独立设计自己的飞机呢！这样吧，我是大修这架飞机的工程师，我陪你去上天试飞！"

在陆孝彭坚持下，飞机终于起飞了，飞行员飞一段后觉得很顺手，于是越飞越有兴致，索性飞起了特技动作来，大速度冲扬、急转弯、俯冲、拉起……

一系列动作使陆孝彭头昏脑涨，喘不过气来，飞机在机场观摩人员的欢呼声中凯旋，而陆孝彭却已瘫坐在座舱里。

元帅的嘱托

1958年的初秋，我国北方大城市沈阳一派繁忙景象，街上车水马龙，工厂的大烟囱冒出滚滚的浓烟。一个喜讯在军队和省、市机关内传送："军委副主席叶剑英元帅来了！空军司令员刘亚楼上将也来了！"而且，这次叶帅不仅带来了空军司令员，还带来了全国几乎所有航空工业领域的专家，很明显叶剑英副主席这次来的目的非同寻常。果然，叶剑英副主席带来了中央军委的决定，为加强我国国防力量，发扬自力更生、艰苦奋斗的精神，我们要研究制造一种新型的喷气式强击机。当时，世界上所有的空中强国都拥有这种武器，因为强击机既有超音速的飞行速度，又有高效能的空战、陆战、海战的战斗力，这些对于年轻的中国空军来说，无疑是至关紧要、必须掌握的空中力量。

20世纪50年代，我国在研制强击机方面经验几乎是零。没有图纸，没有零件，许多人连什么是喷气式飞机都没有见过一眼，要设计和制造强击机谈何容易！这个艰巨的任务交给谁呢？元帅、将军、专家，都在苦苦地思索一个问题：人才，人才，人才……"他行不行？"坐在靠墙角沙发上的航空工业局副局长徐昌裕打破了寂静。"谁？""他是谁？"大家不约而同地把头转向徐老，急切地问道。徐老目光凝视着大家，沉静了一瞬间，平缓地说："陆孝彭。"

陆孝彭这个名字对航空界来讲并不陌生，他早年毕业于中央大学航空工程系，是班上的高才生，随后赴美留学，还曾在麦克唐纳道格拉斯飞机公司工作，参与过舰载喷气机FD2的设计。之后，他又在英国格罗斯特飞机公司担任过一种亚音速战斗机的总体设计，单从他的工作背景来看，他可称得上是上佳人选。但徐老推荐他还有一个原因，他相信陆孝彭对祖国的热爱。

1949年，陆孝彭在英国听到新中国诞生的消息时，激动地流下了眼泪。他生在旧中国，目睹了反动政府的腐败，空有一腔报国志却无法改变祖国的命运。今天，共产党领导人民推翻三座大山，建立起人民当家做主的新中国，使那些海外游子报国有门,他怎能不激动呢?他恨不得一步跨入祖国的大门。但是,被推翻了的国民党反动政府不甘心自己的失败,他们也在网罗人才,也相中了陆孝彭,他们派了特务尾随陆孝彭,千方百计地要将陆孝彭带到台湾。陆孝彭为了回到祖国大陆,辗转新加坡、朝鲜半岛等地,最终取道香港才摆脱了跟踪的特务回到了大陆。回国以后,陆孝彭将自己的才智都贡献给了年轻的中国航空事业。1952年,他担任"歼教-1"飞机的主管设计师,在同行们的通力协作下,我国第一架喷气式教练机制造成功,陆孝彭也成了我国第一架喷气式飞机的设计者。

"对,就是他!"与会者异口同声地通过了这个人选。叶帅踱步走到窗前的办公桌旁,转过身来,坚定而有力地说:"陆孝彭这个人选很合适,我看就这么定了吧。"显然,他是经过深思熟虑以后才下这个决心的。不久,陆孝彭带着元帅的嘱托,带着共和国的期望,从沈阳来到了南昌,担任了"强-5"飞机的总设计师。

"强-5"飞机之父

1958年秋冬,陆孝彭来到南昌320厂设计室,担任强-5飞机的主管设计师,开始了"强-5"飞机的研制工作。要设计强击机,一无图纸,二无资料,唯一让陆孝彭感到欣慰的是设计室里的年轻人。多年的科研实践使陆孝彭产生了一种习惯性的"抗难力",即没有克服不了的困难,没有攀登不上的山头,更何况元帅的嘱托时时地鞭策着他,激励着他去克服一切困难,去争取胜利。

陆孝彭夜以继日地翻阅着世界各国的航空资料,他认为,随着现代化防空体系的完备,强击机应能上能下,能高能低,能够从敌方的雷达盲区钻过,迅速地接近攻击目标,出其不意地对目标进行袭击,这才是我们需要的强击机!为了完善他的设计雏形,陆孝彭把设计室里的年轻人组织起来,他们从解剖"米格-19"喷气式飞机入手,了解和熟悉喷气式飞机的结构、性能。同时,陆孝彭他们还深入飞行员当中,进行调查研究,从与飞行员的谈话里找到了"强-5"飞机的基本性能和要求。所有这一切,都为他设计"强-5"提供了有力的依据。

在"强-5"的设计过程中,谁也无法说出陆孝彭究竟有多少个未眠之夜。

每一个数据，每一份图纸，他都要亲自过目，亲自核算。几万张图纸，几万个数据都浸透了陆孝彭的汗水。有时为了核算一个数据，他经常通宵达旦，助手们见他太辛苦，主动提出分担他的工作。但他却回答："我自己不校阅一下，总是放心不下呀！"

400 多个日夜过去了，陆孝彭熬红了双眼，熬瘦了身体，但他身边的图纸却像一座座小山一样日益增高。15 000 多幅飞机设计图终于完成了，陆孝彭头脑里想象的"强-5"飞机终于出现在人们的面前。那锥形的机头，加大的后掠机翼，流线型的蜂腰机身，美观的机尾翼，活像一只腾空的银燕，跃然在纸上。和许多新事物一样，"强-5"的设计既有一般喷气式战斗机的性能，又有自己的特色。在设计过程中，陆孝彭既注意吸收各国战斗机的优点，又勇于大胆创新。为了提高"强-5"的飞行速度，他大胆地采用了跨音速面积律理论。后来，他的这一理论得到各国同行的认可和称赞。

从无到有，仅仅一年多的时间，陆孝彭和他的同伴们成功地设计出了我国第一架强击机，这是一件多么了不起的创举！1960 年 5 月，"强-5"进入了试制生产阶段。在陆孝彭的指挥下，大家齐心合力，短短的几个月，就完成了模线设计 3 000 多平方米，样板件 7 000 多件，同时还完成了近千项的工艺装备。1961 年 8 月，由于国家遇到罕见的"三年自然灾害"，国民经济大调整，"强-5"飞机的试制工作被迫停止。厂里先后分三批抽调生产人员，100 多人的车间，仅剩下 14 人搞"强-5"飞机研制。可陆孝彭仍痴心不改："'强-5'飞机我搞定了，14 个人也要把'强-5'飞机拿下来。"这 14 个职工中，有 6 名设计员，2 名工艺员，4 名工人，1 名调度员，1 名资料员。陆孝彭坚持和工人、技术人员在一起，边设计、边劳动，加班加点，克服了数不清的艰难困苦。一架新研制中的飞机，仅 14 个人参与研制，这在世界航空工业史上也是罕见的特例。经过两年多的艰苦奋斗和多方协作，他们完成了第一架静力试验机，引起了第三机械工业部孙志远部长、空军曹里怀副司令员等上级领导的重视。他们来南昌视察后，下令恢复"强-5"飞机的试制工作。1962 年秋，陆孝彭和他的同伴们克服了重重困难成功地试制出第一架"强-5"样机。喜讯传到北京，中央军委、国防科委、空军司令部等立即发来了贺电贺信。中央领导的鼓励，上级领导的支持，使陆孝彭力量倍增。他深知，前面的路还远得很，从样机到真机还要经过一系列的科学实验。只有当自己的银鹰真的翱翔在蓝天时，才能松下最后一口气。

1966年6月10日，"强-5"飞机的飞行实验开始了。这一天，在北京南苑机场聚集了成千上万的观众。为"强-5"的设计和制造呕心沥血的叶剑英元帅来了，总政治部主任肖华来了，还有各大军区、各兵种的司令员、政委全都来了。大家都要亲眼看一下中国人自己设计和制造的强击机。陆孝彭破例被邀请坐在叶帅的旁边，此时他的心怦怦跳个不停，静静地等待着银鹰翔空的时刻。随着叶帅的一声令下，停放在机场上的"强-5"战斗机，像一只矫健的银鹰，在强大气流的推动下，昂首挺胸冲向蓝天。锣鼓声、欢呼声响成一片。激动的泪水顺着陆孝彭的面颊缓缓地流下。经过超音速试飞、低空试飞等一系列项目的考核，证明"强-5"战斗机达到了世界先进水平。银鹰在天上翱翔，人们的心久久不能平静下来。满头银发的叶帅转过身来，紧紧握住陆孝彭的手，激动地说："谢谢你，我代表中央军委和全体指战员谢谢你！"

此时的陆孝彭，早已忘掉了自我。他感到浑身有一种说不出的喜悦和兴奋，他觉得自己像长了翅膀一样，随着"强-5"战斗机在高空翱翔。在高兴的同时，他又在思考着另一个问题：什么时候我们的银鹰能够冲向世界呢？

十多年后，机会终于到了！1983年，在巴基斯坦白沙瓦空军基地举行飞机表演。说是表演，实际上是在展示各国的空战实力。被公认为世界一流的美国"F-16"战斗机、法国的"幻影-5"战斗机等都将参加表演。我国派出了自己设计和制造的"强-5"战斗机与各国较量。蔚蓝的天空托起一只只矫健的战鹰，航空高手如林，各种战斗机八仙过海，一展雄姿。按规定，各种参赛的飞机都要进行模拟空战、打地靶和飞行表演等。比赛结束后，我国的"强-5"赢得了低空、超低空飞行和打地靶三个项目的第一名，它标志着我国自行设计、自己制造的"强-5"战斗机进入了世界先进机种的行列。

"强-5"的诞生，标志着我国飞机制造业进入了新阶段，它大大加强了我国空防力量。1985年，"强-5"飞机被评为国家科学进步特等奖，并被载入国际航空界权威性的《简氏航空年鉴》。人们赞叹"强-5"战斗机的优良性能，更赞美为了祖国航空事业呕心沥血的陆孝彭设计师。

歼-12与强-6的设计

"强-5"的巨大成功，并没有使陆孝彭停下前进的脚步，他开始思索如何提高歼击机的灵活机动性，于是陆孝彭等人提交了"小歼"战斗机的总体设计方案，该方案在1967年8月获得了上级批准。"歼-12"的研制任务是在1969年的"8·25"会议上正式下达给南昌320厂的，1970年3月才正式给这种"小歼"定名为"歼-12"，总设计师陆孝彭。随后，经过科技人员1年零5个月的努力，完成了详细设计、主要风洞试验、机体生产、强度试验和系统模拟试验，并制成3架样机。1970年12月26日，一架样机首次升空试飞，取得成功。1973年9月10日，"歼-12"飞机向叶剑英元帅等中央和军委首长做了精彩的飞行表演，其机动灵活的飞行特点引来了阵阵掌声，叶剑英元帅高兴地称它为"空中李向阳"。由于"歼-12"是我国自行研制的第一架歼击机，而且主要研制时间非常短，一些试验也没有来得及细做，所以，针对3架样机在试飞中存在的问题，陆孝彭等人又补做了必要的试验，并对飞机做了10多项重大修改。截至1977年1月，改进后的"歼-12"共试飞135架次，81小时12分。"歼-12"轻型战斗机是我国完全依靠本国技术力量进行设计和制造的喷气战斗机。它摆脱苏联系列飞机的设计格局，为我国独立自主研制战斗机奠定了良好基础，但由于一些非技术性因素的限制，没有正式服役。经测定和试飞表明，"歼-12"飞机是迄今为止世界超音速歼击机中最轻的一种飞机，其几何尺寸和最大截面积在同类飞机中都是最小的。有人总结出"歼-12"的突出特点，即"轻、短、灵"。所谓"轻"，即飞机的正常起飞重量只有4.5吨；所谓"短"，即飞机的起飞和着陆滑跑距离均在500米以内；所谓"灵"，是指飞机的爬升、盘旋性能和操纵性，跟随性均优于同类飞机。"歼-12"仅生产了5架样机，今天，中国航空博物馆还保存了2架。

"歼-12"完成后，陆孝彭开始思考如何改进"强-5"，认为它毕竟是"米格-19"的改型产品，中国还应该有自主设计制造的"强-6"飞机，这可以说是他对人生的最高追求。他把当时所有先进科技融汇于"强-6"飞机这个未来的型号上，倾注了所有的爱和心血，可以说，"强-6"是他最宠爱的"孩子"。

在"强-6"讨论会上，与会专家曾提出三个方案。一是彭宾秋和蔡志航提的机腹进气大边条正常式布局，二是张道政、朱杭训和朱晓彪的变后掠翼方案，三是"强-5"改单涡扇。"强-5"改单涡扇方案有些得不偿失，最早被淘汰。但这个最先被放弃的方案最后成了陆孝彭要面对的尴尬。

1978年，陆孝彭58岁，他面对三个不同风险的"强-6"方案，压力非常大。当时"心爱的孩子""歼-12"基本可以确定夭折了，但却没宣判，就那么悬着。面前摆着新的机会、新的"生命"，他应该如何抉择。如果是其他人可能会求稳妥，不管什么飞机"生下来"最重要。但陆孝彭不同，他是最特别的。他毅然选择了难度最大、风险最大的变后掠翼方案。他在追求作为一个设计师、一位艺术家的自我认可。就在1978年刚刚制定完"强-6"的战术技术要求，一切顺利之时，上级便传来消息：部领导要上"歼轰-7"，"强-6"暂停。南昌320厂里得知消息后，立即让陆孝彭赴京汇报。张道政回忆说，部里领导反复推说忙，不想接见陆孝彭一行，后来在他们的不断努力下勉强听取了汇报，但没有改变原先的决定。

陆孝彭当时心急发病，从此后，身体一直走下坡路。空军曹里怀副司令后来出面，让陆孝彭转到空军总医院调理。他在生病住院时仍不断努力争取，最后在反复要求下，部里同意进行"强-6"飞机的变后掠翼课题研究，但"强-6"的整体研制方案并没有得到通过。

"强-6"没有最终获批研制其实别有内情。中国飞机研制中发动机总是大问题，"强-6"原定配装的涡扇-6发动机受冲击影响，研制进展缓慢。这期间高层下决心引进了一批英国斯贝发动机。1975年12月，我国花5亿英镑购买了40多台斯贝发动机。但这批发动机进来后"烫手极了"。斯贝原计划让410厂仿制，但410厂不愿放弃涡扇-6，只好改让430厂接收。但因为这种发动机推比低、高空表现差，无法满足当时研制的"歼-13"所需，所以这40多台发动机就一直堆在仓库里。此时部里提了建议，让陆孝彭别搞新"强-6"研制了，就让强-5装斯贝发动机，改名叫"强-6"不就行了。陆孝彭当即表示不同意。曾有人问他，就算不同意，难道不能先答应，把研制经费弄到手再说嘛。陆孝彭回答：双发"强-5"不适合改装斯贝，两者完全不匹配。可部里打算立刻就划拨经费建立生产线，陆孝彭认为这么搞，对不起国家，对不起党，他坚决不同意，这件事情造成的后果可想而知。部里本觉得好心，把这个项目让给了南昌320厂，结果却拿到了一份写满了"强-5不适合装斯贝"的报告，此事让上级非常尴尬。南昌320厂提交报告后，西安便传来消息，歼轰-7正式上马开始研制。原因很简单，一架"歼轰-7"装载两台斯贝发动机，显然为上级解决了困扰多年的问题。这时南昌320厂才觉得这事情办得不妥，再次提交了"强-5很适合装斯贝"的详细报告，可惜也于事无补。从此，部里再也没有给南昌320厂新的型号任务，后来的"K-8""L-15"都没有"准生证"。

1987年，"变后掠翼技术研究"课题结束，1991年获得国家科技进步二等奖。此后，就再没人提及"强-6"。1995年之后，陆孝彭开始致力于第四代轻型敏捷战斗机研究，没有一刻停歇，直到2000年10月16日辞世。

（执笔：黄迪民）

主要参考资料

[1] 中国历史人物故事：陆孝彭. 华夏骄子,2013.8.23.

[2] 中国十大航空设计师之陆孝彭. 新华网综合,2009.11.10.

[3] 网络素材.

顾诵芬（1930— ），江苏苏州人，中国著名飞机设计师、飞机空气动力学家，中国科学院院士、中国工程院院士。1951年毕业于交通大学航空工程系，历任重工业部航空工业管理局工程师，沈阳松陵机械制造厂设计室空气动力组组长，中国航空研究院飞机设计所副总设计师、副所长、所长兼总设计师，沈阳飞机制造公司总设计师，航空工业部科技委员会委员、中国航空研究院副院长、航空工业总公司研究员，中国航空工业第一集团公司科技委副主任。第六、八、九届全国人大代表，第八、九届全国人大常委会委员。

出类拔萃的飞机总设计师：顾诵芬

1930年2月4日，顾诵芬出生在江苏苏州。历史上的顾氏族人，不仅仕途声名显赫，而且多有著述，在经史子学、金石校勘、诗文书画等多方面成就斐然。顾诵芬的父亲顾廷龙是国学大家、书法大家、现代中国图书馆事业家、古籍版本目录学家。1939年，顾廷龙应叶景葵、张元济盛邀，在上海主持创办了上海私立合众图书馆。顾诵芬曾经在纪念文章中写道："在国家遭受外敌入侵，江南藏书摧毁殆尽的艰难时刻，叶景葵、张元济等老前辈为'继承先民所遗之宏业'，'各出私人之藏，聚沙集腋，荟萃一所'，'以资发扬中国之文化'，在这些老前辈身上，充分体现出中国知识分子对国家、民族负责的历史使命感、责任感和对社会无私奉献的传统美德，实在值得后人敬佩！"虽然没有继承父亲的学术事业，但潜移默化中，顾诵芬传承着前辈的理想信念和道德精神。

与中国航空工业一路同行

顾诵芬工作的时代与新中国社会的变革进程同步，与中国航空工业半个多世纪的历史交织在一起。在这样复杂多变的时代，顾诵芬堪称中国航空工业具有代表性的人物。他的人生显现着中国传统文化的传承，弘扬着中国共产党的宗旨和执政理念所倡导的人文精神和高尚品德。

1951年8月，顾诵芬以优异的成绩从上海交通大学航空工程系毕业。他告别了父母亲，来到北京。在刚组建起来的重工业部航空工业局，他结识了当时国内最高水平的飞机设计专家徐舜寿、黄志千。1956年8月，航空工业局在沈阳112厂建立了新中国第一个飞机设计室。在这支荟萃着新中国最优秀飞机设计师的队伍中，顾诵芬承担起了气动组组长的职务。设计室主任徐舜寿确定的第一个任务是设计一架亚音速喷气式中级教练机，临界马赫数0.8，选用平直机翼、两侧进气方案。经上级批准，飞机定名"歼教-1"。

只在大学里听曹鹤荪、季文美、杨彭基教授（3人后任华东航空学院教授）讲过螺旋桨飞机设计的顾诵芬承担起了这架飞机气动布局设计的任务。来沈阳前，徐舜寿曾带他们请教过北航的张桂联教授，这是顾诵芬完成任务所具备的全部知识基础。他回忆道："在来沈阳以前，我还搜集、研究过'拉-9'等飞机的翼型，根据张桂联教授所讲的原则，翼尖用圆头对称翼尖，63A21系列，有一点弯度，相对厚度小一些。翼根选用63013系列。整个机翼通过计算，失速在翼中，临界马赫数为0.8以上。"

为解决机身采用两侧进气的难题，顾诵芬到北京查找有关资料。他回忆："我借了李泽藩同志的一辆自行车，每天晚上跑北航，查找并抄录有用的资料，买了硫酸纸，把图描下来。那时到北航的路还没有修好，晚上也没有路灯，就这样跑了一个星期。记得还车给李泽藩时，才发现自行车的前叉已经裂了，也不知道是什么时候裂的，但就这么骑了一个星期。"

面对种种困难，顾诵芬没有退缩，他把所能搜集到的苏联、欧美的技术资料、书刊、研究报告等全部信息加以消化、梳理、汇总，最终形成可以进行气动力设计计算的一套方法，圆满完成了翼型、翼身组合型式选择与计算、进气道参数确定和总体设计所需数据的计算。继而，他又与"哈军工"著名风洞专家马明德教授一起，利用当时仅有的、从没有在工程实际中应用过的风洞，边摸索，边试验，最终取得了理想的结果。

经过全体参研人员努力，1958 年 7 月 26 日，装备喷发 1 发动机的歼教-1飞机在沈阳飞机制造厂的机场首飞成功。8 月 4 日，叶剑英元帅、空军司令员刘亚楼上将等亲临沈阳出席了庆祝大会。10 月，歼教-1 飞机从沈阳飞到北京南苑机场，接受了中央领导的检阅。

首战告捷。随着歼教-1 腾空而起，顾诵芬又成功地完成了初教-1（后改为初教-6）飞机的气动力设计任务。他为几乎是一张白纸的新中国飞机设计事业创建了属于中国人的气动力设计方法，也在应用空气动力学的研究和实践方面登上了一个新的高峰。

以航空气动力学研究为目标

1958 年，在"大跃进"浪潮中，一个个新项目上马。"东风 104""东风106""东风 107"……指标一个比一个高，而紧随其后的是"东风 113"，马赫数 2.5，最大升限 25 公里。顾诵芬接受了研究超音速飞机气动力布局的任务。他找到了流体力学家郭永怀，希望从老专家、老教授那里获得帮助。郭永怀先生是刚从美国回来的国际著名流体力学和应用数学家、中国近代力学事业的奠基人之一。他建议飞机设计室派人到苏联的设计局去学习。顾诵芬明确地告诉郭先生，这是办不到的，因为人家说没有义务教中国人设计飞机。郭永怀先生听后说，那就先读一下 1957 年美国刚出版的《高速空气动力学和喷气推进丛书》（钱学森、郭永怀参加编写）第六、第七卷吧。这本书是讲高速空气动力学一般理论和部件气动力的，顾诵芬已经读过。

北航的张桂联教授听了顾诵芬转述郭永怀先生的想法，认为这是科学家的意见，与航空工程实践是有差距的。他说："这些书念得再好，也就是成为一个郭先生。"顾诵芬显然不是想只做一个学者，他的目标是要为祖国设计飞机。超音速飞机翼身干扰、机翼后掠角、展弦比等如何计算以及与结构设计相关的载荷数据如何确定？顾诵芬的课题引起了权威们的关注。"哈军工"罗时钧教授（后任西工大副校长）讲过一种奇异点方法，而确定奇异点强度需要对机身几十个剖面进行逐点计算。在北大副教授黄敦提议下，1958 年 9 月的一天，周培源、郭永怀、陆士嘉、庄逢甘等老教授利用晚上聚在一起讨论。从 8 点议到 10 点多，老先生们都认为此方法可行，可以一试，但工作量太大，怎么办？恰好中科院计算所由北大教授徐献瑜主持办了一个计算技术培训班，参加培训人员共有 70 多名。顾诵芬回忆："……借图板、电动计算机，就在中关村摆开战场，黄敦负责与计算所联系，用了三个月，计算结果，一叠纸有近半尺厚，共三包，全是计算表格。"

　　"当时'东风 107'的设计任务已经上来了，设计进度很紧，要求 10 月份把飞机载荷数据发出去，等计算结果来不及，我就参考陈士橹（西工大教授）带来的曲线图和美国的 NACATR1307 报告，简单估了一下，给出了小展弦比宽机身机翼组合体的超音速干扰气动力数据。待后来详细计算结果出来以后，对比之下，基本一致。"顾诵芬潜心钻研着艰深的空气动力学理论，并运用自己的智慧将其应用到具体的工程计算中。他"简单估了一下"的算法显然更符合实践需要。尽管"大跃进"中的型号相继下马，但顾诵芬通过实践跨越了一个又一个障碍，成为国内顶尖的航空气动力学专家。

歼-8 飞机研制"挑大梁"

　　1960 年 12 月 20 日，中央批准成立国防部第六研究院。1961 年 8 月，六院飞机设计研究所（一所）成立。在所长刘鸿志、副所长徐舜寿、叶正大、总设计师黄志千领导下，摸透"米格-21"成为第一项重大任务。

　　顾诵芬如饥似渴地研究着苏联尚在定型中的"米格-21"设计资料。他回忆说，摸透"米格-21"，其实是在与苏联的设计资料对答案。经过验证，顾诵芬对自己在实践中形成的一整套飞机气动设计的思路、方法心中更加有底。1963 年 7 月，在六院技术报告会上，顾诵芬的报告成为中国飞机设计史上第一个在气动设计方面堪称规范和标准的技术文献。1964年10月，歼-8飞机开始研制。不幸的是，总设计师黄志千在执行出国任务时因飞机失事遇难。临危受命，王南寿与顾诵芬、蒋成英、冯钟越、胡除生组成的技术办公室接过了总设计师的重担。

"文革"中，身处厄境的顾诵芬没有忘记自己的责任，即便被关进学习班，他还根据从112厂传来的发动机试车声来判断研制进展是否顺利。在极"左"思潮肆虐的时期，歼-8研制任务仿佛是海啸中的一片红树林，抵御着"文革"动荡对顾诵芬和所有参研人员的冲击。1969年7月5日，歼-8飞机实现首飞。

在以后的飞行试验中，飞机出现强烈振动。试飞员鹿鸣东回忆："为彻底解决这一问题，我于1977年，用歼教-6飞机带着顾诵芬同志，亲自到空中跟随歼-8，观察并拍摄歼-8的飞行流线谱。当时顾诵芬已是快50岁的人了，他不畏艰险，亲自带着望远镜、照相机，观察拍照飞机的动态，这种无私无畏的精神，深深感动、教育了所有参加试飞和研制的人员。"

1980年3月，歼-8"白天型"设计定型，1986年2月生产定型。1985年7月，歼-8"全天候型"设计定型。1985年11月，歼-8获国家级科技进步特等奖。获奖名单上，顾诵芬的名字排在第一位。

歼-8 Ⅱ 飞机总设计师

1979年8月，三机部发出《关于对歼-8飞机实现全面技术改装可能性论证的通知》，歼-8大改任务摆在顾诵芬和他的设计团队面前。1981年5月18日，邹家华在三机部召开的方案论证会上宣布了国务院国防工办任命顾诵芬为歼-8 Ⅱ型飞机型号总设计师的命令。随后，三机部下发了《国家重点型号总设计师系统和行政指挥系统名单》。在行政总指挥何文治、总设计师顾诵芬带领下，第一次以系统工程方法开展了涉及军方和国务院系统5个工业部门以及中国科学院、院校厂所等上百个单位的型号研制。

1981年6月，歼-8 Ⅱ飞机通过了木质样机审查。1983年3月，发完全部结构图纸；1984年3月，完成第一架飞机总装；1984年6月12日，歼-8 Ⅱ首飞成功。一架使用范围广、性能要求高、结构改动大的新机，仅用不到四年时间提前首飞成功，速度之快、质量之好，开新机研制史的先河。

1988年3月18日，歼-8Ⅱ设计定型，2000年获国家科技进步奖一等奖。顾诵芬以突出的贡献当之无愧地列为第一获奖人。

顾诵芬在中国航空科技和飞机设计事业中取得的成就可谓出类拔萃，在他的身上，人们也看到了优秀知识分子的高尚品德。在社会转型期，他心无旁骛，专精于自己的学术领域，淡泊名利，对不正之风深恶痛绝。"英谋信奇绝，夫子扬清芬。"顾诵芬赢得了人们的景仰和交口称誉。顾诵芬是新中国航空工业创建之初，最早参加到航空工业建设和发展事业中的青年知识分子，是新中国培养的有着极高声望的飞机总设计师，是继徐舜寿、黄志千、陆孝彭等老一辈专家之后，堪称大师级的领军人物。

"两院院士" 实至名归

顾诵芬从小学到大学的求学经历中，名师荟萃，才俊云集。他1951年参加工作，正值中国航空工业初创，随着新中国航空工业的发展一路走来，在我国重点型号飞机研制中功勋卓著，在航空科技研究上硕果累累，在道德情操和思想境界方面堪称楷模。

世界航空强国都有独立的科学技术研究机构，如美国的NASA（美国航空航天局）下设兰利研究中心（Langley Research Center）等多个试验机构和基地；俄罗斯则拥有中央流体动力研究院（ЦАГИ）、中央航空发动机研究院（ЦИАМ）等航空科学前沿技术的研究机构。他们的研究成果直接支持设计机构进行型号设计、研制。

但由于基础差、底子薄，中国的飞机设计事业起步之初就将设计和研究合二为一，沿至今日。这一区别，对顾诵芬既是挑战，也是机遇。他在成功完成中国历史上第一架喷气式教练机——歼教-1和初教-1（后改为初教-6）气动力设计的同时，也在研究气动设计的具体方法、规范、流程。20世纪60年代，通过摸透"米格-21"，他首次全面阐述了自己对构建中国飞机设计中的气动力设计体系的见解并形成了极具影响力的技术文献。在歼-8研制中，他最终主持完成了中国历史上第一架高超音速战机的研制，同时也研究并解决了高超音速飞机安定性等气动力设计中的一系列科学技术难题。在歼-8 II研制的过程中，作为第一位国家任命的型号总设计师，他在解决技术关键的同时，创造性地构建了中国飞机型号研制中以系统工程理论方法为基础的总设计师管理系统。此外，他还参与了多个重大型号的研究和政府高层的重大技术决策。

北京朝阳区北苑2号院——中航工业科技委、中国航空研究院、航空工业档案馆……这里曾经是中国人民解放军某炮校的营房。1962年9月，上级决定将其一部分拨给新创建的国防部第六研究院，在原有营房基础上，建起了一栋二层的办公楼，也建起了几排三层的红砖宿舍。1986年至今，顾诵芬就住在其中一套极普通的单元房里。住在这个大院的人们会看到顾诵芬一大早就从家中出来，目标是科技委办公楼，两点一线。离开工作了25年的沈阳601所，他在北京北苑2号院这条路上走过了近30年。冬去春来，他始终是蓝灰色调、普通面料的服装，始终是来去匆匆、简洁明快的风格。

他的办公室在中航工业科技委办公楼二层东侧，除了一张电脑桌、两张为客人准备的旧沙发外，全为书柜、书架所占，地上堆放着一摞摞书刊和装着资料的纸箱。靠窗摆着他用了20多年的老式办公桌，旁边是一把木椅。他就在这间办公室里拓展事业。1991年顾诵芬当选为中国科学院院士，1994年又当选为中国工程院第一批院士，成为我国航空工业领域唯一的"两院院士"。

"成功骏烈，卓乎盛矣。"获得殊荣的顾诵芬在这样的生活、工作环境里，以对国家、民族高度负责的精神，敏锐地关注着国际航空前沿科技发展的动态，思考着中国航空工业下一步的发展，撰写了多部航空科技发展、航空工业历史经验等方面的著述。

20世纪90年代，他抓住千载难逢的历史机遇，发起并组织了与俄罗斯气动力和飞机设计专家对远景飞机的设计合作，使我国250多名飞机设计技术骨干受到锻炼并为设计新一代战机奠定了基础。1995年，在他与李绪鄂、崔尔杰的共同努力下，仅用3年时间，以航天701所、航空605所为主的技术团队研制出了中国第一架地效飞行器。

2001年6月，在王大珩、师昌绪、顾诵芬倡导下，中国科学院技术科学部和中国工程院机械运载学部成立了由16名院士（其中5名两院院士）和9名资深研究人员组成的我国大型运输机发展战略咨询课题组。顾诵芬不顾年事已高，亲自走访空军，赴上海、西安两地调研，历时一年，完成咨询课题报告。报告依据充分、论证严谨，对统一发展思路起到了重要作用，促进了中航一飞院大型运输机预研工作的开展。2007年2月26日，时任国务院总理温家宝主持召开国务院常务会议，原则批准大型飞机研制重大科技专项立项，国家决策中采纳了顾诵芬建议的核心内容。

自1999年以来，顾诵芬开展的研究涉及通用航空、大飞机、轰炸机、高超音速飞行器、无人机、教练机、轻型多用途战斗机、外贸机，形成了数十份研究报告、咨询报告和建议书。他亲自指导的CFD（计算流体力学）课题研究，使我国CFD技术走上健康发展的道路；他推动和主持ACT（主动控制技术）的试验，为我国飞控技术的发展取得了宝贵的经验。

在他的建议和主持下，2003年开展了"2020年航空科技发展战略研究"，2008年开展了"2030年航空科技发展战略研究"。经过几百位专家共同努力，完成总结、专题报告多份，为长远规划提供了技术支撑。

在他的指导下，中国一航完成了国家重大项目ARJ21飞机的多项重大技术决策。在研制的关键阶段，他受集团公司党组委托，带领专家组对研制工作及设计方案进行了评估，提出了重要的咨询建议。

令人钦敬的还有顾诵芬的美德和操守。一位与他初次见面的记者，写下了这样一句话——"没架子的院士像个邻家老伯"。诚哉斯言，站在他的身边，他的谦和朴实绝不会让人想到这是一位中国航空业界的巨擘泰斗，但相处日久，人们无不为他的人品学养而折服。

随着事业的成功，顾诵芬得到的荣誉和奖励越来越多，社会地位也在不断提升——全国人大常委、院士以及各种学会、协会和社会团体、学术组织的理事、主任……面对这一切，顾诵芬平和而冷静。原中国一航科技委办公室主任贾小平讲道："顾总多次推掉名目繁多的担任顾问、名誉主席这样的邀请，他希望把更多的时间拿来学习钻研、看书、看杂志、上网搜集科研方面的信息或处理与飞机设计、航空科研有关的工作。他和吴老（吴大观）在科技委工作这么久，有多少次将外单位寄来的评审费、审稿费退回，我没有记录，因为这在我们工作中已经是常态。"顾诵芬对社会、民族的使命感、责任心，是自幼在父辈陶冶下形成的，"清水出芙蓉，天然去雕饰"，一切都是自然流露。面对连篇累牍的赞扬，他经常对身边的人这样说："我不看那些，你们也别听信，其实很多都是没有必要的。"

（执笔：黄迪民）

主要参考资料

[1] 顾诵芬：成功骏烈，逸格清芬. 中国科学报,2016.1.6.

[2] 网络素材.

屠基达（1927—2011），浙江绍兴人，飞机设计专家。1995 年 5 月当选为中国工程院院士。1946 年考入交通大学航空工程系。1951 年 8 月投身于中国初创的航空工业，历任哈尔滨飞机厂设计员、设计科科长；沈阳飞机厂"初教-6""东风 107"飞机主管设计师，设计室副主任；成都飞机厂设计所所长，副厂长、总工程师及"歼-5 甲"飞机主任设计师、"歼-7IIA""歼-7M"飞机总设计师；成都飞机发展中心副主任。中航工业成飞公司高级顾问，中国航空学会第一、二、三、四届理事，航空工业部科技委历届委员，研究员级高级工程师。

"歼-7之父"：屠基达

屠基达，1927 年出生于浙江省绍兴市一个平民家庭，10 岁那年，抗日战争爆发，日本飞机轰炸了绍兴城，小学五年级的他目睹了这次毫无抵抗的轰炸。"我们怎么没有飞机呀？怎么没人反击呢？"幼小的心灵被深深刺痛，由此产生了要学航空、造飞机，靠国防来救国的思想。杭州被日本人占领后，屠基达和哥哥跟随母亲，经宁波逃到上海租界。深受家庭和地下党员大哥的影响，屠基达确立起了追求进步，报效国家的思想。高中毕业后，他为了谋求去国统区上公费大学，辗转到了浙西。不久，日本投降了，他又回到上海，由于混乱时期的折腾，错过了考大学的时机。第二年，他先后报考了交通大学航空系，北平大学机电系和浙江大学化工系，三所大学都录取了他，而他毫不犹豫地选择了交通大学航空工程系。1946 年，屠基达进入上海交通大学航空工程系。交通大学注重书本理论和工程实际相结合，培育了他严谨、求实、规范、细致、深邃的治学功底和作风，为他一生能高瞻远瞩打下了基础；同时，培养了他献身中国航空事业的决心，这也成了他一生坚定的信念。

新中国飞机设计的初创者

1951 年，屠基达大学毕业时，正值航空工业局在沈阳成立，于是他便成了新中国成立后国家分配到哈尔滨飞机厂技术科的第一届大学生，有幸成了行业的"元老"。

初创时期的中国航空工业，主要任务是修理朝鲜战场上受损的飞机。让屠基达终生难忘的是，他发的设计图，曾出过两次废品。这给初出茅庐的屠基达巨大的压力，他接受教训沉下心来向老设计人员学习，在实践中摸索，克服以往的自满和浮躁，业务上进步很快。在哈尔滨的 5 年，屠基达参与了从飞行到特设、仪表的所有修理设计，渐渐地把从书本上学习到的基础知识转化为与实际相结合的经验。由于工作成绩突出，1954 年 5 月他加入了中国共产党，并被工厂推荐当选为哈尔滨市的劳动模范。不久，28 岁的屠基达便被任命为工厂设计科科长。1955 年下半年，伊尔-28 喷气式轰炸机开始试修，屠基达主持了复制与消化该机全套图纸的工作，一年后试修成功。

1956 年初，党中央发出"向科学进军"的号召，航空工业局决定在沈阳飞机厂建立飞机设计室，开始自行设计飞机。在飞机设计领域崭露头角的屠基达，于 1956 年底被指名调往飞机设计室，担任机身组组长。

最初从各地抽调到沈阳飞机厂飞机设计室的技术人员有 90 多人，分为 12 个专业组。除了室主任徐舜寿、副主任黄志千等为数极少的几位老工程师外，整个设计室集体平均年龄只有 22 岁。设计的第一架飞机是喷气式教练机歼教-1，它以刚刚仿制成功的歼-5 飞机（米格-17）为原准机，但歼-5 为正面进气，歼教-1 改成了两侧进气的布局；歼-5 为中单翼，歼教-1 改为下单翼结构，机身主受力框不一样，无法参考。屠基达除组织和指导整个机身的结构设计外，亲自动手设计无参考凭借的机头和特设舱方案，后来的实践证明，他的设计和创新都是成功的。歼教-1飞机从1956年10月开始方案设计，到1958年7月26日首飞成功，仅1年9个月的时间。从修理到仿制、到自行设计，几年工夫，连跨三步，屠基达深感生逢其时。

而立之年的骄傲：自行设计初教6

当歼教-1完成了打样阶段并进入工作图设计的时候，航空局决定，开始初教6飞机的总体设计。1958年初春，领导正式宣布，由屠基达和林家骅担任初教6主管设计师。

初教6的机体采用前三点式、金属薄蒙皮半硬壳结构。而正在南昌飞机厂生产的初教5，仿制的是苏联雅克-18机型，采用的是钢骨架承力和外罩蒙布的结构，又是后三点式。因此，初教6机身、机翼以及前三点起落架都没有原准机，在保证飞机强度的前提下，减轻结构重量成为设计工作最突出的矛盾。屠基达带领设计室的同事，提出了"为减轻每克重量而奋斗"的口号，从一开始就做到了精打细算。

不久，航空工业局决定初教6改在南昌飞机厂试制，屠基达和林家骅带领20多人于1958年夏天到了南昌飞机厂，与该机技术人员一起进行歼教-6的设计研制工作。1958年8月27日，第一架全身喷着红漆，中间有一道闪电图案的初教6飞机，平稳地飞上了蓝天。

好事多磨。飞机在试飞中出现了一些问题，最主要的是发动机性能不好，与其配套的螺旋桨不能变距，造成很多机动动作无法完成。后换装苏制发动机，修改机头设计，排除飞行中出现的四大故障，终于达到了设计要求。1961年，经国家军工产品定型委员会批准初教-6投入成批生产，并连续生产30多年共计2 000多架，成了中国飞行员飞行事业的摇篮。1980年，初教6作为新中国第一个成功的自行设计飞机，获得国家金质奖。

20多年后，身为成都飞机发展中心副主任的屠基达，与来访的泰国某基地空军司令有一段对话："屠先生，您认为您这一辈子最感骄傲的事是什么？"屠基达回答："……我最感骄傲的是而立之年即 30 岁时主持设计成功了一种初级教练机，这种飞机，不仅现在还在服役，而且还在生产。"

歼-5甲飞机，一次性优质试制成功

20 世纪 60 年代初，台湾海峡形势紧张，敌方飞机经常夜间低空入侵沿海各省进行侦察骚扰，我国虽有一些进口的米格-17PF 战机，但不够用，中苏关系破裂后，已不可能再进口，因此，国防急需歼-5 甲飞机。这一重任，交给了成都飞机厂。1960 年春，调入成都飞机厂的屠基达被任命为歼-5 甲飞机的主任设计师。

歼-5 甲没有设计图纸和生产资料，只有两架实物飞机，但当时有全套的歼-5 图纸和工装。飞机外形和结构是按飞机实物严格测绘的，而强度计算、外载荷计算、静力试验任务书和技术条件等，则是按自行设计方法制定的。结构全面测绘完毕后，经分析对比，发现有 36 项部件，包括机翼、后机身与歼-5 大同小异，没有原则性差别，经报告上级批准后，改用歼-5 图纸。即便如此，自行设计的图纸仍占全机的 60%，1 万项零件中，与歼-5 不同的占 50%。经过 15 个月的艰苦奋斗，1962 年 10 月，终于发出了全套歼-5 甲设计图纸和资料，展开了全面试制工作。1964 年 11 月 11 日，歼-5 甲首飞上天。时任三机部（航空工业部）部长的孙志远赞誉："歼-5 甲是成都飞机厂的发家机。"

艰难未曾忘忧国：歼教-5的诞生

20 世纪 60 年代前期，我国航空工业曾面临这样一种局面：空军要求高级教练机最大速度达 1 000 千米 / 小时，而歼教-1 指标原定为 800 千米 / 小时，无法适应空军要求。装备空军的苏制教练机，在中苏关系恶化之后，进口显然已不可能，空军急需歼击教练机而没有着落。屠基达想到了以歼-5 甲为基础，改型设计为歼击教练机。他认为，教练机不打仗，发动机就不要加力了，可以用伊尔-28 的发动机，腾出后机身空间加油；机炮只保留 1 门，以弥补增加教员舱所减少的飞机储油量；最大速度可以大于 1 000 千米 / 小时。歼-5 甲作为夜间飞行的歼击机，原定总产量只有 150 架，生产数量有限，大量的专用工艺装备闲置起来十分可惜，而教练机是一种长期稳定生产的机种，对工厂发展和经营极为有利，生产中可以大量借用歼-5甲的专用工艺装备。

经过多方努力，1965年初，歼教-5的研制任务正式下达，开始了详细设计。屠基达再次担当重任，主持设计的同时兼任飞机试制领导小组副组长。屠基达提出了设计总指导思想：在满足教练任务的前提下，尽可能降低成本，提高质量。在设计现场，屠基达强调最多的是"设计员笔下有黄金，一点一线都联系着飞机的制造成本，设计资料不能留下祸根。问题在设计时改好了，只需花1元钱；试制时若要改好就可能花百元、千元；待生产时再要改，可能就得花万元、几十万元，我们不能不算这笔账呀"。

设计图纸发出后，屠基达带领设计人员深入车间，和工人一起动手准备试验、做实验、解决试制中的问题，努力推动飞机由图纸转化为实物。试制工作出现了又快又省的局面，飞机的研制费总共只花了100多万元。

在歼-5甲飞机首飞上天的一年半后，1966年5月8日，我国第一种改型教练机歼教-5在成都首飞上天。当年，航空装备定型委员会的鉴定文件对歼教-5的评价是"成都飞机厂改型设计、试制的歼教-5飞机是成功的，飞机的最大平飞速度、升限、航程等，基本达到了原提出的技术要求，比苏联的米格-15型飞机好。可提供空军、海军航空兵部队，批准定型并投入批生产"。

歼教-5最终以它良好稳定的性能，连续生产20多年，共生产了1 000多架，成为我国空海军、航校的主要教练机；成为空军八一表演队专用机；成为我国主要出口机，先后出口援外10个国家。1984年，歼教-5编队飞过天安门上空，接受了祖国和人民的检阅。苏联没有这种机型，1991年屠基达参观米高扬设计局时，看到陈列室里将其列入米格-17系列，用的是巴基斯坦空军的机队飞机照片。

从米格-21到歼-7，晋级"歼-7之父"

新中国航空工业诞生后，曾得到苏联政府的支援。第一个五年计划我国仿制成功了米格-17飞机，把航空工业由活塞式飞机推进到喷气式飞机时代。第二个五年计划一开始，中国又陆续与苏联签订了米格-19、米格-21等飞机的技术援助合同。1960年7月，苏联政府单方面撕毁合同，撤走所有在华专家。

1961 年 2 月苏联通知中国，愿意转让米格-21 飞机的制造权，并希望中国派代表去莫斯科谈判。中国政府抓住这个时机，在不附加任何条件的前提下，与苏联谈判签订了转让米格-21F13 型飞机制造特许权的协议。

20 世纪 60 年代，引进苏制米格-21 飞机，给中国航空工业带来了两个系列的发展：一个是仿制生产及其改进改型，发展出歼-7 系列飞机，另一个是在吃透其技术的基础上，以歼-7 为原准机，发展自行设计和研制的歼-8 系列飞机。

歼-7 飞机最初由沈阳飞机厂仿制成功，飞机的稳定性、操纵性、起飞着陆和机动飞行性能、无线电及其他设备都比较先进，但也存在着目视距离近、航程短、救生系统可靠性差等突出问题。"歼-7 是跑得快的近视眼。"这句早期歼-7 飞机飞行员的戏言，曾是"歼-7"多年的顽疾，所以它一时很难替代当时装备部队的歼-6 飞机。1969 年末，屠基达再次挂帅上阵，挑起了歼-7 改进改型重担。歼-7I 于 1973 年试制成功，1975 年 4 月设计定型。经改进的歼-7 飞机，加强了火力攻击，提高了命中概率，飞行加速性和进气效率均有提高，有效推力增大。为了进一步挖掘飞机潜力，改善战术技术性能，国务院、中央军委在歼-7I 定型的同时，提出了进一步改进的要求。

歼-7II 型改进项目中，当属弹射救生的改进最有风险，最具压力。原因是，歼-7 飞机弹射机构太复杂，15 把锁需在 1.5 秒内按程序做完 17 个动作，容易出故障。屠基达主持了歼-7 救生系统的大改，方案是将带盖弹射改为敞开弹射；舱盖改为固定风挡；将防弹玻璃改为后折返的舱盖，实现零高度小速度下安全救生的目的。方案采歼-6、强-5 飞机所长，又保存了歼-7 座椅的特点。

屠基达坚持大改方案，考虑的是要对飞行员的生命负责，他心胸坦然，始终坚持一个不变的信念：要为这虽然冒险但却充满希望的大改方案争得生存权。他承担着巨大的压力，带领大家，制定严格的攻关程序，反复论证设计方案，确定试验要求，在同事们的共同努力下，着手建设起自己的零高度零速度弹射试验设备。整个研制过程，光试验件就用了 17 台座椅、3 个风挡和 9 个座舱盖。在经过 300 多次试验后，终于在 1979 年随歼-7II 飞机一起被批准定型。改进后的救生装置在国内外使用过程中多次弹射救生均获成功，1985 年，火箭弹射救生装备获国家金质奖。

歼-7的改进改型，显示了屠基达作为一个杰出飞机设计师坚持科学精神的智慧、敢于打破旧则的胆略和不畏风险的胆识。

歼-7从I型、II型到通过出口、发展到M型，前后共30多项改进，创新色彩日渐突出。1985年歼-7M型飞机荣获国家科技进步一等奖；1988年又荣获国家首枚大型复杂武器装备金质奖，成为我国最好的轻型歼击机。从1987年起，集歼-7所有改进成果之大成的歼-7M，又开创了向其他几个国家改型出口的途径，成为我国唯一在国际军机市场上具有竞争力的飞机。历史将屠基达的名字永远和歼-7系列飞机的改进改型联系在一起，这位"歼-7之父"被永远地写进了中国航空工业发展的史册。

奔向制造大飞机的"中国梦"

2009年9月2日，成都，骄阳似火。一个令航空人振奋不已的消息，给这座火热的城市又增添了许多激情。这一天，中国第一台大飞机定型样机机头在中航工业成都飞机工业（集团）有限责任公司开造。这意味着，中国朝着制造大飞机迈出了第一步。在这个追梦的团队中，就有屠基达的身影。

大飞机一般是指起飞总重超过100吨的运输类飞机，包括军用、民用大型运输机，也包括150座以上的干线客机。我国自主知识产权大型客机C919，初步计划于2014年底至2015年实现首飞，并在2016年投放市场。目前，占领国际大客机市场的主要是美国波音和欧洲空客。大客机机头正式生产后，价格会比波音737和空客320机头便宜。

提到C919机头开造，屠基达说，"工程样机是飞机设计中总体、结构和系统各专业先进设计理念的检验平台，同时又是改进飞机设计的试验平台，是大飞机一次性成功的关键项目之一。1∶1机头工程样机主要用于驾驶舱和电子设备舱的布置协调、人机工效的检查、部分设备的功能验证试验等，同时也是把先进的信息化设计制造技术等应用到大型客机项目，体现先进性的载体。此次首件零件的开造既是项目研制的一个起点，同时也为整个项目的顺利实施奠定了基础。”

中国首架大飞机机头落户成都，其中有屠基达的呼吁与争取。2007年全国两会上，一个"四川与大飞机"的话题正在升温。3月3日，驻川全国政协委员以集体提案的方式，提交一份名为《充分利用四川优势，发展我国大型客机》的提案。"军机与民机，就好像航空工业的两只翅膀。这些年来我国军机研发与制造能力已跻身世界航空工业强者之林，但我国民用大飞机始终没有一个机型得到市场认可。目前，我国航空运输周转量已居全球第三，空中飞的民用大型客机都是进口飞机。"据预测，未来20年中国航空市场将迅猛发展，民用客机数量将达3 000架左右，市场容量大约在1 800亿美元左右。

大型飞机代表着一个国家竞争力的制高点，体现着这个国家的总体实力。研制大飞机不仅满足市场的需要，从战略意义上说，更是国家安全的需要。"没有民机的航空报国，是不完整的航空报国。"从2003年开始，屠基达和他的同事们一天也没有停止为民用飞机项目呼吁和争取。他们的声音渐渐引起决策层的关注。航空人多年的梦想，在经历多次波折起伏后，终于上升为国家意志。2008年5月，中国"大飞机"公司正式在上海成立。

"为什么必须自主创新——'桑塔纳'路线行不通，成飞集团以前为麦道生产机头，机头个头很大，但产值只占整架飞机的2%"，屠基达说。我国不少经典军机机型均出自他的手，但是，这位成飞集团高级顾问、中国工程院院士、我国著名飞机设计师，却在办公室最显眼的位置上，摆放着两架客机模型，"那是1986年我们准备去争取国家有关项目的模型设计，不过最后不了了之。"曾参与"运十"设计，亲历中国大飞机项目沉浮的屠基达坚定了一个原则：大飞机不可能走桑塔纳汽车那样的合作发展道路，研制大飞机，必须以自我为主。屠基达说，波音与空客不会轻易放弃垄断利益和技术地位。在技术封锁下，中国唯有自主创新这一条路。我国有较强的军机研制能力，但军机和民机毕竟不同，使用寿命、安全性、经济性、舒适性和环保性的要求大不一样。"难度不在总装，而在总体设计技术。还有一点就是有适航条例这个高门槛。"屠基达介绍，适航条例即最低安全标准，飞机如果不适合这个条例，根本不可能投入运营。现在适航标准基本上由美国说了算，要过这一关不容易。"但再难也要上。如果现在不奋起直追，我们将永远落后。"

屠基达一生中参与了 15 种飞机的修理、仿制、自行设计和改进改型工作，成功设计了初教 6、歼-5 甲、歼教-5、歼-7 Ⅱ、歼-7M 等 5 种飞机。从修理到仿制、到自行设计，几十年来，连连跨大步，显露出了屠基达作为优秀飞机设计师的才华。就在耄耋之年，屠基达仍然胸怀大飞机的"中国梦"，为争取研制大飞机而呼吁和奔走。没有屠基达等前辈的努力奋斗，歼-7M 等歼-7 多种改型就不会成功，也就不会有"枭龙"的出现；同样，没有屠基达等前辈的呼吁和奔走，中国的大飞机研制和生产也不会这么快就开始起航。

意外的永别与永远的思念

2011 年春节前，屠基达还在成飞公司工作，没有想到赴深圳与家人过年之时，一次意外的跌倒，对于成都的同事和好友，竟成了永别。屠基达兢兢业业的工作态度，和蔼乐观的生活状态，深深影响着中航工业一代又一代的职工。

翻开屠基达亲自编写的飞行设计记事文集《难得几次飞》，首页一行小诗映入眼帘：人世稀能百，难得几次飞，岂能不敬业，风雨并言微。"我与屠老之间的三课之缘，让我们青年航空人将其奉为一生之师。"成飞公司技术中心总体主管设计师张小波回忆说，屠老在与大家一起散步途中说过的话让自己终生难忘："设计师笔下有黄金，也有人命，每一个小错误的代价都可能损失成千上万的国家资金，甚至是飞行员宝贵的生命。因此，每一个飞机工程师都应该深刻理解并践行按费用设计飞机的理念。干技术，就应该耐得住寂寞，要沉下去，坚守自己的理想。"

儿女回忆："平时很少能见到爸爸"

屠基达的儿子叫屠征星，女儿取名屠征音，均寄托着父亲在飞机设计上的凌云壮志。屠征星回忆说，父亲总是忙于工作，几乎每天晚上都要去加班或开会，平常与家人在一起的时间并不多。年轻时，父亲对他的学校功课不太过问，但是鼓励他和妹妹多参加课外活动，于是他在小学就成为学校足球队队员，参加手旗培训,进入航模小组。父亲还支持他们多读课外书籍,科普读物《十万个为什么》《国际航空》杂志等,为他们儿时带来了对科技世界的憧憬。

在女儿屠征音的童年记忆中却是这样的:"我的爸爸与别家孩子的爸爸很不一样,1.78 米高的个子,与之不搭配的只有 50 几公斤超轻的体重,30 多岁时他的头发大面积谢顶,高高的鼻梁上架着一副近视眼镜。他走路飞快,看到我时总是露出亲切的笑容。"屠征音说,平时很少能见到爸爸,几乎没有吃过他做的晚餐。如果遇到与他相处的机会,一定会赖着让爸爸抱或背。在她 6 岁时,爸爸买票请全家看过一次电影,可是只看了一半,就被人喊去加班了……

作为新中国航空工业自主发展的先驱,屠基达把一生献给了中国的航空工业,他以事业为"家",视飞机为生命。屠基达为新中国歼击机事业的发展,朝斯夕斯,胸无旁骛,无比深沉地倾注了自己的一生。他一生的奋斗,在中国航空工业的天空留下了永远灿烂的一抹光亮。

(执笔:黄迪民)

主要参考资料

[1] 一生成功设计 5 种飞机"歼 7 之父"屠基达去世 . 重庆晚报 ,2011.2.20.

[2] 网络素材 .

冯元桢（1919—　），美籍华人，江苏武进人，世界著名力学家、"生物力学之父"。1937 年考入重庆国立中央大学航空工程系，1941 年获学士学位并留校任教，同时攻读研究生，1943 年获硕士学位。1946 年赴美国加州理工学院留学，1948 年获加州理工学院博士，随后担任加州理工学院教授。1952—1963年期间，他致力于航空力学方面的研究，在加州理工学院与钱学森同属一个研究领域并接受同一导师的指导，还先后兼任了美国航空方面的顾问。1966 年，冯元桢转任加州大学圣迭戈分校教授，并转攻生物力学领域。数年后，冯元桢学术影响达到世界级权威水平，享有"生物力学之父"的美誉。

冯元桢在生物力学、航空工程、连续介质力学等领域均有重要成就。现为美国国家科学院院士、美国国家工程院院士、美国国家医学院院士、中国科学院外籍院士及台湾"中央研究院"院士。2000 年获美国科学最高荣誉"美国国家科学奖章"，为获此殊荣的首位生物工程学家；2007 年获地位堪比诺贝尔奖的"拉斯奖"；另获有美国"百年大奖"、美国国家工程院"奠基者奖"等。

从航空力学专家到"生物力学之父"：冯元桢

美国加州理工学院是全世界最优秀的研究型大学之一，其航空系举世闻名。学校航空专业的毕业生，很少有人会想离开，改行从事其他领域的就更少了。中国航天事业的开创者钱学森是主动离开的第一人，他是加州理工航空系的第一个"特例"。而从这里主动离开的，还有一位华人科学家叫冯元桢，他于1966 年主动辞去了加州理工学院教授一职，并改行做生理学研究，开创了一个全新的研究领域——生物力学。在加州理工航空系的历史上，这是绝无仅有的，他是第二个"特例"。到底是什么促使冯元桢做出这样的选择？他成功的秘诀又是什么？他具有传奇色彩的人生故事也许会告诉你答案。

留学美国加州的中国"尖子生"

1919 年，冯元桢出生于江苏常州。他读书成长的时期，正是一个战火纷飞的年代。在那时，学习航空专业，为国家制造飞机，是很多年轻学子最向往的事情。1937 年，冯元桢从江苏苏州中学高中部毕业之际，卢沟桥事变，抗日战争爆发。他到上海参加大学入学统考，见报名处墙上贴着一张布告，写着中央大学新增航空学系。他激动地报了名，想要学好本领，还击入侵者。他考取了从南京迁到大后方重庆沙坪坝的中央大学，那里的条件十分艰苦，但有着一流的师资和浓厚的学习氛围。冯元桢 1941 年毕业于国立中央大学航空工程系，1943 年获航空工程学硕士学位，成为中国第一届航空工程系毕业生。

冯元桢的父亲是一位画家。虽然自己是从事文艺的，但当时父亲认为，近代中国学文的人毫无用武之地，对拯救国家也没什么用处，因此他非常支持冯元桢学习工程学。冯元桢对科学孜孜追寻的动力，最初也正是来源于父亲的鼓励。1944 年，美国提供了一笔奖学金，资助 20 名中国学生赴美留学，成绩一向优异的冯元桢顺利通过了选拔考试，获得了去往美国加州理工学院深造的资格。当时的加州理工学院航空系已经在全世界享誉盛名。著名的工程力学和航空技术权威冯·卡门教授，以及后来的"中国航天之父"钱学森都执教于此。可是当27 岁的冯元桢几经辗转漂洋过海来到这里时，加州理工学院却通知他，那笔资助的奖学金已经过期。眼看留学的希望就要落空，这时一位航空系的教授答应为冯元桢提供一个实验室研究助理的职位，从而帮助他完成学业。在冯元桢的眼中，加州理工学院的好处就是，学术氛围很自然，学习节奏不紧不松。学校比较尊重研究生，他们在学校甚至能像老师一样拥有自己的办公室，这是加州理工学院不同于其他学校的地方。冯元桢在这里接受了航空领域最前沿的理论，因为基础很好，仅用两年，他就获得了航空工程的博士学位，并且是毕业生中的佼佼者。

毕业后冯元桢留校任教，从事空气动力学、超音速、弹性力学的教学与科学研究，在非线性结构动力学、结构稳定性理论、颤振和冲击响应等方面的研究成果卓著，多次获奖。他的第一部专著 *Theory of Aero-elasticity* 是气动—弹性力学领域的经典著作，已被译成俄、中、波等多种文字。同时，他还担任洛克希德、波音及道格拉斯等多家航空公司顾问，解决了许多实际问题。

从航空力学到生物学充满兴趣的研究

年轻的冯元桢眼界开阔，兴趣广泛。20 世纪 40 年代，美国华盛顿州的塔科马吊桥在建成 4 个月后被大风吹垮，举世震惊。风力为何会将一座如此坚固的吊桥摧毁？这其中的道理是什么呢？正在美国读书的冯元桢对此产生了浓厚的兴趣。于是，在没有人提供指导的情况下，他开始利用学校里一个闲置的风洞做起了自己的实验。他亲手制作了吊桥模型，观察它在人工气流中的受力关系。通过对吊桥的研究以及其他实验的积累，冯元桢提出了空气弹性力学理论，从而解决了航空架构和空气动力如何相互作用的问题，这是航空领域里具有突破性的成果。他的专著《空气弹性力学》在 1955 年出版，这本书在学界的影响持续至今。回首过往，冯元桢认为，正是对吊桥充满兴趣的研究为他日后的转行埋下了一颗种子。冯元桢说，从那以后，他自己作研究就是因为好玩，没有人告诉他应该做什么，完全凭自己的兴趣。

1957 年，已经成为加州理工学院教授的冯元桢赴德国休假。他来到了大师云集的哥廷根大学。在哥廷根大学，冯元桢发现，教授们挑选研究题目非常自由，主持工作也绝对自由，校方不会提出任何具体的要求。这里的气氛让一向主张学术自由的冯元桢兴奋不已，并且受到了鼓舞。令冯元桢没想到的是，在哥廷根大学访问期间发生的一件事，彻底改变了他以后的学术生涯——他远在国内的母亲生病了。而此时，恰好冯元桢所在的航空研究所旁边就是生理学图书馆，哥廷根大学一向以数量丰富的藏书闻名世界。于是，他每天泡在图书馆中阅读生理学著作，希望可以帮助母亲治病。母亲的病或许是促成冯元桢转向研究人体的最重要的原因，至少在当时他的确想要通过自己的研究对母亲有所帮助。冯元桢说，后来自己年纪大了才慢慢了解，无论他做什么、怎样做，母亲都开心，都会支持他。冯元桢把查阅到的资料寄给了国内给母亲看病的大夫。在接触生理学的过程中，他也认识到，人体运动、血液循环、人的脏器等都有力的作用在其中。能否通过对生物体的力学研究，来分析疾病的产生机制，从而为预测和治疗疾病提供帮助呢？这是一个前人未曾探索过的领域。他对这个挑战充满了兴趣。从德国返回加州理工学院后，经过考虑，冯元桢开始了将力学和生物学研究结合在一起的准备工作。在他眼中，人体就像一个比飞行系统更复杂的工程，而且它要有趣得多。

生理学研究——一个新领域的诞生

今天，由生物力学发展而来的生物医学工程这一学科，其重要性已经不言而喻，对我们的生活产生了至关重要的影响，但是这门学科的发轫竟是来自于冯元桢在 1966 年一个大胆的决定。

将力学和生物学研究相结合，对完全没有生理学研究背景的冯元桢，要走出第一步谈何容易。那时冯元桢已经人到中年，要从头开始学习生理学，这需要付出常人难以想象的努力。他要懂得医学，懂得医生对什么问题感兴趣，懂得生理现象，这是一大困难；更重要的是周围的人还不理解，他们也许认为这样的研究没有什么价值。可是在冯元桢看来，只要有兴趣，一切都不是难题。

为了弥补生理学知识的欠缺，他想了很多办法。冯元桢认为，自己没有生物学根底，最简单的办法就是找一个学生理学的朋友。而幸运的是，他找到了两个好搭档：一个叫索宾（Sobin），哈佛大学毕业的生理学博士后；另一个叫兹韦费克（Zewifach），在纽约大学医学院取得了博士学位。这两个优秀的生理学家成了冯元桢最好的朋友。冯元桢一边跟他们请教生理学知识，一边学习做解剖实验。渐入研究后，冯元桢发现，生理学研究涉及血管与血流，人体发生血管硬化等问题，是因为血液在发生病变的地方流动混乱，研究血液流动的动力学规律显然很有意义，这样一个生理学的问题就可以变成力学问题。然而当冯元桢进一步开展实验时，他面临一个绕不开的问题——做科研，需要经费。人体研究，开销尤其大，经费来源怎么解决呢？虽然困难重重，冯元桢坚持着自己的兴趣。他觉得人要工作自由，这比任何事情都重要，不能因为经费问题就轻易放弃。

1966 年，47 岁的冯元桢从加州理工学院辞职，来到了刚刚创建的加州大学圣迭戈分校。这里为他提供了更加自由的科研空间。加州大学圣迭戈分校生物工程系，是冯元桢 40 多年前工作的地方，当年这里的科研条件和今天是远远不能相比的。但冯元桢为自己的研究投入了极大的热情，每天工作十几个小时。每到周六，他和同事都早早地起床，到离家很远的一个医院去听病例讨论会。冯元桢认为，多听听医生发现的实际问题，就能知道研究该从哪里入手。冯元桢从生理问题开始，寻找解决难题的力学理论依据，两者结合使他确立了最初的研究方向。在冯元桢的实验室里有一张人体肺部血管图，那是他最得意的作品，研究人体肺部的血管分布，花费了多年的时间，由此他掌握了肺部血液循环的流体力学规律。他和同事锡德·索宾、颜荣次及几个学生一道提出、测试和建立了肺的薄片流理论。这个理论认可这么一个真相，即肺的毛细血管根本不像一片管子，倒像是具有柔韧的屋顶和支柱的"地下车库"。冯元桢说，当这个理论应用到肺的各个部分，它可以解释和预测许多临床观察现象，包括肺的血流、水肿、高血压等。它可以解释为什么汽车的气袋碰撞到肺，引起超音速的震动，会给肺特别是幼儿的肺造成威胁。

随后，冯元桢又扩充范围，研究心脏、肠、高血压、迫于压力重新塑造的组织、组织工程，等等。他用力学分析方法来研究生物组织，在生物力学的领域中提出新的概念。他的研究结果有助于解决重要的生物医学问题。冯元桢说："我相信我们大家付出的辛勤努力是会造福人类的。"

让冯元桢欣慰的是，这个工作对医疗有极大帮助。如今生物力学已经涉及宇航、交通安全、体育等多个领域。冯元桢和他的同事默默工作了几十年，终于迎来了掌声和喝彩。这些年来，他获得了美国科学界的众多奖项，囊括了奠基者奖、总统科学奖章，以及在工程学界可与诺贝尔奖相媲美的"拉斯奖"等，而生物力学因为成功地将力学和其他学科完美地交叉融合，其创立被看作是现代力学研究开启的标志之一。如今，离 1966 年冯元桢做的那个决定已经过去了半个世纪。当初投身于一个新的研究领域时，冯元桢自己并没有想到会取得今天的成就。他的秘诀，或许就是，作为一个科学家，听从自己内心的声音，永不停止地探索。

杰出教育家与热爱中国的赤子之心

冯元桢同时也是一位杰出的教育家。他曾培养了上百名博士、硕士研究生，他的学生在学术界、工业界均有优异的表现。他在教学与科研中著书不辍，其学术专著已成为生物力学学科之经典，他编写的多种生物工程教科书已被世界各国作为标准教科书而普遍采用。为表彰冯元桢对科学和科学教育的献身精神，1986 年美国机械工程学会设置了以他命名的"冯元桢青年研究工作者奖"。

冯元桢非常热爱生养他的故土，十分关心中国科学技术事业的发展。20 世纪 70 年代中美关系解冻以后，他是最早来华访问的学者之一。他曾多次在国际学术会议的讲坛上自豪地宣称："我是中国人！"他对中国赴美留学的青年学者也是多方扶掖。他十分重视中国的科学人才培养，多次回到祖国大陆访问，并担任中国十多所大学的名誉教授和名誉研究员。

冯元桢十分关心中国生物医学工程学科的发展。早在 1979 年 6 月中国生物力学考察组赴美时，他就明确指出，发展中国生物医学工程必须引起十分注意的一个问题是不要使得医疗费用恶性上涨，不要重蹈欧、美生物医学工程发展引起医疗费用狂涨的覆辙。

1979 年 9 月至 11 月，冯元桢和他的学生、助手颜荣次教授一起回国，在武汉（华中工学院）和重庆（重庆大学）两地讲学，参加这次讲习班的成员大多成长为中国第一代生物力学研究队伍的骨干。为了促进中国生物力学的发展，冯元桢在已故的中国医学科学院院长黄家驷教授和华中工学院前院长朱九思等的支持下，发起组织了中、日、美生物力学国际学术研讨会（后扩展为中、日、美、新加坡四国），首届会议于 1983 年在武汉召开，冯元桢在会议上提出了关于组织和器官应力与生长关系的假说（冯元桢假说），揭开了生物力学发展史的新篇章。迄今，研讨会已历五届，对中国生物力学的进步起了重要的推动作用。为表彰冯元桢对中国科学和教育事业所做出的贡献，中国科学院 1994 年授予其外籍院士的称号。

冯元桢主要成就及其获奖

冯元桢在生物力学、航空工程、连续介质力学等领域均有重要成就。近 30 年来曾获国际循环学会的 Landis 奖，美国土木工程学会的 von Karman 奖，美国机械工程师学会的 Lissner 奖（生物工程大奖）、"百年大奖"、Worcester Reed Warner 奖、Timoshenko 奖和 Melville 奖，国奖生物流变学会 Poiseuille 奖及美国生物医学工程学会的 ALZA 奖，1986 年美国机械工程学会设置了以他命名的"冯元桢青年研究工程者奖"。1998 年在美国 NAE 年会上获美国工程院"奠基者奖"，1999 年 10 月加州大学圣迭戈分校将新建教学大楼的大礼堂冠以"生物力学之父冯元桢"礼堂。2000 年 12 月 1 日获美国科学最高荣誉美国科学奖章，并由克林顿总统在白宫颁奖。他是第一位获此奖章的生物学家，也是当时唯一获奖的工程师。2007 年，冯元桢荣获学术地位堪与诺贝尔奖媲美的"拉斯奖"（Russprize）。

同时，冯元桢教授荣享 6 个院士头衔，分别是美国国家工程院院士（1979 年）、美国国家医学科学院院士（1991 年）、美国国家科学院院士（1992 年）、美国力学科学院院士（1983—1984 年）、中国科学院外籍院士（1994 年）、台湾"中央研究院"院士（1966 年）。他还是多个国际专业学术团体的创始人和主持人，曾任美国力学会主席、美国国家工程院生物工程委员会主席、世界生物力学委员会主席等，为推进世界生物工程学的发展做出了重要贡献。

（执笔：黄迪民）

主要参考资料

[1] 黄汉手 . 生物力学的奠基人——冯元桢 . 知识就是力量 ,1995(11).

[2] 李雪珍 . 生物力学创始人冯元桢 . 百科知识 ,2002.

[3] 网络素材 .

吴耀祖（1924—　　），美籍华人，江苏常州人，流体力学家。1946年毕业于交通大学航空工程系。1948年获美国爱荷华州立大学硕士学位，1952年获美国加州理工学院博士学位。美国工程院院士、台湾"中研院"院士，2002年当选为中国科学院外籍院士。

　　吴耀祖是澳大利亚联邦研究院Fellow、日本国家科学振兴学会Fellow、中国科学院力学研究所名誉研究员、美国南加州中华科工学会终生成就奖等获得者。吴耀祖长期从事流体动力学、流动稳定性、海洋与大气物理流体力学、生物物理流体力学以及环境工程等方面的研究工作，对基础流体力学及交叉学科的发展，从理论、数值模拟到实验研究都做出了开创性的贡献。此外，在船舶水动力学和海岸水动力学方面也有颇多建树。曾荣获美国物理学会流体力学奖等多项科技奖励，并担任著名期刊主编。

献身科学的吴耀祖院士

　　美国工程院院士、中国科学院外籍院士吴耀祖教授是蜚声海内外的力学家，受到遍及全球的应用力学领域学者的敬佩。今天我们以这篇短文，回顾、评述他的学术成就和人格魅力。

杰出的学术成就

　　吴耀祖1924年出生于江苏省常州市。1946年毕业于交通大学航空工程系，旋即赴美深造，1948 年获美国爱荷华州立大学硕士学位，1952 年获美国加州理工学院（Caltech）博士学位。在那里，他涉猎航空与航天工程、应用数学和流体动力学，打下了扎实的知识基础。此后，他一直在加州理工学院从事流体力学的教学和科学研究工作，将毕生精力贡献给了流体力学和工程科学研究。他在流体物理和稳定性理论、非线性水波、地球物理流体力学和生物物理流体力学方面做出了重要的学术贡献，获得了多项学术荣誉。曾是美 John Simon Guggenheim 学者、澳大利亚 CSIRO 学者和日本 JSPS 学者。1982 年当选为美国工程院院士，1993 年获美国物理学会流体力学奖，2002 年当选为中国科学院外籍院士，2004 年获美国土木工程师协会 von Karman 奖章。

为了祝贺吴耀祖先生 80 华诞，2004 年 6 月下旬在加拿大温哥华举行的第 24 届国际离岸力学与极地工程（OMAE）会议上，专门设置了 TY Wu（吴耀祖）工程力学专题学术研讨会，来自世界各地的学生、同事和朋友踊跃参加此次会议，与会者近 200 人。本届 OMAE 大会主席 Jon Mikkelsen 教授认为，TYWu 工程力学专题学术研讨会无疑是本次大会的亮点。会上，吴耀祖被授予美国机械工程师协会（ASME）的终身成就奖及美国土木工程师协会（ASCE）的 von Karman 奖章。正如吴耀祖的老朋友 Marshall Tulin 教授在庆祝仪式上所说："这位当年来自中国的聪明学生，已构筑起属于他的流体力学王国。"哈佛大学 Howard A. Stone 教授在贺信中说："祝贺您获得 von Karman 奖章。正像 von Karman 样，您在 Caltech 度过了富有成就的年华，您获此荣誉是实至名归。"

吴耀祖作为一位国际著名的流体力学大师，在半个多世纪的学术生涯中，始终勤奋耕耘，在流体力学的许多领域中做出了原创性的贡献，特别在水动力学基础理论及船舶水动力学研究方面，取得一系列的具有重大影响的学术成果，至今他共发表学术论文 150 余篇，并有不少专著。20 世纪 50 年代初，他在著名学者 Paco A. Lagerstrom 教授的指导下，完成了以"可压缩流体热传导问题"为题的博士学位论文。在该学位论文及后续的研究工作中，吴耀祖首先提出了可压缩黏性热传导流体流动的基本解，并对可压缩黏性流体的二维定常流动的热传导问题进行了细致分析，给出了相应的波动解。从 20 世纪 50 年代后期至

60 年代末，吴耀祖的兴趣转向水动力学和仿生流体力学。他研究了有限翼展水翼的绕流问题，首次报道了有限翼展水翼三维线性兴波理论解，给出了载荷分布，这项工作比当时以日本学者西山哲男为代表的二维线性兴波理论大大地前进了一步。在空泡流理论研究中，吴耀祖提出了新的空泡流封闭模型——"平行尾流模型"，该模型可用于解决任意翼型的局部空泡流和超空泡流问题，而其他学者提出的空泡尾流模型则只适用于特定的翼型，被大家称为吴耀祖尾流模型，成为一项经典性的工作。此外，他还研究了空泡流实验的筒壁效应修正问题。

吴耀祖的这些开创性的工作推动了空泡流理论的发展和水翼技术的工程应用。他还关注鱼类游动的力学机理研究，系统地建立了波动板的浮游推进理论，成为最早涉足该领域的学者之一。进入 20 世纪 70 年代后，他不仅继续从事鱼类游动推进问题的系统研究，而且还发展了低雷诺数流体力学理论，首次给出了 Oseen 流和 Stokes 流系统的奇点解，开创了解决微生物浮游问题的新方法。

从 20 世纪 80 年代开始，吴耀祖及其研究小组开始从事船舶及海洋工程水动力学研究，在非线性水波的理论分析、数值模拟和实验研究方面取得举世瞩目的重要进展。吴耀祖于 1981 年提出了用流速势函数表示的广义的 Boussinesq 方程，该水波模型可用于研究具有表面强迫压力分布和（或）有可变地形的强迫水波动问题。通过数值计算和水槽实验，吴耀祖和他的学生们揭示了单层流体和双层流体中运动物体（扰动）激发向前传播的"前兆孤立波"现象，1982 年，此项成果发表后，引起了学术界的轰动，并引发大量的后续性工作。这项杰出成就不仅对深入研究表面孤立波和内孤立波的相互作用等非线性现象有着重要的学术价值，而且对深入认识水面和水下航行体的兴波问题有着指导意义。当时年近古稀的吴耀祖仍然马不停蹄地在非线性水波这个既古老又充满挑战的领域纵横驰骋，从任意形状河道内孤立波的传播到海洋内孤立波的爬高，从双向长波模型到双向"孤立波街"，从 Faraday 共振下驻孤立波的稳定性到 Boussinesq 方程的孤立波封闭解，他和他的学生们的研究论文不断出现在国际一流学术刊物上。

在跨入 21 世纪之际，吴耀祖先生仍致力于发展新的数学建模方法处理自由表面流动问题，他重新研究了完全非线性色散水波（有关论文也发表在《力学进展》）、鱼类游动推进和鸟类飞行等问题，建立了模拟变化地形情况下完全非线性水波的理论模型及模拟鱼类游动推进和鸟类飞行的完全非线性升力线（面）理论，继续引领 21 世纪该领域的科学研究。

突出的教育业绩

吴耀祖是一位杰出的力学教育家。他在加州理工学院长期讲授本科生的核心课程和研究生的高级课程。他广博深厚的学识、深入浅出的授课方法、漂亮精致的板书、条理清晰的演讲以及解答提问的耐心，给学生们留下了终生难忘的记忆。

哈佛大学工程与应用科学学院教授 Howard A. Stone 博士在毕业 20 年后给吴耀祖老师的信件中写道："聆听您讲授的研究生流体力学导论课并有机会在随后的研究生学习中继续与您交流是我的幸运。您对流体动力学的深刻理解和对许多基本概念的关注以及持之以恒的态度给我留下了永恒的印象。每当我在哈佛大学讲授研究生入门课程时，我总是以从您的课程中学到的形式重复许多这些概念和思路。"吴耀祖在培养学生的过程中始终相信：教师可以激发所有学生的潜能，培养他们的学习能力。

吴耀祖培养的博士研究生和博士后中，不仅有在国际学术界享有盛誉的流体力学专家，还有一批活跃在国际学术舞台和国内高等教育系统的学者。美国工程院院士、麻省理工学院的梅强中教授和中国科学院院士、香港大学的章梓雄教授是吴耀祖先生的得意门生。吴耀祖培养的研究生还有原哈尔滨工程大学校长吴德铭教授、清华大学朱锦林教授、美国北卡洛莱纳大学数学系主任 Roberto Camassa 教授、北卡洛莱纳大学工程学院院 Robert Johnson 教授、韩国成南大学李承俊教授、美国夏威夷大学邓晓青副教授、美国密歇根大学 W.Choi 副教授、香港大学张近副教授等。鉴于吴耀祖在教学与人才培养方面取得的优异成绩，加州理工学院曾授予他杰出教学奖。

吴耀祖不仅学识渊博，研究工作精益求精，始终站在有关领域的前缘，而且总是勉励后辈瞄准国际学术前沿努力做出原创性的工作。这方面的例子实在太多，这里仅讲一个关于 Hilbert. Huang Transform（HHT）的故事。黄锷（Norden E. Huang）博士是美国 NASA Godderd 空间飞行研究中心的科学家，他于 1997 年带着挑战传统的 FFT 方法的学术思想来到 Caltech 做访问学者，在吴耀祖的研究小组工作。吴耀祖教授以他深邃的科学眼光对这一基于经验模态分解法和 Hilbert 变换的时间序列分析方法给予了高度重视。吴耀祖一方面在 Caltech seminar 请各领域的大牌教授参与讨论，"地震工程之父"Georger W. Housner 教授等土木与地震工程专家们、应用数学系主任 Hou Yizhao 教授纷纷到场，他们就此新方法的数学基础和应用前景展开了热烈讨论。另外，吴耀祖还牵线搭桥，建议黄锷南下到加州大学圣迭戈分校（UC San Diego）请冯元帧教授提供实验数据，检验此方法在生物医学工程领域的应用潜力；北上斯坦福大学和加州大学伯克利分校（UC Berkeley）进一步与桥梁工程和电子信息工程专家讨论，听取各方的意见。

1997 年秋，吴耀祖将此方法命名为 HHT，并将黄锷博士撰写的首篇报道 HHT 的基本思想的论文收入他主编的应用力学进展（"Advancesin Applied Mechanics"）杂志。作为非稳定非线性数据分析的一种新方法——HHT 由此诞生，立即引起国际学术界的广泛关注并得到普遍应用。黄锷博士也于 2000 年被选为美国工程院院士。黄锷博士逢人必说："没有吴耀祖先生的鼓励和支持就没有 HHT。"

赤诚的爱国热情

吴耀祖虽然身在大洋彼岸，但对生养他的故土的赤子之心却始终不渝。他对促进中国科学技术的发展一直满怀着热情。"文革"结束之后，他是第一批归国进行学术访问的美籍华裔学者之一。20 世纪 70 年代就到上海交通大学、中国科学院力学研究所等单位讲学，并接受了许多高校、研究所的兼职教授、名誉教授、顾问教授聘书，担任了《力学进展》《应用数学和力学》《水动力学研究与进展》等杂志的顾问编委。20 多年来，他多次回国，四方讲学，为促进中国的流体力学研究和应用做出了重要贡献。

1981 年，时任中国科学院副院长周培源院士以及中国科学院外籍院士林家翘教授发起组织应用数学暑期讲习班，经与时任中国科学院副院长的钱三强院士共同筹划，邀请吴耀祖教授与密歇根大学的易家训教授、麻省理工学院的梅强中教授一起，主持了为期 3 个月讲座，3 位学者分别讲课一个月，吴耀祖主讲了自由流线流动和空泡流动，听众逾百，产生了很大的影响。

吴耀祖还积极帮助中国学术机构建立国际学术交流、培养高级科研人才的渠道，并且积极为祖国力学事业的发展出谋划策。他于 1998 年夏在上海交通大学访问时，对国内大江大河的洪水及海岸带的风暴灾害、水环境保护等问题十分关注，强调应当从重大工程建设中提炼科学问题，运用工程科学的方法解决问题，进而指导实践。吴耀祖在参观位于上海浦东的长江 VI 深水航道试验中心时指出，应当依靠潮汐流动的自然力量解决深水航道的泥沙淤积问题，为其治理提出了新思路。

2002 年，吴耀祖在出席了第四届国际非线性力学会议之后，到上海大学讲学，为国内流体力学的发展和应用提出了八大问题，开拓了大家的视野。2004年 7 月 20 日至 23 日在大连举行的第四届国际流体力学会议上，吴耀祖的大会报告让各位与会者领略了先生的学术风采，他与冯元桢、庄逢甘等老一辈科学家一起再次为推动中国流体力学研究发挥了重要作用。

吴耀祖对年轻一代的力学工作者寄予厚望，他总是以自己的言行影响和鼓励国内的年轻学者努力工作，攀登科学高峰，为中国科学技术的发展多作贡献。在 2004 年中国科学院力学研究所的一次以"科学与人生"为主题的座谈会上，吴耀祖"人生八十才开始"的回答充分体现了他的豁达自信，给年轻一代力学工作者留下了更多的人生思考和启迪。

高尚的人格魅力

与吴耀祖有过接触的人，无不为他的人格魅力所倾倒。他为人热情、随和、豁达、开朗。尽管他学富五车，却永远保持谦虚谨慎的态度；尽管他已到耄耋之年，却在学术上保持着青春活力；尽管他年老体衰，却仍随时随地准备向他人伸出援手。

有许多学生晚辈到先生那里访问的时候，不仅在学业上得到先生的细致指点，而且在生活上得到先生的无微不至的关怀。刘桦刚到 Caltech 的日子里，吴耀祖和吴太太周全的考虑让他很快地适应了那儿的工作和生活环境。当研究工作取得一点进展时，吴耀祖总是会给予他充分的赞许；当遇到困难时，吴耀祖会给予他耐心的指导和热情的鼓励，寻找解决问题的方案。吴耀祖教授还向刘桦讲述 Caltech 建校"三剑客"的故事，领他参观 Caltech 的风洞和水洞等设备，在当年发现"前兆孤立波"的水槽前，深入讨论完全非线性水波数学模型。

戴世强刚到 Caltech 访问时，吴耀祖刻意将他安排到他的导师郭永怀教授当年的办公室里上班。当他提出想去看看钱学森、郭永怀教授曾经工作过的喷气推进研究室（JPL）时，吴耀祖立即运用其影响进行联系，安排他以 VIP 的身份前往参观，并派专车接送他。当时戴世强提出希望看到吴耀祖历年的博士生的学位论文，吴耀祖立刻让秘书从档案库中调出这些论文，并慷慨赐赠。1988 年当戴世强到法国 Grenoble 参加第 17 届国际理论和应用力学大会时，吴耀祖特意引领他与各位流体力学权威相识。相信国内有许多学生后辈在吴耀祖那里也有过类似的经历。

吴耀祖在上海市应用数学和力学研究所与年青学者进行自由讨论时说："我们这一辈已经垂垂老矣，希望寄托在你们身上，期待着你们发奋努力，不断创造出新的业绩来！"这席话使听者无不动容，深受激励。大家说，吴耀祖教授是所接触过的学者中最有魅力的一位老科学家。我们在这里衷心祝愿吴耀祖院士"科学之树"长青，永葆青春！

（执笔：黄迪民）

主要参考资料

[1] 刘桦,戴世强.毕生献科学,桃李满天下——敬贺吴耀祖院士八十华诞.力学进展,2004,34(4).

[2] 网络素材.

第三部分

蓝天回响

钱学森的西工大情结

——记钱先生为华航题词60周年

　　钱学森先生对我国导弹和航天科技贡献最为巨大，被尊为中国航天之父。1991 年国务院、中央军委联合授予钱学森"国家杰出贡献科学家"荣誉称号，中央军委同时授予钱学森一级英雄模范奖章。他是获得中央领导首肯、对我国科技最大杰出贡献者前十名之首；是与西工大航空航天历史渊源最为深远，西工大情结最为深厚，对西工大学科建设、科学研究和发展方向最为关切的同门前辈、资深学长和校友。

　　钱学森先生的西工大情结要从他的题词和寄语说起。钱学森先生于 1956 年、1957 年和 1962 年分别为华航、西航、西工大三个时期三次题词或寄语，至 2016 年已适逢 60 周年。本文旨在于钱学森先生题词 60 周年之际发文，虽仅涉及钱学森先生生平的一角，也可聊表对钱学森的伟大贡献和他的西工大情结深深的怀念。

　　第一次是钱学森先生 1956 年为华东航空学院青年团的题词，如下：

　　青年团华东航空学院委员会各位委员：

　　我们敬爱的毛主席号召青年要做到"三好"；党在最近又提出了在十二年内把祖国所急需的科学部门接近世界先进水平；现在又逢"五四"青年节。这三件事放在一起，是有重大意义的！而因为航空技术是祖国国防所迫切需要的一项技术，在你院"五四"青年节举行的青年"三好"积极分子大会是有更重大意义的！我谨向各位提出：

努力钻研航空理论和技术，以结合实际；要做到理论和实践的统一。航空技术的进展是一日千里，非有明确的理论不能赶上先进成就。但如果不能结合实际，理论就落空。不要忘了这一点真理！

此致

敬礼并祝

青年"三好"积极分子大会胜利成功

钱学森

一九五六．五．一

钱学森先生对华航非常关注，他在1955年10月8日艰难归国后仅7个月，就题词鼓励华航师生要努力钻研，发展祖国国防迫切需要的航空理论和技术，并着重指出了理论与实践统一，才能赶上进展一日千里、先进航空技术成就的辩证关系。

第二次是钱学森先生1957年6月19日为西安航空学院全院师生的题词，如下：

在你们这一代里人们一定会开始作星际航行，这是航空技术的方向。但是我们国家现在还是一个文化落后工业不发达的国家，我们的家底是薄的。怎样才能很快地而又现实地赶上去呢？这是你们要帮助解决的问题。

第二次题词正是人类跨出星际航行第一步的前夜，这一年的10月苏联发射了第一颗人造卫星。题词所说的星际航行预见，在我们这一代确实是开始实现了；所指出的"星际航行是航空技术的方向"，要我们"帮助解决"的殷切期望，在寿松涛校长的领导下，当年随即从飞机和航空发动机系选派了7位青年教师向苏联专家学习火箭专业；翌年又从这两个系选派了20名优秀学生去北航学习火箭专业（因北航和西工大分工，苏联航空专家进驻西工大，苏联火箭专家进驻北航并建立火箭专业，两校互派人员进修学习）；同时成立了"八一研究室"，

1958 年开始研制西工大探空火箭。钱学森先生对此非常关心，还专门询问了各项技术参数，不吝指导。1959 年探空火箭发射成功，党中央给陕西省委发了祝贺电。西工大在 1959 年建立了导弹系，包括弹体、火箭发动机、控制、飞行力学专业，上述这些人员便是导弹系的骨干。1962 年上级有关领导要将导弹系砍去某些专业，在寿松涛校长和导弹系教工的坚持下，当时没有执行。但在 1977 年导弹系的弹道导弹和液体火箭发动机专业还是停办了，造成人员散失、设备破损，多年来想恢复而未能恢复，损失巨大。进入 20 世纪 80 年代，又吹起了"机吃弹"的风，但钱学森先生和国防科工委领导认为导弹是发展的方向，在他们的支持下，系主任陈士橹教授和全系教工学生顶住了压力，终究保住了导弹系。

钱学森先生在座谈中还多次谈到要注意控制、电子、计算机技术的发展。寿松涛校长随即建立了无线电系，开始有无线电技术、遥控遥测、航空仪表及自动器专业，随即又发展了计算机、通讯雷达等专业，同时加强了航空航天原有的控制专业。

导弹系和无线电系的成立和成就对西工大在 1960 年成为重点大学起了很大的作用，也为西工大占领航空航天制高点创造了条件。

第三次是 1962 年 5 月 13 日钱学森先生给西工大 1962 届全体本科毕业生寄语：

你们的毕业，将为祖国国防科学技术干部队伍增添新的力量，祝你们愉快地走上工作岗位。科学是老老实实的学问，要发扬严肃认真、丝毫不苟的优良学风和勇于创造的精神。愿你们今后在各自的岗位上，听党的话，埋头苦干，发愤图强，为实现祖国社会主义的现代化科学技术事业而奋斗！

这一寄语除了为国防科技增添新生力量而高兴、祝贺，以及鼓励发奋图强、努力奋斗外，又为"三实一新"校风增添了动力。"三实（基础扎实、工作踏实、作风朴实）一新（开拓创新）"是继承前身交通大学、南京大学（原国立中央大学）浙江大学三个航空工程系的教风学风的精髓，也是从华航到西航到西工大几十年所形成的宝贵校风。西工大的毕业生在"三实一新"的熏陶下成长，在各自的岗位上以精湛的业务埋头苦干，为航空、航天、航海事业做出了很大的贡献，深得用人单位的赞赏。

钱学森先生对西工大有着一种难以割舍的情结，这可以从他早年的学历说起。钱学森先生年轻时就是西工大航空学科主要源头之一交大航空学科萌芽创建阶段的亲历者，他是我们的同门老学长。

钱学森先生 1929 年考入国立交通大学工程学院（后为机械工程学院，设有航空门，后来发展为航空工程系）铁道机械门。在日寇侵华航空救国响遍全国声中 1933 年开始学习航空，1934 年 1 月中和 6 月中"航空工程"课程考试成绩分别为 89 和 91 分。此时钱学森先生对航空研究已有浓厚的兴趣，于 1933 年 4 月到 1934 年 12 月，在中央航空学校主办的《空军》以及《世界知识》等杂志上发表了 4 篇关于航空方面的论文。在交大学习期间多次获"免交本学期学费奖""年度稼成奖学金""成绩优异兼品行端纯者奖"等。1934 年 10 月 2 日，清华发布了钱学森先生考取公费留美的名额，1935 年 4 月由教育部发给为庚子赔款公费唯一的航空留美生，9 月到美国麻省理工学院航空系学习，1936 年获硕士学位，并转加州理工学院航空系师从导师冯·卡门攻读博士，于 1938 年 3 月受聘为加州理工学院研究人员，1939 年 6 月 9 日获博士学位。此后在美国从事航空、航天研究工作，担任了麻省理工学院教授，又受聘为加州理工学院古根海姆喷气推进中心主任，从事火箭研究。从 1942 年 12 月 1 日获准参加海陆空三军、战争部和科学研究发展局等一切军事机密的研究工作起，一直从事机密研究工作，在冲压、脉动、涡喷特别是火箭方面的理论和研制方面卓有成就，多次获得嘉奖令，并于 1945 年由美国战争部军务局授予上校军衔和专家顾问职位。1949 年 5 月 12 日当选为美国艺术与科学院院士。1949 年全国解放前夕，钱学森先生毅然决定回国，后历经 6 年奋斗，通过种种艰难曲折终于于 1955 年 10 月 8 日回国投身于祖国的航天事业。

钱学森先生回国后，建议中央最高领导决策优先发展两弹，建议组织导弹研究院。钱学森先生担任了导弹研究院院长，领导开展了弹道导弹的研制工作；亲自讲授"导弹概论""人造卫星""工程控制论"等课程；写作出版了《星际航行概论》、《工程控制论》（回国后先后出版了俄文版、中文版）等书籍；对各研究院研制各种导弹、卫星、空间站、星际航行等各个方面，无论是决策、关键技术、技术难关……都进行无微不至的领导和指导。中国之所以能迅速发展两弹脱出核威胁，导弹和航天技术之所以有今天能飞向月球、火星、发射空间站的成就，能在支援军中建立天军，将二炮独立改建成国家最具威慑力的战略部队，如此地增强国威，与钱学森先生的努力和贡献是分不开的。美国海军部次长曾说，钱学森无论在哪里都抵得上五个师，他的话真正是无过之只不及。钱先生在航空航天界的方案决策、理论成就和实践贡献方面，无愧于"中国航天之父"的光荣称号！

钱学森先生还对哈军工、交通大学和几个航空学院很关注。由于钱学森先生与交大航空学科和后来的继承者西工大血脉相连，自然形成了特殊的终生情结，特别西工大，是钱学森先生对我国所有大学中最为关注的大学之一，尤其是对华航、西航、西工大三个时期三次题词是绝无仅有的。他亲临西工大参观，多次与校领导和教师谈话、指导，对西工大的办学方向、专业建设和人才培养始终十分关心和期望，对教学科研常有直接指导，尤其与西工大建立和发展航天学院直接相关。甚至连西工大资深教授姜长英（钱先生早年在交大与之相识，钱先生自称为其晚辈）90岁寿辰这样个人生活上的事，他还致信祝贺……

就我个人来讲，我拜读过《星际航行概论》《工程控制论》，虽然由于基础和专业的局限，很多地方并不深入理解，但就是这样，对我集思广益、开拓思路、指导专业也得益匪浅。

钱学森先生是华航、西航、西工大前身之一交大机械工程学院（航空工程系的前身）的毕业生，而华航、西航、西工大前身之一是交通大学航空工程系，钱学森先生对华航、西航、西工大有如此特别深厚的情结，也许是因为他与西工大是"同祖同行"吧。钱学森先生对西工大特别亲近关切，使西工大得益匪浅，也是西工大人的荣耀、骄傲和榜样！

伟大的前辈科学家，西工大教职工、校友和学生同祖同行的前辈、资深学长、校友钱学森先生已离我们而去，但他的爱国精神、高尚品格、敬业创新、深广学识……永远值得敬仰，是我们后辈学习的榜样！凡是热爱祖国、热爱西工大的人，是永远不会也不该忘记，是会永远怀念钱学森先生的！

（执笔：何洪庆）

主要参考资料：

[1] 总策划郑成良，主编张现民，《钱学森年谱（上）》，国家社会科学基金项目，中央文献出版社，书首标明"谨以此书纪念人民科学家钱先生回国六十周年"，2015.

[2] 赵嵋麟，"礼赞航空工程英才的摇篮——纪念华东航空学院成立六十周年"，2012.12.2.

[3] 唐宗焕，"名校有名师　名师育英才——弘扬'三实一新'精神"，2016.1.3.

[4] 胡沛泉口述，西工大机电学院党支部王文慧、吉庭武根据录音整理，"工大心　中国心紧密相连"，2016.

小航模里飞出的"世界之巅"

回顾学校的办学历程，西工大与祖国的航空事业结下了深厚的世代情缘。特别是学校航模运动的发展，正成为我国航空事业进步的一个缩影。西工大是全国开展航模运动最早的高校之一，开创了我国航空模型运动和航空科技创新的先河。

60年来，源自华东航学院的航模运动已经成为西工大最引人瞩目的团体项目。目前，校园的航空科普、科技竞赛等活动，开展得如火如荼。60年的历史，不仅承载着西工大航空模型运动的足迹，也投射出中国无人机的成长历程，更助力了中国航空工业的发展。

航模在中国最初是作为国防体育项目发展起来的。之后力推航模进校园，旨在培养航空航天后备人才。作为目前国内级别最高、规模最大的集设计、制作和飞行竞赛为一体的航空航天模型创新型赛事——科研类全国航空航天模型锦标赛，创办至今已有十余载。西北工业大学便是发起该项赛事的四大元老高校之一。60载航模文化造就西北工业大学航模劲旅，如今一支大部分由"90后"组成的航模队，为西北工业大学跨越一个甲子的航模历程再写新篇，再创辉煌。

从"紫金山之鹰"到"华山之鹰"

早在1955年，南京紫金山麓卫岗，我国第一架无线电遥控模型飞机"紫金山之鹰"，就是由当时的华东航空学院（西北工业大学前身之一）的航模队研制并试飞成功的。一年以后，以华航师生为主体的国家航空模型运动队，参加了在匈牙利布达佩斯举行的"国际航空模型竞赛"。华航运动员代表我国第一次参加国际航模比赛就取得了两个项目第三名的优异成绩，为中国航模的发展打开了良好的局面。

6 年之后，紫金山麓的雄鹰落在千里之外的华山之巅，焕发出更加耀眼的光芒。1961 年，西北工业大学航模队研制的"华山之鹰"模型飞机成为国际航模界的一匹黑马，打破和创造了两项无线电遥控航模飞机的世界纪录——8 小时 6 分 35 秒的留空时间纪录和 2 470 米的飞行高度纪录，使国际航模界从此对年轻的新中国航模运动员刮目相看。

不仅在历史上取得过优异的成绩，现今西北工业大学航模队的学子们同样在各项比赛中取得了傲人的成绩。西北工业大学成为 2015 年中国国际飞行器设计挑战赛暨科研类全国航空航天模型锦标赛的最大赢家——1 项团体冠军、2 项亚军、2 项季军，7 项一等奖、4 项二等奖、2 项三等奖。西北工业大学时隔 7 年再度夺得 3kg 限时载运空投项目团体冠军，队员们在赛场上表现出的精诚团结精神感染了在场的每一个人。对于西工大学子而言，这是一次载入史册的辉煌，更是一次破茧成蝶的蜕变。在参赛作品展示中，西北工业大学的太阳能飞机和限时载运空投飞机也曾得到了军方首长"设计一流，配置豪华"的高度评价。

"比赛靠的绝对不是运气，而是综合实力硬碰硬的比拼。大一刚入队就深刻感受到 2009 年惨败的压抑气氛，6 年时间，一届又一届航模队队员一直在坚持，突破瓶颈，寻找出口，从未放弃。"郜奥林是航模队教练，也是在读研究生，他见证了航模队在低谷爬坡的艰难困苦和不懈努力，"直到我们终于在磨砺中找到方向，终于在竞争中完成超越，终于在比赛中靠着自己的创新能力和技术实力重回高地，今年的团体冠军既来之不易，又实至名归。"

今天，西北工业大学的学生航空科技活动无论在规模、层次、技术上，都走在全国高校的前列。学校更是结合大学生创新实践，把航空模型的科技创新活动提升到了一个全新的高度。2003 年 6 月，学校建立了以学生的航空科技创新能力培养为目的的航空科技创新基地，航模队与航空科技创新基地合为一体。"经过航模队和创新基地的锻炼，通过航模理解航空，用航模将新思路、新方法应用于工程实践，创新基地给队员们提供了一个很好的理论联系实际的平台，帮助同学们不断提高航空理论水平和工程实践能力，在以后的工作和科研中将会发挥更大的作用。"创新基地指导老师郭庆表示。

再度问鼎：是努力更是传承

航空科技创新基地从2015年3月开始备战新的赛事。创新基地的工作间里，40余名航模队员不分节假日，每晚都灯火通明。加之比赛期间连续7个昼夜的艰苦奋战，最终不仅在多个项目上取得了优异的成绩，勇夺3kg限时载运空投项目团体冠军，而且还以16.5kg和2.6kg的载重量分别刷新了限时载运空投项目和太阳能飞机项目的两项赛会纪录。

被队员们称为"大师"的操作手李景欣，已经是第三年参加3kg限时载运空投项目的比拼，他拥有丰富的飞行经验和高超的飞行技术。载重项目第一轮比赛，赛场风力将近5级，只见满载任务载荷的飞机在他的操纵下精准起飞、空投，在大侧风的影响下依然保持了精准的航线，同学们笑称他已经到了"人机合一"的境界。然而，就在第五架次刚起飞后第一次转弯时，飞机毫无预兆地突然折翼，斜着扎向地面，飞机在赛场上摔得粉碎。这次意外事故，既打破了李景欣机组连续三年赛场上"零折翼"的纪录，也一定程度影响了既定的比赛方案和大家的信心。痛定思痛，当天第一轮比赛结束后，队员们立即分析事故原因，及时调整比赛策略，并且连夜对所有比赛飞机进行了隐患排查。

在限时载运空投项目第二轮的比拼中，李景欣机组第一个出场。排除了事故隐患的飞机在李景欣的操纵下再次起飞，一次，两次，三次……飞机在操作手的精准控制下不断起飞投放，速度越来越快，投掷越来越准。最终，李景欣机组取得了学校载重项目的最好成绩，也奠定了整个团队取得团体冠军的基础。西北工业大学航模队整体的强劲实力、稳定发挥和临场应变能力，不仅征服了在场观众，也得到了对手的认可。北航代表队一队员感慨地说："这么大的载重量还能飞得这么快，不愧是老牌劲旅。"

"几年来，3kg 载重项目一直受飞机'心脏病'问题的困扰。和真正的飞机一样，发动机也是航空模型的心脏。历年比赛，西北工业大学多次在动力系统上吃亏，我们必须从根本上解决这个问题！"在香港科技大学深造的往届航模队队员吴迪也赶赴赛场观战，来自动力与能源学院的他对航模发动机和动力系统有着专业的认识。"3kg 载重项目原本就是航空模型的极限运动，3kg 载重项目所使用的发动机也必须要发挥出极限的性能。"吴迪随即组织了动力系统攻关小组，最终应用相关理论自行设计了一整套测试实验系统。公式算了一遍又一遍，发动机拆了又装，减速齿组配了又配，螺旋桨测试了一个又一个，一千多个日日夜夜，经过新老队员的不断努力，终于把动力系统的输出功率和稳定性提高到令人满意的水平。动力组成员毕州鑫说："我们的动力系统都是自己一步一步做出来的，大家努力了这么多，我们为比赛的各种状况都做了充分的准备，实际比赛时也证明了我们的工作很有价值，应该获得这样的成绩。"

再度问鼎科研类全国航空航天模型锦标赛 3kg 限时载运空投项目团体冠军，邰奥林高兴之余不忘叮嘱学弟学妹，"永远不要在已有的成绩上洋洋得意，止步不前，你们面对的永远是国内最优秀、最可敬，且同样有梦想、有抱负的对手们。明年的科研类锦标赛必将又是一场更加精彩激烈的智慧和毅力的较量。希望学弟学妹们继续再接再厉，不断前行，继续保持西北工业大学在航空航天科技竞赛领域的领先地位。"

"参加今年科研类全国航空航天模型锦标赛的航模队队员共 48 名，覆盖了大二至研三所有年级，其中新老队员各占一半。"同样是研三的老队员李景欣说，"我们通过以老带新的方式，高年级老队员指导低年级新队员设计制作，实现我们航模队技术的传承。"航模队每年招募一部分新队员，新老队员一起开展培训学习、科研攻关，共同成长。

"为了一些新技术的积累，要对新设计的结构和制作工艺做实验，会花费很多时间。大家都是来自不同专业，所学课程和上课时间都不一样，但是都会在学习之余一起做实验。"李景欣回顾以往的航模岁月说，依靠两三年研究的积累和技术的传承，自己搭配减速比、设计螺旋桨，等等，终于使得设计的航模可操纵性能和稳定性都大大提高。"我们花了很大的工夫，数届航模队员一起去解决面临的技术问题，这些平日的努力才保障了今年比赛夺冠的信心。"

"比赛中'老年观光团'的微信赛事直播，让我很是欣喜。"队长郜奥林欣慰地说，从航模队走出去的那些人再度回到赛场观战，让我们再度受到航模队大家庭文化的熏陶，他们的出现给了现役队员以精神力量。"正是因为拥有这样的传承精神，航模队才得以延续发展。"

西北工业大学航模人：脚踏实地，翱翔蓝天

"还有一个航模项目需要制作，回到学校也没事，就过来继续加工模型。"机床的转动声和发动机的轰鸣声仍旧飘扬在航空科技创新基地，航模队队员、航空学院大三学生葛悦又开始了新一轮挑战。在大学生们盘算中秋、"十一"去哪玩时，西北工业大学航模队的成员从山东回到陕西，从赛场回到车间，依然在逐梦的道路上前行。

"在航模队的经历让我从工程实际更深入地了解所学专业，在航模队我们每天都在做事，让人感觉很踏实。"葛悦在高考后就听说西北工业大学航模队很厉害，于是入学后就加入航模队，学习备战太阳能飞机项目。2015年比赛前葛悦在微信上为自己鼓劲："再站！再战！再绽！数年的坚持，一酷夏的磨砺，这七日，锋芒再试。"去年比赛中遭遇"折翼"的惨败，冲到栅栏外去"捡飞机"的心酸还历历在目，"看着飞机在大风中折翼，坠落在草丛中，心中很是失落，精心制作的飞机就这样摔碎，到底是为什么？"

带着不甘，在2015年的赛场上，西北工业大学代表队一出场便以太阳能飞机优异的设计水平和全场最高2.6kg的载重量震慑全场，也刷新了自己保持的赛会纪录。太阳能飞机顺利滑跑、脱钩、起飞，充足的动力保证了飞机快速爬升至高空。越飞越高的太阳能飞机给了大家巨大的信心，但是由于台风刚刚过境，飞机在预定高度平稳飞行时，一阵远远超出设计极限的7级阵风使飞机结构瞬间遭受破坏，在5分41秒不幸折翼坠落，最终成绩位列第二名，很遗憾与冠军

擦肩而过。

太阳能飞机项目的老队员许朕铭感慨，"踏上归途，转眼已参加了两届比赛。从去年的黯然离场到今年空中折翼，总归还是有遗憾。但是这就是比赛的魅力所在，不断挑战自我，不断追求卓越。为了最终的荣耀我们风雨兼程，2.6kg 不是我们的极限，我们本可以做得更好。作为项目负责人我还有很多没做好的地方，以后一定会不断完善自己。太阳能加油！西北工业大学航模队加油！太阳能一定能！"飞机落了，他们不光是心酸痛苦，更是直面挫折，仔细分析寻求技术上的突破，已经开始为新的挑战作准备了。

学习、团队、成长，这是航模队员口中的高频词。不仅仅自身成长，航模科研之余，西北工业大学航模队还经常义务为中小学生做飞行表演和航模知识科普，亮相长沙长郡中学科技节、受邀赴河北衡水中学表演、走进户县偏远学校迷你模型"航展"……航模队传承的是一种品质，更是一种精神，一种敢为人先、不断创新、精诚勤勉、不懈努力的精神，每一次的科普活动都像去播一颗种子，让孩子们去感受科技的魅力，传递航模精神。

"十年磨一剑"特别纪念奖的奖牌在诉说着西工大人对航空的执着和热爱，也昭示了西北工业大学在科研类全国航空航天模型锦标赛中取得的辉煌成就。

航空科技创新基地中，机器依旧轰鸣，"为下一届竞赛寻找新想法、设计新结构，尽力确保飞行器在空中飞行万无一失。有我们航模队和创新基地脚踏实地的实干和积累，相信将来一定会做得更好、飞得更高！"创新基地指导教师郭庆满怀信心地说。

（执笔：朱斌）

后　记

　　为了更好地挖掘整理华航西迁60年来的建设成就，展示华航教授和校友风采，在西北工业大学党委的指导下，党委宣传部牵头组织，学校航空学院、航天学院、机电学院、动力与能源学院以及档案馆、离退休处、校团委、校友会等单位，通力合作，整理汇编了29位华航知名学者教授和杰出校友的生平事迹，并撰写了相关主题专稿，集合成书，付梓出版，以此作为对华航西迁60周年的纪念。

　　本书编撰中，得到许多老领导、老同志、老校友的关心和支持；多位本书收录人物的亲属和朋友给予了宝贵支持，他们虽然大多已经进入耄耋之年，但仍然积极提供素材或亲自撰写稿件；唐宗焕、虞企鹤、姜节胜、何洪庆、赵嵋麟等老同志，十分关注本书的进展，亲自撰写稿件、审阅素材，他们认真严谨的态度、求真务实的作风、爱国爱校的情怀，令人感动。同时，黄迪民、宁生录作为特邀编辑付出了辛勤劳动，党委宣传部、档案馆、校史馆、出版社等单位的同志，在时间紧、任务重的情况下，以高度的责任感和使命感，加班加点，认真负责，为文稿和配图的审核、修改、校对做了大量的工作。

　　在具体编撰过程中，本着尊重历史事实的态度，在严谨认真的前提下，我们希望能以丰富多元的风格，呈现那段难忘的历史和杰出人物的风采和特点，作为对那些为华航建设、华航西迁和中国航空事业发展呕心沥血的先驱者、奉献者的一份缅怀和纪念。但是，本书收录的华航老同志大都已去世，现有史料中相关事迹材料非常有限，我们对相关知情者的采访所获资料也参差不齐，部分内容采用了网络上有限的公开资料，部分内容依托已有资料汇编整理，因而人物主题的稿件在内容篇幅上有较大差异。为兼顾收录人物尽可能齐全和按时出版，部分人物事迹的收录只截取了片段。因能力所限，书中的错误疏漏在所难免，恳请读者指正，并提出宝贵的意见。

本书的出版发行，凝聚了学校领导、作者、编辑和其他具体工作人员的辛勤努力，在此，向他们表示衷心的感谢。

本书编写组

2016 年 9 月 10 日

图书在版编目（CIP）数据

华航西迁：新中国航空教育的基石 / 陈小筑，汪劲松主编． —西安：西北工业大学出版社，2016.9（2018.1 重印）

ISBN 978-7-5612-5097-6

Ⅰ．①华…　Ⅱ．①陈…　②汪…　Ⅲ．①华东航空学院－校史　Ⅳ．①V-40

中国版本图书馆 CIP 数据核字（2016）第 222560 号

HUAHANG XIQIAN : XINZHONGGUO HANGKONG JIAOYU DE JISHI

华航西迁：新中国航空教育的基石

出版发行：西北工业大学出版社
通信地址：西安市友谊西路 127 号　　邮编：710072
电　　话：（029）88493844　88491757
网　　址：www.nwpup.com
印　刷　者：陕西天意印务有限责任公司
开　　本：787 mm×1 092 mm　　1/16
印　　张：19.5　插页：12 页
字　　数：277 千字
版　　次：2016 年 9 月第 1 版　　2018 年 1 月第 2 次印刷
定　　价：88.00 元